小爱大德
——美德浅论

[法] 安德烈·孔特-斯蓬维尔　著
赵克非　译

Petit traié
Des grandes vertus
André Comte-Sponville

作家出版社

目录

前　言

如果像我想的那样，美德可以培养，靠的也主要是榜样，而不是书本。那么，写论美德的书又有何用？其作用也许在于：试着搞明白我们应该做什么，或者说我们应该成为什么样的人，或者说我们应该过什么样的生活，从而至少在理智上衡量出我们和这些美德之间的距离。这不是什么大事，仅仅做到这一点也还不够，但这件事又是必须做的。哲学家是学生（只有圣哲才是先生），而学生是需要书本的。所以，在他们觉得手头的书不能满足他们的需要或是太超前了，哲学家有时就会自己动手写书。然而，就每个人而言，还有什么书比论美德的更急需？在伦理学里，还有什么比美德更值得关注的？我和斯宾诺莎一样，也不认为揭露恶习、邪恶和罪行有什么好处。干嘛总是没完没了地控诉？干嘛总是没完没了地揭发？控诉和揭发是悲观主义者的道德规范，是悲观的道德伦理。至于善，只存在于各种各样的善行之中，善行远比一切书籍中所说的都多；而好心情也是多种多样的，但可能比传统上用“美德”（拉丁文用 virtus 翻译的希腊文 arétè这个字的意思）所指的要少，比“优点”这个词所指的要少。

美德是什么？是一种产生功效或能够产生功效的能力。如同草药或药剂的功效是治病，刀子的功效是切割，人的美德就是让人愿意人道主义地行事。来自希腊人的这些事例充分说明了美德的实质：美德是一种能力，但是一种独特的能力。嚏根草的效力和毒芹的效力不一样，刀的功效和锄的功效不同，人的美德和虎或蛇的性情也不是一回事。一种存在物的功效决定其价值，换言之，决定其特有的优点：削铁如泥的刀是宝刀，药到病除的药是良药，上等毒药能使人顷刻毙命……

读者会发现，在这个最一般的第一层意思上，功效和存在物的原定用途及其所针对或服务的目的，没有关系。杀人犯手里的刀，不比厨师手里的刀功效差，救命草药的功效也不比毒死人的草药功效大。当然不是说这第一层意思没有任何规范：不管在什么样的人手里，而且就其大部分用途而言，快刀就是好刀。刀的独特性能也决定着其特有的优点。但是，这个标准是客观的，或者说从道德的角度来讲是不偏不倚的。对刀来说，起该起的作用就够了，用不着对这种作用做出好坏的判断；就这一点而言，刀的功效当然不能和人的美德划等号。一把锋利的刀，并不因为在坏人手里就不锋利了。功效就是能力，能力就足以产生功效。

可是，对人来说，不是这样。就道德而言，也不是这样。如果每个存在物都有自己的独特功能，凭借此功能就出类拔萃或可以出类拔萃（比如一把锋利的刀，一种有奇效的药……），我们就会问，人所独具的优点是什么。亚里士多德的回答是，人的优点就是人之所以区别于兽的东西，换言之，就是理性生活。但理性还不足以显示人的优点，要显示人的优点还必须有欲望、教育、习惯和记忆……人的欲望不同于马的欲望，受过教育的人的种种欲望也不同于野人或无知者的欲望。因此，如同所有的人性一样，所有的美德也都是历史性的；人性和美德，在品德高尚的人身上一直是交织在一起的：一个人的美德是使这个人变得有人性的东西，或者更确切地说，是他具有的彰显其特有优点的能力，即其人性（就该词之规范意义而言）。要有人性，从来没有过于人性了的说法……亚里士多德解释说，美德是一种生存方式，不过是后天获得的，是永久的：就是我们现在这个样子（因此也就是我们能够做的这种样子），因为我们现在这个样子是变化而成的。如果没有别的人，我们怎么变？就这样，在向人类转化（作为生物学现象）和人性化（作为文化要求）的交叉点上，美德出现了：这就是我们的生存方式，这就是我们人道地行事的方式，亦即（因为在这个意义上人道是一种价值）我们正当行事的能力。蒙田说过："没有什么比正派得体地行事为人更高尚更正当的了。"这是美德的极致。

希腊人教给我们的东西，蒙田教给我们的东西，在斯宾诺莎的书里也可以读到："我把美德和能力当做同一种东西；就是说，只要美德和人有关，只要人有能力做出某些能够凭人性独一无二的法则即可被识别出来的事情，美德就是人的根本实质或本性。"或者我还可以从美德历史的角度做些补充（但在斯宾诺莎看来，美德是能力的组成部分）。从广义上讲，美德是能力；但从狭义上说，美德是人的能力，或曰人性的能力。这也是我们称之为伦理道德的东西，它能使一个人比另一个人更像人或更杰出，正如蒙田说的那样；而没有伦理道德，就会如斯宾诺莎所说，我们将会被恰如其分地说成没有人性。这必须以人道的欲望为前提，这欲望显然是历史形成的（不存在天然美德），没有这种欲望，任何道德品格都是不可能有的。重要的是要无愧于人道把自身造就成的那种东西，无愧于我们自己。

从亚里士多德时代开始就反反复复地说，美德是一种后天获得的行善倾向。但必须说得更为明确：美德即善，在观念和事实上都是如此。没有只需要认识或实施就够了的绝对的善、自在的善。善不是供冥思苦想的，而是要实施的。美德是这样的：这是为了使自己举止得体而做出的努力，是这种努力中表达出来的善。这就提出了不少理论问题，我在别处已经进行过探讨（可参阅拙著《论绝望与至福》）。本书则专门探讨实用伦理学，即道德。美德，或者说 各种 美德（因为美德不只一种，我们又不能把各种美德合而为一，也不能只以其中的一种为满足）可以说是我们的道德标准；但这些美德是被我们尽力体现出来的，是被体验过的，是被落实到行动上的：美德既总是独特的，如同我们当中的每个个人，又总是多含义的，如同那些被各种美德克服和纠正的弱点。这些美德就是我在这本书里给自己出的题目。话虽如此，我的论述却不能面面俱到，既不能将所有的美德一一提到，也不能将其中的任何一项论述详尽。我只想指出，我以为最重要的那些美德是什么，或者说，应该是什么；同时指出，使这些美德既总成为必须而又总是难以做到的，又是什么。可见，这本书的标题，就目标而言，显示出了相当的雄心，但就内容来说，又颇有局限。

我是如何着手进行的呢？我首先进行一番思考，看看在一个人身上表现出什么样的心态、神情或心性，就提高了我对他发自内心的尊重，而缺乏这样的表现，就降低了我对他的尊重。结果使我列出了一张单子，包括三十项美德。我把那些可能和某种美德重复的统统去掉（如善良和仁慈重复，正直和公正重复），把所有那些一般说来我认为并非必须论述的也去掉。最后剩下十八项，就是说，比我当初设想的多，而且无法再删减了。这样一来，对每一项美德的论述就不能不简明扼要。简明扼要本来就是我当初的设想，在整个写作过程里，这项约束也一直贯彻始终。本书是写给广大公众的，如果哲学家要读，得有个条件，即不要到书中去寻找高深的学问和详尽的论述。

全书以礼貌开篇，而礼貌还算不上美德；以爱心结尾，但爱心已经不再是美德。这样做当然是经过深思熟虑的。至于其他的，比如顺序的选择，虽绝非纯属偶然，更多的还是出自某种直觉和需要；有时是出于符合教育学原理的考虑，有时是出于伦理学或美学的考虑，而不是出自某种我不知道的演绎推理或等级排序。一部论述美德的著作，特别是像我这样一部浅论，不构成一个伦理体系：这是应用伦理学，而不是理论伦理学，是尽可能的现实的，而不是纯理性的。在伦理学中，难道还有什么比应用和现实生活更重要的吗？

我像往常一样，引用了不少东西，引用的太多了。这是因为，我想写出的是一部有益的作品，而不是个简明读本。基于同样的理由，我不得不把所有的参考书都列出来，哪怕为此而增加页尾的注释。这些注释并不是非看不可，甚至最好先不要去管它们。注释不是为阅读做的，是为研究做的：注释不是给一般读者做的，是给不同年龄和职业的研究人员做的。说到内容，我不想装出一副创造出了什么的面孔，因为那些东西都是传统习俗提供给我的，我只不过重新拾起来而已。但这并不是说，这部著作里没有一点我自己的新东西，恰恰相反！不过，我们永远都只是得益于他人或因对他人不满才拥有我们所吸收和消化了的东西、才成长起来的。一部论述美德的书要想标新立异，追求新颖，不可能不贻笑大方。不过，和大师们在他们驾轻就熟的领域里比试一下，比莫名其妙地想逃避比较，更有勇气，更有价值。往近里说，先哲们就美德问题进行思索，至今也已经有两千五百年了。我想做的，只是以我的方式，用我的办法，在必要的时候依靠他们，继续他们所做的努力。

有人会认为，进行这样一项工作，是太自以为是、太天真了。责备我天真是恭维我。说到自以为是，恐怕这是个误解。写关于美德的书，对敢于冒此风险的人来说，更可能是对自以为是的一种无休止的鞭笞，因为写作过程会使作者总是强烈地感到自己是多平庸。任何美德都是两种严重缺点之间的高峰，两个深渊之间的脊线：如同勇敢处于怯懦和莽撞之间，庄重处于献殷勤和自私自利之间，温和处于盛怒和冷漠之间……可是，谁能够永远生活在顶峰上呢？思考美德，就是在测量我们和美德之间的距离。思考美德之美，就是在思考我们的不足或无价值。这是初步的东西，也许是人们能够对一本书提出的仅有要求。剩下的要去体验，生活体验岂是一本书能够替代得了的？但这不意味着书籍没用，不意味着书籍在道德伦理方面没有意义。思考美德不能使人变得高尚，无论如何，思考美德都明显地不能足以使人变得高尚。但有一种美德却是思考可以培育的，这就是谦恭：面对大量的问题和传统，谦恭是理性的；而面对一个明显的事实，谦恭又是本意上的道德的。这个明显的事实就是，这些美德于我们几乎总是全面缺失的，而我们既不甘于这种缺失，又不能避免这种缺失。这就是摆在我们面前的一个明显事实。

这部道德浅论只对那些欠缺道德的人有用。这一点既使这本书有了相当一批读者，也应该让斗胆写这本书的人——不是因为他不揣冒昧，而是因为他不够资格——得到谅解。写作中我得到不少乐趣，十分快活，足以让我觉得这件事是做对了。至于读者的乐趣，如果我能感觉到，只能增加我的乐趣：这样一来，写书就不再是苦差，而是愉悦了。因此，我要对读者诸君奉上我的感激之情。

一 礼 貌

礼貌是第一项美德，而且可能还是一切美德之源。礼貌也是内容最贫乏、最肤浅、最有争议的：礼貌仅仅是一种美德吗？是一种小小的美德，怎么说也是微不足道的，就像我们说夫人们有礼貌一样。礼貌不在乎是否道德，道德也不在乎是否礼貌。讲礼貌的纳粹分子，能使纳粹主义有所改变吗？能使纳粹的残忍有所改变吗？当然什么也改变不了，而礼貌的特性也就被这个*什么也改变不了*明白无误地确定了。礼貌是纯粹形式上的美德，标签式的美德，粉饰性的美德！因此，礼貌是美德的外表，而且仅仅是外表！

说礼貌是一种价值，不能否认，但也只是一种模棱两可的价值；礼貌本身不足以成为价值——礼貌能遮掩最好的东西，也能遮掩最坏的东西——，从这个意义上说，礼貌的性质就几乎是可疑的了。在形式上下的这番功夫，应该能掩饰某些东西，但掩饰的是什么呢？这是一种招数，而人们对招数是存有戒心的。这是一种装饰，而人们对装饰是存有戒心的。狄德罗曾经在什么地方提到过大人物的“盛气凌人的礼貌”，但也应该提提很多小人物的那种阿谀奉承或奴颜卑膝的礼貌。比起这些来，人们更喜欢的是无言的轻蔑和默默的服从。

还有更坏的。一个有礼貌的坏蛋，其卑鄙下流一点不亚于别的坏蛋，可能有过之而无不及。是因为虚伪吗？说不准，因为礼貌并没有以道德自居。另外，有礼貌的坏蛋通常都厚颜无耻，因为厚颜无耻就既没少了礼数，也没少了恶毒。那么，这样的坏蛋为什么使人反感呢？因为对比？有这个可能。但不是美德的表象和没有美德之间的对比（虚伪才是），因为所说的坏蛋被假定为确实有礼貌——而且，表现得有礼貌也就够有礼貌了，而更多的是美德的表象（在讲礼貌的场合，美德的表象也是美德的实质：礼貌的体现完全消耗在其表现之中了）和没有任何美德之间的对比，是美德的表象和恶行的显现之间的对比，或者说是美德的表象和恶毒这唯一的真实之间的对比。孤立地看，这种对比更像是审美上的，而不是道德上的，所以对比就可能作出解释，为什么人们感到的更多的是吃惊而不是恐怖，是惊讶而不是谴责。在这上面还要加上一种我觉得属于伦理学范畴的东西：礼貌使恶人变得更加可恶，因为礼貌显示出他是受过教育的，如果没受过教育，他的恶毒在某种程度上倒是可以原谅的。讲礼貌的坏蛋，和野兽正好相反，而我们不恨野兽；和野蛮人也正好相反，而我们原谅野蛮人；和非常粗野粗俗没教养的人也正好相反，那样的人当然吓人，但我们至少可以用缺少文化天生粗鲁智力有限加以解释。讲礼貌的坏蛋不是野兽，不是野蛮人，不是粗野的人；相反，是文明人，受过教育，有教养。因此，人们会说，这种人是不可原谅的。攻击型的粗人，能知道自己是生性凶恶或仅仅缺乏教养吗？相反，对于精心挑选出来的行刑人来说，不存在这样的疑问。就像白手套上的血显得更扎眼一样，文明化了的恐怖会表现得更令人触目惊心。根据报道，纳粹分子，至少其中的某些人，在这种角色里表现得出类拔萃。谁都明白，德国的丑恶行径有一部分就是这样上演的，就是在这种野蛮夹杂着文明、粗暴夹杂着礼貌中上演的，就是在这种时而礼貌时而野蛮的残忍中上演的。但这种行径始终是残忍的，可能因为有礼貌而更加罪孽深重，因为中规中矩地讲人道而显得更不人道，因为文明而显得更野蛮。粗人，我们可以说他是畜生，说他无知，说他缺乏教养，还可以把问题归结为被毁的童年或社会的失败。讲礼貌的人，不是这样。在丑恶行径中讲礼貌，就像个加重罪行的情节，会使人、民族或个人受到直接的谴责，会使那个社会受到直接的谴责；谴责那个社会不是因为它的失败，失败是可以原谅的，而是因为它的成功。说 很有教养，确实就说明了一切。纳粹主义被视为德国社会的成就（扬科列维奇[①]可能会补充说：*也是德国文化的成就*，不过这话可能只有他或他的同代人敢说），这就是对纳粹主义的评价，对德国的评价，我指的是那个德国，是那个既在*军营*里演奏贝多芬，也虐杀儿童的德国！

我扯远了，不是因为粗心大意，而是出于警惕。面对礼貌，重要的是先别上当。礼貌不是美德，也不能代替任何美德。

可是，为什么又说礼貌是第一项美德，而且可能是一切美德之源呢？这一点并不像乍看起来那么矛盾。美德之源不可能是一种美德（因为，美德一旦把自己设想为美德之源，就不能是美德了），而美德的本质也许就在于第一项美德并不高尚。

为什么是*第一项*呢？我是从时间顺序来说的，而且是就个人而言的。新生儿没有伦理道德，也不可能有伦理道德。吃奶的孩子也没有，孩子小的时候在很长时间里都没有伦理道德。相反，小孩子很早就发现的东西，是禁止。"别弄这个：这个脏，这个不好，这个难看，这个讨厌……"或者："这个危险"，而孩子很快就能分辩出什么不好（错误），什么*有害*（危险）。错误是人类特有的缺点，这个缺点是无害的（至少对犯这个错误的人是无害的），是不会即刻有危险或没有内在危险的缺点。可是，为什么还要禁止犯错误呢？因为事情就是这样，因为这个脏、难看、讨厌……对儿童来说，过失先于权利，或者更确切地说，儿童的权利只是一个一个的过失。有允许做的，有禁止做的，有可以做的，有不可以做的。善？恶？有规矩就够了，规矩先于判断，是判断的依据。不过，这个时候的规矩，除了约定俗成的东西以外没有别的依据，除了惯例和对惯例的尊重以外没有别的东西能够证明规矩是正确的：行为规范，纯形式的规范，礼貌的规范！不说粗口，不打断别人的话，不横冲直撞，不偷东西，不撒谎……所有这些禁忌都是同样的提给孩子的（"这不好"）。审美和伦理之间的区别，是后来才慢慢出现的。因此，礼貌比伦理道德出现得早，或者更确切地说，伦理道德在开始的时候只不过是礼貌：服从习俗（在这

---

① 扬科列维奇（Vladimir Jankelevitch，1903–1985），犹太裔法国哲学家。

里，社会学家显然比康德占理，至少他们一开始是对的，而这一点连康德可能都不会有异议），服从已经立好的规矩，服从表面上的标准规定——服从这个世界，服从这个世界的行为方式。

康德说过，人不可能从可以做的事情中推导出应该做的事情来。但孩子在头几年里不得不做的，正是这种推导，而且只有这样做了才能成人。另外，康德也承认："人只能通过教育才能变成人，人是教育出来的"，而"把兽性改造成人性"的，首先是纪律。话说得不能比这个再精彩了。习俗先于价值观，服从先于尊重，效仿先于义务。因此，礼貌（"这个不能做"）是先于伦理道德（"这个*不应该做*"）出现的；伦理道德是后来逐步建立起来的，成了已经内心化、摆脱了表面现象和利害关系的考虑、完全凝聚为意愿（礼貌不需要意愿）的礼貌。如果礼貌不先于伦理道德而生，伦理道德怎么能出现呢？良好的举止先于良好的行为出现，并引导出良好的行为。伦理道德犹如内心的礼貌，自身对自身的处世之道（即使这里主要是别人的问题），内心生活的外化，我们各项义务的规范，本质事物的繁文缛节。反过来说，礼貌犹如身体的伦理道德，行为的标签，社会生活的规范，本质事物的繁文缛节。"虽然是纸币"，康德说，"但比什么都没有好；取消纸币或把纸币当成真正的黄金，都同样是愚蠢的。"康德还说："小钱只是美德的表象，却使美德变得可爱。如果没有这种表象，没有这种可爱，哪个孩子会变得道德高尚？"

所以，伦理道德起步很低——由礼貌开始——，但伦理道德必须有个开端。没有一项美德是天然形成的，所以必须是*变得*道德高尚的。可是，如果不是已经是道德高尚了，又如何能变得道德高尚呢？亚里士多德作过解释："要想做什么事，必须先把那些事学会，我们是边做边学。"可是，不把事情学会，又怎么能去做那些事呢？这里有个圈，只能靠*先验的推论*或礼貌，才能跳得出来。但先验的推论不在我们讨论的范围之内，而礼貌属于这个范围。"我们是在采取公正的行动时变得公正的"，亚里士多德接着说道，"是在采取有分寸的行动时变得有分寸的，是在采取勇敢的行动时变得勇敢的。"可是，不公正的人怎么可能公正地行事呢？不懂分寸的人，怎么可能有分寸地行事呢？没有勇气的人，又怎么能勇敢地行事呢？那么，怎么才能变得公正、懂分寸和勇敢呢？亚里士多德的回答好像是靠习惯，但这样的的回答显然不够，因为习惯是以我们所习惯的东西先前就存在为前提的，所以解释不通。康德说得让我们觉得更明白些，他要作的解释是，最早出现的那些模拟美德的行为靠的是训练，就是说，靠的是外来的强制：由于本能的缺乏，孩子自己不能做的事，“必须由别人替他做”；就这样，“一代教育下一代”。大概是这样。那么，在家庭里，所说的训练不首先就是对习俗和良好举止的尊重么？这项训练是示范性的而不是强制性的，追求的主要是可爱的亲和性而不是秩序——不是惩戒性的训练，是礼貌的训练。正是通过这种训练，同时模仿美德的举止，我们也许才有了变得道德高尚的机会。根据拉布吕耶尔①的观察，“礼貌并不总能启发善良、正直、好意和感激之情，但至少能让人有这些东西的表象，从而使人在外表上显得好像其内心大概也是如此。”因此，对成年人来说，光有这种训练是不够的，但对儿童却是必须的。这仅仅是个开始，但已经是个开端。说“请”或者说“对不起”，是装出来的尊重；说“谢谢”，是装出来的感激。尊重和感激就从这里开始了。正如自然像艺术，道德像礼貌，礼貌模仿道德。康德承认：“跟孩子谈论义务是白费力气”。很明显，他说的对。可是，谁会因此就放弃教孩子讲礼貌呢？不教孩子讲礼貌，我们又能教孩子什么义务呢？如果我们能够变得道德高尚——为了使道德甚至不道德仅仅成为可以接受的，我们也必须变得道德高尚——，靠的也不是美德，而是教育；不是为了善，而是为了形式；靠的也不是道德规范，而是礼貌——，就礼貌而言，靠的也不是对价值观的尊重，而是对习俗的尊重！道德规范开始时是一种技巧，接着就变成了人工制品。我们是通过模仿美德才变得道德高尚的。“由于要扮演这

---

① 拉布吕耶尔（Jean de La Bruyere，1645-1695），法国作家，著有《品格论》。

样的角色”，康德写道，“人长时间地只以做作的外貌示人，摆出一副道德高尚的样子，美德也就慢慢萌生了，并成为其待人接物的方式。”礼貌在道德之前出现，并使道德的出现成为可能。康德把礼貌称之为“仪式”，但是具有道德训诫意义的仪式。首先要摆出一副“文雅的举止”，当然不是到此为止，而是要借以达到文雅举止所模仿的东西——美德。美德只能通过模仿才能出现。“别人的文雅外表”，康德还写道，“对我们并非没有价值：这种遮遮掩掩的把戏能使也许本不值得敬重的东西受人敬重，但严肃认真也能从这种遮遮掩掩里产生。”没有这种严肃认真，道德在任何人身上都不可能传递，也不可能形成。“道德素质来源于和这种素质相似的行为”，亚里士多德说。礼貌就是美德的*相似物*，美德就来源于这种相似物。

通过为道德的显现、乃至在一定程度上的繁荣创造出必要条件，礼貌也就把道德从那个无出路的怪圈（没有礼貌，为了变成道德高尚的人就必须是道德高尚的人）里解救出来了。在一个非常彬彬有礼的人和一个只是和善、可敬和谦恭……的人之间，在很多情况下，差别是微不足道的，两者最终都和他们所模仿的东西相似了，而礼貌于不知不觉间把人引向了——或可以引向——道德。这一点所有的父母都知道，他们把这个称之为教育子女。我很清楚，礼貌不是一切，也不是关键。常用语里还有个要*有教养*这么个说法，这首先指的是要彬彬有礼，而彬彬有礼意味着很多东西。成百上千次（我说成百上千次还说少了呢！比这个多得多……）地纠正孩子，为的是叫他们说“请”、“谢谢”、“对不起”，如果只是出于礼貌，我们中间的任何人都不大会这么说的——除非他有怪癖或者赶时髦。可是，就在这样的调教中孩子学会了敬重。我知道，调教这个词让人不快，可是，这样的的调教谁又能免得了呢？光有爱，不足以使孩子成长，甚至不足以使他们变得可爱和有亲和力。光讲礼貌也不行，因此必须双管齐下。在我看来，所有的家庭教育都是在最小的美德和最大的美德之间进行的，最小的美德还不属于道德规范，而最大的美德又已经不再是美德了。剩下的是语言训练。但如果像阿兰[①]所认为的那样，礼貌是符号艺术，那么，学说话仍然属于礼貌这个范畴。从头到尾都是习俗和对习俗的尊重，习俗只在受到尊重的时候才是好习俗。有一本著名的经典语法书（格雷维斯语法），书名就叫《*正确用法*》。也可以用这个做书名，写一本修身手册。做大家都做的事， 说大家都说的话……很能说明问题的是，在做事和说话这两种情况中谈论的*纠正*，指的都只是起码的礼貌，被视为不可或缺的礼貌。美德或风格是后来才出现的。

所以说，礼貌不是美德，而是一种类乎模拟美德的行为（对成人来说），或者说是对美德的准备（对儿童来说）。就对儿童的影响而言，礼貌所改变的即使不是性格，至少也在改变着随着年龄而至的倾向。礼貌在童年时期有实质意义，对于成年人就没那么重要了。除了邪恶的成年人，还有什么比没教养的孩子更坏的吗？然而，我们都不再是孩子了。我们都会爱，有判断能力，知道要什么……具备了美德的素质，所以能够爱了，爱是礼貌所不能代替的。憨厚的农民什么时候都比彬彬有礼的利己主义者强。不懂礼貌的诚实人，永远胜过外表温文尔雅的流氓。阿兰说过，礼貌只是一种表情体操；这就足以说明，这指的是肉体，而更重要的当然是心灵或灵魂。在一些人身上，礼貌周全得让人不安，甚至令人厌烦。于是人们就会说，“礼多人不诚”。因为，诚实有时是会让人感到不快的，是会让人觉得被冒犯、被顶撞的。另外，虽然诚实，有很多人却一生都被文雅的举止束缚着，因为他们只是隔着礼貌这层玻璃向别人展示自己，而这层玻璃总也不能完全透明，好像一劳永逸地把真实和社交习惯混为一体了。像现在大家所说的那样，在时尚的穿着和潇洒的做派里，就有很多这种成分。太把礼貌当一回事，礼貌就成了真实的反面。那些穿着时尚做派潇洒的人，就像乖得过了头的大孩子，成了规矩的奴隶，都上了习俗和礼仪的当。他们失去了青少年时代，而孩子是通过青少年时代才

---

① 阿兰（Alain，1868–1951），法国哲学家。

变为成人的——青少年时代根本不把礼貌当回事，青少年时代无需讲什么习俗，青少年所爱的，只有爱情、真实与美德、恋人、美好和撒野！成年以后，他们会更宽容，更稳重。总之，如果必须选择，同样是不成熟，就道德情操而言，过了青春期仍然乳臭未干的小伙子比因为太听话而长不大的孩子好：诚实得不讲礼貌，比过于讲礼貌而不诚实好！

懂为人处世不等于生活；礼貌不是道德。但又并非毫无意义。礼貌是小事，是准备大事的小事。礼貌是一种宗教仪式，但没有神；是一种礼仪，但没有崇拜；是一种宫廷礼节，但没有君主。礼貌是个空洞的形式，只因空洞才有价值。礼貌自命不凡，自视过高，自以为了不起，上了自己所立规矩的当，并因此而违背了它所定的规则。仅仅有礼貌是不够的，而自命不凡是不礼貌的。

礼貌不是美德，但是一种优良品质，一种徒具形式的优良品质。就其自身而言，礼貌是第二位的，无足轻重的，几乎是没有意义的：和美德或智慧相比，礼貌好像什么也不是，而这一点是持高雅保留态度的礼貌也应该知道如何表白的。聪明和道德高尚的人不能缺了礼数，这其实是相当清楚明白的。爱本身也不能完全少了形式。这就是孩子们应该从父母那里学到的东西，从挚爱他们——尽管爱过了头，尽管爱得不得体——的父母那里学到的东西，而为人父母的却还要不断地指责孩子，不是在内容上（谁敢对自己的孩子说："你爱我爱得不够？"），而是在形式上。哲学家们还会接着讨论下去，以便搞清楚，第一种形式是否真的并非一切，将道德和礼貌区分开来的是幻想还是别的什么东西。有可能，所有的一切都只不过是习俗和对习俗的尊重——即一切都只是礼貌。但我是一点都不相信的。爱在反抗，温和在反抗，同情心在反抗。礼貌并非一切，它几乎什么都不是。不过，人也一样，差不多就是个畜生。

二　忠诚

往者已矣，未来还没到：遗忘和即兴都是自然现象。有什么比春天每次到来更显得是即兴之作的？又有什么比春天被遗忘得更快的？周而复始本身，不管给人留下的印象多么深刻，都只是幻象：季节因为被遗忘了才轮回，而使大自然总是常新的，正是大自然鲜有革新的原因。任何真正的革新，任何真正的创造，都是以记忆为前提的。这就是柏格森[①]所发现的，他为此不得不虚构一种世界的记忆（绵延）；但这种记忆很可能是上帝，因此是不存在的。大自然忘记了成为上帝，或者说上帝在大自然中把自己忘了。如果有一部宇宙史——当然有——，那也是一连串杂乱无章或碰运气式的即兴之作，没有计划（哪怕是即兴创作的计划），也没有记忆。那是和创作相反的东西，或者只是一部凭运气搞出来的创作。一曲未必有的*即兴爵士乐*，转瞬即逝。因为，能够持续或重复的东西本身只在变化中偶然发生，又没有什么东西是开始以后不应该结束的。无常是规律。遗忘是规律。现实时时刻刻总是新的；而这种包罗万象的新，这种持续不断的新，就是世界。

自然界非常健忘，但也正是在这一点上，自然界是物质的。物质即遗忘：记忆只来自精神。因此，最后取胜的将是遗忘，遗忘从始至终都是如此。现实就是存在的第一句话，永远是第一句话。它怎么会想说点什么呢？像国王一样的孩子（时间）并不口吃：不说话，也不沉默，不创造，也不重复。无常，遗忘，单纯：孩子的王国！生成变化是不忠诚的，连季节都是见异思迁的。

---

① 柏格森（Bergson，1859–1941），法国哲学家。

但是有思想；但是有记忆。只有一点点重量，只持续一点点时间：这种脆弱，就是思想本身。在常人心里会消失——但作为思想，它是活着的，通过它保存的记忆活着！思想是记忆，可能只是记忆。思考，是回忆自己之所思；愿望，是回忆我们想要的东西。当然，并非只能思考同一个东西，也不是只能盼望我们想要过的东西。可是，没有记忆，创造会是什么？没有记忆，哪里来的决定？正如肉体是现在的现在，精神是过去的现在，是*现在*这个词双重意义上的现在：过去遗留给我们的，和在我们身上存留的。此即圣奥古斯丁[①]所谓"过去的现在"，而这就是记忆。思想从这里开始。思想忧心忡忡，思想忠心耿耿。

忧虑，是对未来的记忆，它一直在不断地和我们打招呼。这是忧虑的本性，或者更确切地说，是我们的本性。除了智者和疯子，谁会忘记自己还有个未来呢？除了恶人，又有谁只担心自己的未来？当然，人是自私的，但有时并不像人们想的那样绝对：有些人，即使自己没孩子，也在关心着未来的几代，而这样的关心，是高尚的。同一个人，不为自己吸烟感到不安，却担心大气臭氧层上的空洞。自己什么都不在乎，却为别人而忧心忡忡。这样的人谁会谴责？尽管我们没怎么忘记未来（我们忘记的多半是现在!），对未来却知道得更少了。

过去是最无防备的。未来令我们担心，未来令我们烦恼：虚无成了未来的力量。相反，我们对过去好像再没有什么可怕的，再没有什么可等待的，而这一点大概并不全错。伊壁鸠鲁[②]据此提出这样一种真知灼见：在时代的风暴中，记忆的深港……但遗忘才是深港中最可靠的。如果像弗洛伊德说的那样，神经官能症患者为模糊的记忆所苦，身体的健康在某些事情上就应该靠遗忘来营养。"上帝防止人将遗忘忘记！"诗人写道，而尼采也看清楚了，生活和幸福在哪一边：

---

① 奥古斯丁（Augustinus，354-430），西方基督教早期神学家、哲学家。

② 伊壁鸠鲁（Epicure，公元前341-公元前270），古希腊哲学家，伊壁鸠学派始祖。

“即使几乎没有记忆也能生活，而且可以生活得很幸福，就像动物显示出来的那样；但是，没有遗忘却不能生活。”先把此话记在这里。但是，活着就是目的吗？幸福就是目的吗？至少，这里所说的生活和这里所说的幸福就是目的吗？难道一定得去羡慕动物、植物和石头吗？就算有人羡慕动植物和石头，难道就一定要向这种羡慕心理屈服吗？精神还剩下什么了？人性还剩下什么了？一定要仅仅以健康或卫生为目的吗？*卫生的* 思想， 在这里找到了力量，也遇到了局限。即使思想是一种疾病，即使人性是一种不幸，这种疾病和这种不幸也是我们自己的——因为它们就是我们，因为我们只是通过它们而存在。不要把过去一扫而光。人的一切尊严都在过去中；思想的一切尊严都在记忆里。健忘的思想，可能就是思想，但没有精神。健忘的欲望，无疑是欲望，但没有意志，没有心灵，没有灵魂。科学和动物也许会使人产生那样的想法——而且也不是所有的动物都真是这样（有人说，某些动物是忠诚的），可能也不是所有的科学都真是这样。这并不重要。人只因为有记忆才有思想，因为忠诚才有人性。人啊，你要注意呢，仅防忘记记忆！

忠实的思想，是思想的最高境界。

我兜了这么个大圈子，就是因为这个问题太大。忠诚不是众多价值观中的一种价值观，不是美德中的一项美德：忠诚是这样一种品格，通过它，为了它，才有价值观和美德。没有秉持正义者的忠诚，哪里来的正义？没有爱好和平者的忠诚，哪里来的和平？没有对独立思考的忠诚，哪里来的自由？没有诚实人的忠诚，真实又有什么价值？当然，真实可能仍不失为真实，但会成为没有价值的真实，从中不可能产生任何美德。没有遗忘就没有健康，也许是这样；但没有忠诚就肯定没有美德。卫生或道德。卫生*和*道德。因为，问题不在于什么都不遗忘，也不在于对随便什么东西都要忠诚。“无需崇高，忠诚而严肃就行。”（扬科列维奇语）问题就在这里。忠诚是记忆的美德，而记忆本身如同美德。

不过，是什么样的记忆呢？或者说记忆的是什么？又是在什么样的条件下记住的？有什么局限？让我们再重复一遍，问题不在于对随便什么东西都忠诚：那样就可能不再是忠诚，而是食古不化、抱残守缺、顽固、守旧和盲从……亚里士多德的门人提醒说，所有的美德都和两种极端对立：一种是容易变卦，另一种是冥顽不灵。忠诚和这两种东西同样格格不入。不偏不倚吗？如果你愿意也可以这样说，但这和处世冷漠或轻狂的人所理解的毫无共同之处（不是既有点容易变卦，又有点冥顽不灵！）。关于这一点，靶心使人想到的比国会中间派使人想到的也许更能说明问题。我说过，是脊线，是两条鸿沟之间的脊线。忠诚既非容易变卦，亦非冥顽不灵，这样的忠诚才是忠实的。

那么，忠诚本身有价值吗？忠诚对自身有价值吗？忠诚能通过自身体现价值吗？不是这样，或者说不仅仅是这样。体现忠诚价值的主要是忠诚的对象。亚里士多德说过这样的话，大意是我们不会像更换衬衣那样更换朋友，而对衣服忠诚有多可笑，对朋友不忠诚就多有罪——除非像这位哲学家在别处说过的那样，“朋友们的行为过于邪恶”。忠诚不能成为借口：对邪恶忠诚比背弃忠诚更可恶。纳粹德国的党卫队员宣誓效忠希特勒，这种犯罪的忠诚是有罪的。对恶忠诚，是错误的忠诚。扬科列维奇指出过：“愚忠是愚上加愚。”行文至此，我正好可以以小学生、甚至是倔脾气的小学生的忠诚，把扬科列维奇大师的一段话引用如下：

> “忠诚是否值得称赞？这要‘看情况’，换句话说，这取决于我们对之忠诚的东西的价值。*对什么*忠诚？……尽管谁都不会忘记自己的怨恨和恼怒，却没人会说怨恨是一种美德；牢记受过的凌辱是一种要不得的忠贞。涉及忠诚时，修饰语不才是最重要的吗？所以，还有一种对小事的忠诚，即小肚鸡肠，对一些鸡毛蒜皮的事情念念不忘，啰啰嗦嗦，固执得烦人……因此，我们想要的忠诚不是随便哪种忠诚，而仅仅是善良和伟大的忠诚。”

这么说吧：我们要的是深情的忠诚、合乎道德的忠诚和自觉自愿的忠诚。光有记忆是不够的。其实，人可以遗忘而忠诚，也可以不遗忘而不忠诚。更确切地说，不忠诚*以*记忆*为前提*：人只会对想得起来的事（健忘症患者既不会信守也不会背叛诺言）忠诚或不忠诚；在这一点上，忠诚与不忠诚是两种截然相反的记忆形态，一种合乎道德，另一种不合乎道德。扬科列维奇还说过，忠诚是“模因[①]的美德”；可是，在一个一切都在变化的世界（而这就是我们这个世界）里，只能通过记忆和意志才会有*模因*。谁也不能在同一条河里洗两次澡，也不能两次爱同一个女人。帕斯卡[②]说：“他不再爱十年前他爱的那个人了。我完全相信，因为她不再是原来的她，他也不是原来的他了。当年他年轻，她也年轻；现在她完全是另一个人了。他爱的可能还是当年那个样子的她。”忠诚是模因的美德，模因靠这个忠诚存在或抵抗。

既然今天的我已经不再是原来的我，我为什么要信守前一天许下的诺言？为什么信守？因为忠诚。按照蒙田[③]的说法，这是人的同一性的真正根基：“我这个人和我的同一性的根基纯粹是道义上的：此根基就存在于我对自己发誓要恪守的信念的忠诚里。我确实不是昨天的我了；但我又还是我，只因为我*承认*原来的那个我，因为我还把一些往事当成*我自己的*，还因为我打算在将来也承认我现在所许下的诺言永远是我许下的。”没有对自己的忠诚，就没有道德高尚的人，因此忠诚才是必须的，因为不如此就没有义务可言！也是因为这个，才可能有忠诚：犹如忠诚是记忆的美德，忠诚也是记忆的错误（更确切地说是缺陷或不足）。回忆不是一切：好记性不是什么时候都

---

① 模因（meme）是1976年首次出现的术语，意为“出自相同的基因而导致相似”，可以使人联想到一些模仿现象。

② 帕斯卡（pascal，1623–1662），法国数学家、物理学家、哲学家。

③ 蒙田（Montaigne，1533–1592），法国作家、思想家、政治家，反对经哲学，强调人的“善良天性”。著有《散文集》等。

好，准确的回忆不是什么时候都是体贴人和尊重人的。记忆的美德，已经不仅仅是记忆；忠诚，已经不仅仅是准确。忠诚的反面不是遗忘，而是浅薄或受利益左右的摇摆不定，是背叛，是背信弃义，是反复无常。但忠诚也确实与遗忘对立—— 一如任何美德都与其正在扭转的不好习性对立一样——，不忠诚则相反，以引来遗忘告终：首先背弃所记忆的，然后再遗忘所背弃的……在忠诚只靠拒绝消失才总是暂时获胜（我的意思是说，除了对遗忘或背弃进行无休止的斗争，没有取得别的胜利）时，不忠诚就这样在自己的胜利中消失了。*绝望的*忠诚，扬科列维奇写下了这样的话，但对他这种说法提出责备的不会是我。因为“遗忘与记忆之间的斗争并非势均力敌。时间久了，遗忘会像不可抗拒的潮水一样淹没一切，而记忆却在绝望中时断时续地挣扎着；因此，倡导宽恕的人劝我们忘却，是在向我们提根本无需提的建议：健忘的人会自己负责忘却，他们不求别的。要求我们同情和感激的是过往，因为过往不能像现在和未来那样，自己单独保护自己……”（扬科列维奇语）记忆的义务就是：同情和感激过往。要忠诚，就要承担这项艰巨、要求严格、不受时间约束的义务！

这种义务，显然有程度上的不同。在我上面引述的那篇文章里，扬科列维奇想到了纳粹集中营，想到了犹太人的苦难。对于绝对的苦难，义务也是绝对的。对我们的初恋，对使我们儿时热血沸腾的自行车锦标赛，我们也无需这么忠诚，也无需忠诚到这种程度……忠诚应该只专注有价值的东西，而且专注的程度应该与专注对象的价值成正比——冒昧地说一句，涉及性质上不可量化的崇高时就应该这样。首先是对苦难的忠诚，对无私的勇敢的忠诚，对爱的忠诚……说到这里我心生疑问：如此说来，苦难也是一种价值了？不是，当然不是。就其自身而言，苦难没有价值，或仅仅有负面价值。苦难是坏事，认为通过苦难可以得到救赎，是自己欺骗自己。但若说苦难不是一种价值，一切苦难的生活以其所要求和应得的爱可就是一种价值了：爱正在受苦难的人（基督徒的仁慈，佛教徒的悲悯，斯宾诺莎学派的*同情*……），比爱美好的或伟大的事物更重要，而遭受苦难者的价值也不是别的什么东西，只是值得被爱。在这一点上，每一种忠诚——不管是对一种价值的忠诚，抑或对某个人的忠诚——都是对爱的忠诚，也是因爱而忠诚。忠诚就是忠实的爱，习惯上不会搞错，只在对爱的定义上出错时（如果只把这个词不妥当地限于用在夫妻关系上），才会出现错误。不是因为所有的爱都是忠诚的（因此忠诚不能归结为爱）；但所有的忠诚都是体贴人的，一以贯之的（坚持恨，不是忠诚，而是怨恨，是愤激），因此是善良的，也因此是可爱的。所以，忠诚就是对忠诚的忠诚——而且有不同程度的忠诚！

至于特殊领域，我们不可能一一列举。我这里只想大略地提三个方面：思想、道德和夫妻。

有一种对思想的忠诚，这是很明显的。谁都不是随便什么都去想的，因为随便什么都去想就不再是思想了。诡辩家运用自如的辩证法本身，只是靠对辩证法法则、辩证法的需要和辩证法所承受与克服的矛盾本身的忠诚，才成为思想的。萨特说过："切勿将辩证法和思想的闪光混为一谈。"忠诚差不多就是将这两者区分开来的东西，正如我们在黑格尔伟大的《逻辑学》里所看到的那样，从始至终完全忠诚，对他那种一丝不苟的严谨也完全忠诚。概而言之，我们可以说思想只有经过努力才不会流于空洞和喋喋不休：构建思想的努力，抗拒遗忘的努力，抗拒风尚和兴趣反复无常的努力，抗拒机会和权力诱惑的努力。据马塞尔·孔什[①]观察所得，任何思想都"一直存在着丢失的危险，如果我们不去努力保留的话。没有记忆，没有和遗忘及遗忘的危险进行的斗争，就没有思想"。这等于说，没有忠诚就没有思想：为了思索，不仅必须回忆（回忆还只是允许意识活动，而任何意识都不是思想），而且还要*愿意*回忆。忠诚就是这种意愿，或者更确切地说，忠诚是意愿的行为和意愿的美德。

忠诚是否也以总是思索我们记得曾经思索过的东西的意愿为前提

---

① 马塞尔·孔什（Marcel Conche，1922- ），法国哲学家。

呢？那样的话，意愿不就不仅仅是回忆的意愿，而且也是不愿变化的意愿了吗？是，也不是。说是，那是因为，如果一种思想只作为纪念品、作为思想或意念中的一个小摆设才可能有价值，想回忆这种思想就可能毫无价值：忠于自己的思想，不仅要记得我们曾经有过这些思想，而且还要愿意将这些思想生动地保存下来（不仅要愿意记得曾经有过这些思想，而且还要愿意记得 现在还有这些思想）；但又说不是，是由于想竭力保存这些思想，在情况需要的时候就可能拒绝让这些思想经受争论、经验和思辨的考验：忠于自己的思想甚于忠于真实，就可能会不忠于思想的原貌，从而使自己不得不陷入诡辩，哪怕是出于正当原因。首先要忠于真实！这是忠诚区别于信仰之处，*更是* 忠诚区别于狂热之处。就思想而言，忠诚并不是拒绝改变想法（教条主义），也不是让想法屈从于其自身以外的其他东西（信仰），更不是把想法视为绝对的东西（狂热）；忠诚是拒绝在没有正当和强有力的理由时改变想法。既然不能总在研究，事物一旦被明确而坚定地判定，就要看成是真实的，直到作出新的研判。因此，这既非教条主义，也不是反复多变。我们有权改变想法，但仅仅是到了改变已成为义务的时候。首先要忠于真实，其次是忠于对真实的回忆（忠于*被保存下来的* 真实）：这就是忠实的思想，亦即思想。

在我说科学不拿忠诚当回事时，要正确理解我的意思：我指的当然不是学者，因此也不是日新月异的科学。但就科学成果来观察科学，就会发现，科学活在当下，并在不断地遗忘着其初始的脚步。哲学则相反，从一开始就一直在沿着自己的脚步走。哪位物理学家在重读牛顿的著作？哪位哲学家又不在重读亚里士多德？科学在进步，在遗忘；哲学在思考，在记忆。而且，哲学如果不是对思想的一种极端忠诚，它又是什么呢？

不过我们还是来谈道德吧！道德关乎忠诚，这是道德本质的组成部分。然而，康德在这一点上可能会有不同意见。他可能会说，忠诚是义务（例如在朋友之间或夫妻之间），但义务不能被归结为忠诚。由于道德法则是超时限的，它总是在我们的前面：这里涉及的不是忠诚，而是服从。而且，忠诚针对的是什么？如果忠诚针对的是既定的义务，它就是多余的（因为不管忠诚不忠诚，义务都是要服从的）。如果忠诚针对的是别的什么，它就成了附带的（因为只有义务是绝对重要的）。至于义务所强加的忠诚（忠于说过的话，夫妻间的忠诚……），对康德来说，那只是义务的特殊情况，被归为义务了。忠诚服从道德法则，而不是道德法则服从忠诚。

这样说是对的，如果有康德所理解的那种普遍、绝对、超越时限、不讲条件……的道德法则。就是说，如果有个能对时间和空间不加任何考虑而起绝对支配作用的实践理性。可是，对这样一种理性，我们知道些什么呢？对这种理性我们有什么样的经验？今天谁还相信这样的理性？如果有普遍的、绝对的道德法则，因而有道德的客观基础，康德就是对的。但我没见识过这些东西，而我们的时代强加给我们的命运，我觉得就是应该成为一个不再相信道德真理（绝对的）的有道德的人。此后我们凭借什么变成道德高尚的人呢？凭忠诚：通过忠诚达到忠诚！也可以说，这是对抗德国理性的犹太精神，而且只有犹太精神能把德国理性从野蛮状态中解救出来。柏格森反驳康德，说他主张在理性崇拜的基础上，换言之，实际上是在尊重不矛盾律的基础上建立道德伦理，过于天真！作为伟大的逻辑学家，卡瓦耶①后来也说过同样的的话。道德当然应该是理性的，因为道德应该是普遍的（无论如何应该是可以推广普及的）；可是，任何理性在这里都是不够的："面对一种较强的倾向，不矛盾律就会一筹莫展，连最明显的明证性也黯然失色。几何学从来没有拯救过任何人。"（卡瓦耶语）没有*几何学式的*美德。野蛮在哪一点上比文明不合乎逻辑呢？悭吝比慷慨不合乎逻辑吗？而且，即使文明和慷慨比野蛮和悭吝更合乎逻辑，又怎么能成为反对野蛮和悭吝的理由呢？很明显，问题不在于放弃理性，因为精神不能在理性消失后幸存。问题仅仅在于不要把理性和道德混为一谈：理性忠于真实，道德忠于戒律与爱情。两者当然可

① 卡瓦耶（Cavailles，1903–1944），法国数学家、哲学家，反法西斯英雄，死于纳粹枪下。

以并行不悖，而这就是我所谓的精神。但理性和道德并不因此而不再有分别，也不能彼此归并。换言之，道德不真实，但有价值：道德不是认知的客体（至少我们现在能有的知识还不足以揭示其价值），而是意志的客体。道德不是超越时限的，而是历史的；不是在我们前面，而是在我们后面。如果没有道德的基础，如果不能有道德的基础，忠诚就是取代道德基础的东西。通过忠诚，我们服从的不是普遍道德法则的无时间性，而是价值的历史性，是总以个别形式在我们身上体现的过去的存在，不管所涉及的是总体上的人类的过去（使我们脱离野蛮的文化和文明），还是个别的、我们自身或我们父母的过去（把我们的道德从他人的道德里分离出来的弗洛伊德的*超越自我* 和每个人所受的教育）。对法则的忠诚，不是作为对神的而是对人的忠诚，不是作为普遍的而是个别的忠诚（哪怕这种忠诚是可以普及而且应该普及的），不是作为无时限而是作为历史的忠诚：对历史的忠诚，对文明和启蒙运动的忠诚，对人性的忠诚！问题在于不背叛人类把自己变成今天这个样子的东西，这种东西使我们成了今天这个样子。

我说过，道德始于礼貌；道德靠忠诚继续——同时在改变性质。我们先是做习惯做的，然后再强制自己做 应该 习惯做的。我们起初是尊重文雅的举止，然后是尊重善行；起初是尊重美好的习俗，然后是尊重善本身。忠实于所得到的爱，忠实于受到称赞的模范，忠实于表达出来的信任，忠实于要求，忠实于耐心，忠实于急切，忠实于戒律……母亲的爱，父亲的威。我什么也没创造，而是把很多东西罗列出来了。不过，上面列出的，每个人都了如指掌。义务、禁忌、悔恨、做了好事以后的满足、好好干事的愿望、对他人的尊重……所有这一切，正如斯宾诺莎所说，都“完全取决于教育”，但这当然不能成为不肯这样要求自己的理由！这无疑只是道德，而道德并非一切，也不是实质（爱和真实更重要）。可是，除了圣贤，又有谁能够不要道德？道德又怎么能少得了忠诚？忠诚是所有道德的根源：是“颠覆一切价值观”的对立面。颠覆一切价值观大概也想颠覆忠诚，可是做不到，因为它要靠忠诚进行自我评价。尼采说过："我们愿意成为先前的一切道德观念的 继承者，我们不想 推倒重来。我们的一切行动都是道德的，只不过是在反抗先前形式的道德。"这样的反叛和继承，依然是忠诚。那就必须反叛吗？反叛的又是谁？反苏格拉底？反伊壁鸠鲁？反基督？反蒙田？反斯宾诺莎？谁能反叛？谁想反叛？怎么就看不出来，他们实质上都忠诚于相同的价值观呢？怎么就看不出来，放弃这些价值观就是放弃人性呢？"我不是来破坏，而是来建设的。"这是信徒的誓言——若无信仰，这话会更动人；若无信仰，这话会显得更迫切。忠诚，不是对神的，而是对人的，对人的精神的（不是对生物学现象的人性，而是对文化价值上的人性的）。本世纪所有的野蛮行为都是以未来的名义发作的（千年的德意志*帝国*，斯大林主义的美好或可能美好的未来……）。你将无法排除我的这个想法：我们只是靠对某种过去的忠诚而从道义上抵制过这类野蛮行为。野蛮的人，是不忠诚的。连美好的未来在道义上令人向往，凭的也只是非常古老的价值观；这就是马克思早已发现而马克思主义者刚开始明白的东西。没有未来的道德。所有的道德，像所有的文化一样，都来自过去。只有忠诚才是道德。

对夫妻来说，就是另外一回事了。夫妻有忠诚的，也有不忠诚的，事实如此，所触及的似乎不是或不再是问题的实质了。至少，如果我们从狭义上理解，认为排他性地占有（彼此都是排他性的）对方的身体才是忠诚，就是没有触及问题的实质。为什么我们只爱一个人？为什么我们只对一个人有欲望？忠于自己的思想，并非（幸亏如此！）只有一种思想；忠于友谊也不是以只有一个朋友为前提。在这些范畴里，忠诚不是独占。为什么在爱情上就不一样了呢？我们凭什么要求独占别人的性快乐呢？说这样更方便或更保险，生活起来更容易，也许算来算去觉得这样更幸福，有这种可能；只要爱情存在，我甚至愿意相信这样的说法。不过，道德也好，爱情也好，我特别觉得都是不受束缚的。每个人都可以根据自己的能力或偏好进行选择：对每个人来说，或者更确切地说对每对夫妇来说，真实比排他性有更高的价值，而我觉得爱情与其说是被爱情（被*另一个人的*爱情）背叛的，不如说是被谎言背叛的。有些人会以为正好相反，有的时候我可能也会以为正好相反。我觉得关键不在这里。有些不受约束的夫妻以他们自己的方式忠于对方（忠于他们的爱情，忠于他们的诺言，忠于他们共同的自由……）。但更多的夫妻，忠诚得很严格，也忠诚得很悲哀，双方都觉得还不如不忠诚的好……在这里，成问题的与其说是忠诚，不如说是嫉妒，与其说是爱情，不如说是痛苦。这就不再是我要研究的题目了。忠诚不是同情。忠诚和同情是两种美德吗？毫无疑问，这恰恰是两种美德。不制造痛苦是一回事，不背叛是另一回事，不背叛就是所谓的忠诚。

关键是要搞清楚，是什么使夫妻成为夫妻的。仅仅是性的交合，即使多次重复，显然也不足以使人成为夫妻。只是同居，哪怕是长期同居，同样也不足以使人成为夫妻。按照我对这个词的理解，夫妻必须以爱情和持久为前提，所以必须以忠诚为条件，因为爱情只有在靠记忆和意愿去延长激情（激情太短，不足以使人结为夫妻，却刚好能够将夫妻拆散！）的条件下才能持续。婚姻意味着的可能就是这种忠诚，而离婚将要终止的也是这种忠诚。话是这么说。我的一位离了婚又再婚的女友对我说过，她在某种程度上是忠于前夫的。她向我解释说："我的意思是说，我忠于我们共同度过的那段生活，忠于我们的过去，忠于我们的爱情……我不想否认这一切。"更何况，没有这种对共同经历的忠诚，没有这种使夫妻感到幸福的信任和感激的交融，任何一对夫妻都不可能长久。有些夫妻，垂暮之年竟变得那么令人感动，比那些刚刚相爱、还总在幻想爱情的情人更令人感动。对夫妻来说，我觉得这种对共同经历的忠诚更可贵，也更重要。爱情平静了，或者衰减了，这一向都是最有可能发生的事，因此悲伤无济于事。但不管是就此分手还是继续共同生活，夫妻都只能靠彼此给予和接受的爱的忠诚，靠对分享的爱的忠诚，靠对这种爱有意而心存感激的回忆的忠诚，才能仍然是夫妻。我说过，忠诚就是忠实的爱。夫妻也是如此，也要彼此忠实，即便是"现代"夫妻，即便是"自由"夫妻。

忠诚是对发生过的一切保持下来爱，是对爱的爱，因而是现在的爱（是有意地、自觉自愿地维系下来的）对过去的爱的爱。忠诚是忠实的爱，而忠实首先要忠实于爱情。

我怎么能对你发誓，说我永远爱你或不会爱上别人呢？谁能保证他的感情不变？已经没有爱了，还维持着爱的假象、责任或要求，有什么好处？但这不能成为否认或不承认过去发生过的一切的理由。为了爱现在就需要背叛过去吗？我向你发誓，不是说我要终生爱你，而是说要始终忠于我们眼下正在体验着的爱情。

不忠实的爱情，不是*自由*的爱情：是健忘的爱情，是爱情的叛徒，是忘记或厌恶过去所爱的爱情，而一旦如此，它就会连自身也忘记或厌恶了。可是，这还是爱情吗？

想爱我的时候就爱我吧，我的爱人，但*不要把我们忘记*！

三 明智

礼貌是美德的起点；忠诚是美德的原则；明智是美德的条件。明智本身是一项美德吗？传统回答说是，而这正是必须首先做一番解释的。

明智是古代和中世纪的四枢德之一[①]，可能是被忘记得最彻底的。对现代人来说，明智[②]更多地属于心理而非道德范畴，更多地属于计谋而非义务范畴。到了康德时代，他在明智中看到的就已经不再是美德了。他解释说，明智只是一种高明或精明的自爱，当然无需指责，但没有道德价值，除了一些仅仅是假设的规定以外没有别的东西。关心健康是明智的，但谁能从中看出美德呢？明智过于功利，不能成为美德；义务太绝对，不可能明智。但不能肯定地说，康德在这个问题上就是最现代的，最正确的。因为，梅因从中得出的结论是，在任何情况下（康德甚至举了个例子：在杀人犯问你，你那位他们正在追杀的朋友是否藏在你家里时），诚实都是一种绝对的义务，不管后果如何：缺乏明智比违背义务好，哪怕是为了救一个无辜的人或为了自救！我觉得，我们再也不能接受的正是这一点，因为我们对这种绝对没有相信到这样的的程度，可以为它去牺牲我们的性命、我们的朋友或同类。这种信仰伦理，正如马克斯·韦

① “勇、义、智、节”合称四枢德。（“勇”亦称“气魄”）。这种分类法（其中的“智”，法文里有时被称为智慧）似乎可以上溯到公元前六世纪，在柏拉图的著作里差不多就能够找到。四枢德后来被斯多葛学派奉为经典，其后又被引入（主要是通过西塞罗）基督教教义，被圣安布鲁瓦兹、圣奥古斯丁和阿坎的圣托马斯等神学家奉为圭臬。——作者注

② 四枢德勇、义、智、节，本书中译为勇气、正义、明智、节制。

伯[1]后来说的那样，倒是挺吓人的：如果原则的绝对性有损于朴素的人性、常识、温情与同情心，它又有什么价值？我们也学会了不信任道德伦理，尤其是在道德伦理自以为越来越绝对的时候。比起信仰伦理来，我们更喜欢马克斯·韦伯所说的责任伦理。责任伦理在不放弃原则（它怎么可能放弃呢？）的同时，也考虑行动之可以预见的结果。好心可以导致灾难，而动机的纯粹，即使是被证明了的纯粹，也永远不足以阻止最坏的事情发生。因此，以好心和动机纯粹为满足可能犯罪：责任伦理要求我们不仅要担保我们的意图或原则是好的，还要尽可能地预见到后果，对我们的行为所带来的后果负责。这是一种明智的伦理，也是唯一有价值的伦理。对盖世太保撒谎，比把犹太人或抵抗战士交给他好。凭的是什么？凭的是明智，*这样更好*是明智做出的正确决断（由人做的、为人做的）。这是应用伦理，但伦理而不能应用能是什么呢？没有明智，其他的美德都只能好心办坏事。

不过，我所说的是古人。因为明智这个词负载着太多的历史，不能不易生歧义，更何况这个词几乎已经从当代伦理学词汇中消失了。但这并不意味着我们不再需要这个词。

让我们对这个词进行一番更为仔细的考察。我们知道，拉丁人把希腊人、特别是亚里士多德和斯多葛学派[2]使用的 phronèsis 译为 prudentia。这个词是什么意思呢？亚里士多德解释说，这个词表示的是一种*理性*美德，它在这一点上与真实、知识和理性有关联：明智是一种良好心态，可以使人正确无误地审视对人（指的不是自在的人，而是现实世界里的人；不是泛泛而论，而是在某种特定的情景中）来说，什么好，什么坏，从而采取适当的行动。这是我们可以称之为良识的东西，但它可以为善良的愿望服务；或者可以称之为智慧，但这种智慧是高尚的。正是在这一点上，明智制约着所有其他美德：没有明智，任何一种美德都可能不知道该干什么，也不可能知道

---

① 马克斯·韦伯（Max Weber，1864–1920），德国政治经济学家和社会活动家。
② 古希腊哲学家芝诺创立的哲学派别，是古希腊四大哲学流派之一，主张禁欲。

如何才能达到自己确定的目的（善）。圣托马斯[1]清楚地指出，四枢德中，智是引领其他三美德的美德：没有智，节、勇和义可能都不知道自己该做什么，也不知道怎么做，会变成盲目的或不明确的美德（正直的人热爱正义，但在实践中却不知道如何实施正义，勇敢的人不知道用自己的勇气干什么，等等）；明智也一样，没有其他三枢德，明智将是空洞的，或者仅仅是一种乖巧。明智带有某种谦虚或工具性的意味：它为之服务的目的不是它自己的，而它所关心的又仅仅是方法的选择。

但这一点就使明智成了不可替代之物：任何一项行动，任何一种美德——无论在什么情况下*行动的*任何美德——都少不了明智。明智不占统治地位（正义更适合统治，爱更适合统治），而是管理。不过，若是没有管理，一个王国会变成什么样？热爱正义不足以成为正直的人，热爱和平也不足以成为和平主义者：这中间还必须有深思熟虑、正确的决定和适当的行动。这些都要靠明智做出决定，一如由勇敢提供行动的勇气。

斯多葛学派把明智看成知识（他们说："知道什么事该干，什么事不该干"），亚里士多德拒不认可这一点，而他是对的，因为知识只从需要里产生，明智只来自偶然。明智以不确定性、危险、偶然和不知之物为前提。神不需要这些东西，但人怎么能没有这些东西呢？明智不是知识，是在知识欠缺处的知识替代物。人们只在需要作出选择的时候时，换言之，只在任何论证都不可能作出或论证不足的时候，才审慎思考：这时就必须要求不仅要有善良的目的，还必须有达到这些目的的方法！只爱孩子不足以成为好父亲，只希望孩子好也不足以让孩子好起来。科吕什[2]说过，不能因为爱就没有头脑。这一点，古希腊人知道得很清楚，可能比我们更清楚。La phronèsis 犹如

---

① 圣托马斯（Thomas，生于公元1225年或1226年，死于1274年）被认为是最伟大的经院哲学家和神学家。

② 科吕什（Coluche，1944–1986），法国笑星，放言无忌。

一种应用智慧：行动的智慧，是为了行动、在行动中起作用的智慧。然而它不能代替智慧（不能代替真正的智慧：sophia），因为做得好也并不足以使生活变好，道德高尚也并不足以使人幸福。在这一点上，亚里士多德在先贤中几乎是力排众议，但他是对的：美德不足以使人幸福，幸福也不足以使人道德高尚。然而，明智对两者却都是必需的，连智慧本身都不能缺了明智。不明智的智慧，会成为疯狂的智慧，就不是智慧了。

伊壁鸠鲁可能说出了实质：选择（通过“对利弊的比较和研究”）宜于满足的欲望，以及满足欲望的方法，这样的明智“甚至比哲学还宝贵”，而“所有的其他美德”都是从明智中“产生”的。如果不会生活，真实有什么重要性？如果不能公正地行事，公平有什么重要性？如果公平可能什么也带不来，我们为什么想要公平？明智犹如一种实际的处世之道（而且不像礼貌那样仅仅是表面上的），可能也是一种享乐技巧。伊壁鸠鲁做过解释：在诸多享乐可能带来更大的烦恼时，我们会拒绝这些享乐；或者，如果一种痛苦能使我们避免更大的痛苦，或让我们得到一种更强烈更持久的快乐，这时我们又会去寻求这样的痛苦。所以，举例来说，我们总是为了舒适才去看牙医和工作的，但所寻求的常常是稍后才得到的或间接的（通过避免或消除一种痛苦）舒适，明智所预见或算计出来的舒适。明智总是时间的美德，有时是等待时机的美德。因为明智重视的是未来，限于能由我们决定面对的未来（在这一点上，明智不属于希望而属于意志的范畴）。因此，像所有的美德一样，明智也是现在的美德，但是可以预见或预知的美德。明智的人所关注的，不仅仅是将要发生的事，还要关注可能发生的事：他聚精会神，而且用心。西塞罗[①]指出过，prudentia一词来源于providere，既有*预见*的意思，也有*充分考虑*的含义。明智是持续的美德，是用于不确定的未来的美德，是能选择有利时机（希腊文le kairos）的美德，是耐心的美德，是预测的美德。

---

① 西塞罗（Ciceron，公元前106–公元前43），古罗马政治家、雄辩家和哲学家。

人不能生活在眼下的瞬间。人不能总是经由最短的路就找到享乐。现实会强行设置规则，设置障碍，设置弯路。明智是考虑所有这一切的技巧：要的是清醒而合理的欲望。浪漫主义者会很挑剔，更喜欢的是自己的梦想。相反，实干家知道，除了实干没有其他的路可走，即使为了做一件不大可能或常例之外的事，也没有其他的路可走。明智能使行为避免冲动，使英雄不会头脑发热。说到底，这就是弗洛伊德后来所说的真实性原则，或者，至少是与现实性原则相符的美德：要尽可能多享乐，尽可能少吃苦，但随时要考虑现实的限制和不确定性，换言之（又遇上了亚里士多德的理性美德），要*很聪明地*行事。这样，明智在人身上就代替了动物身上的本能，而在诸神身上，西塞罗说，就代替了天意。

可见，古希腊先贤们的明智（希腊文phronesis，prudentia）远不止于只是避免危险，我们的明智倒是差不多仅仅归结于此了。但两种明智又是有联系的，在亚里士多德和伊壁鸠鲁眼里，我们的明智实际上从属于古先贤的明智。明智决定应该选择什么，应该避免什么。可是，危险常常属于后面这个应该避免的范围：因此才有了明智一词的现代意义（明智即谨慎）。不过总还是会有一些必须知道如何去冒的风险，有一些必须知道如何去面对的危难：因此才有了明智一词的古代意义（明智即哲学家奥邦克所说的“面对危险和作出决定的美德”）。现代意义上的明智这个词非但远未把古代意义上的明智这个词取消，而且还是从这个词衍生出来的。谨慎不是恐惧，也不是怯懦。没有勇气，谨慎只是怯懦；同样，没有谨慎，勇气只是莽撞或疯狂。

另外我们还观察到，即使仅就谨慎的狭义和现代意义而言，谨慎也依然制约着美德。只有活着的人道德高尚，或者能够变得道德高尚（死了的人充其量也只能是曾经道德高尚过）；只有谨慎的人是活人，或仍然活着。绝对的不谨慎可能是致命的，总能在很短的时间里使人死于非命。这种美德里还剩下什么呢？而它又是怎么突然出现的呢？在谈礼貌的时候，我指出过，一开始，孩子分不清什么不好（错误），什么会带来损害（痛苦，危险）。孩子也分不清什么是道德，什么是明智。其实，在很长时间里，道德也好，明智也罢，基本上都是父母说了算，都得听父母的。可是，（先是靠父母的明智，然后靠我们自己的明智）我们长大了，不能不对这两者进行区分了，而通过区分，道德和明智彼此分开，自成一体。把两者绝对混为一谈，可能是个错误；但将二者总是对立起来，同样可能是个错误。康德指出过，明智是参谋，道德是指挥。因此，两者我们都需要，相辅相成。明智只有在为可称道的目的服务时才是美德（否则就只能是精明），一如一种目的只在以适当方法达到时才能完全是道德高尚的一样（否则就只能是好意）。因此，亚里士多德说："没有明智不可能成为善人，没有美德也不可能成为智者。"明智不足以成为美德（因为在美德也重视目的的时候，明智注意的只是方法），但任何一种美德又都不能缺了明智。冒冒失失的汽车司机不仅仅是危险的，从道德上说，还是——因为不重视他人的生命——应该受到谴责的。反过来说，只考虑*性的安全*，只对性谨慎小心，也能够是（由于他关注对方的健康，哪怕他自己已经生了病）一种道德心态吗？在你情我愿的成年人之间，最放纵的性也不能说是一种错误。但不慎重却是错误的。在当下这个艾滋病时代，本身丝毫不会受到谴责的行为，也会变成应该受到谴责的，不是因为他们获得了乐趣，乐趣是无辜的，而是由于那些他们诱发或传染给别人的危险。不谨慎的性是不道德的性，或者说无论如何是道德有亏的性。这种情况比比皆是。冒失的父亲也能够很爱自己的孩子，并希望孩子们幸福。可是，这样的父亲，父德里少了点什么东西，也可能他的爱里少了点什么东西。一旦发生他也许能够避免的悲剧，他就清楚了，即使责任不绝对在他，他也并非完全无辜。首先要做的是不伤害。首先要做的是保护。这就是明智，没有这种明智，所有的美德都可能是不起作用的，或者是有害的。

我已经说过，谨慎制止不了风险，也不总能避开危险。请看登山运动员或水手：谨慎是他们职业生涯的一部分。要冒什么样的风险？要冒什么样的危险？要在什么样的限度之内？为了什么目的？

这一切都要由快乐原则来支配，而这就是我们称之为欲望或爱好的东西。怎么支配？用什么方法？要加什么样的小心？这要由现实原则来决定——现实原则决定得*恰到好处*——这就是我们所谓的谨慎。

“谨慎”，圣奥古斯丁说过，“是一种靠机敏进行选择的爱好。”但这种爱好选择什么呢？当然不是目标，目标由欲望提供，它选择的是实现目标或保护目标的方法。母亲和情妇的机敏，这是疯狂的爱的睿智。她们做必须做的，做的得体，至少她们认为得体（讲理性美德就意味着冒出错的风险），而人性——她们的人性，我们的人性——就来源于这种关注。爱引导她们，明智启发她们。

但愿明智也能启发人性本身！我们已经明白，明智重视未来：这是因为忘记未来可能是危险的，可能是不道德的。明智就是这种有悖常理的*未来的记忆*，或者更确切地说（因为记忆本身不是一种美德），是一种有悖常理而不可或缺的*对未来的忠诚*。这一点家长们都清楚，他们想让孩子的未来延续下去——不是为了替他们把未来记住，而是为了把记住的权利、如果可能也把记住的方法留给他们。如果人类想让未来人类的权利和机会延续下去，也应该明白这一点。权力越大，责任也就越大：我们的责任从来没有这样沉重过，牵连到的不仅是我们的生存或我们子女的生存，而且（由于科技的进步及其令人生畏的影响）也牵连到全人类的生存，牵连到未来的千秋万代……比如，环境保护属于明智范畴，并由此而触及道德。认为明智已经过时，是自欺欺人：明智是我们各项道德中最现代的；或者更确切地说，是现代性使明智成了最不可或缺的。

我提到过应用伦理，而且是从这个词的两种意思上进行阐释的：应用伦理和抽象伦理或理论伦理是对立的，不过它和马马虎虎的伦理也是对立的。不管马马虎虎的伦理这个概念有多矛盾，却清楚地说明，明智是多么地必须。保护狂热的伦理（由于太过热情而总是不谨慎）和应用伦理自身，明智都是必须的。以善的名义犯下的罪行有多少？以美德的名义犯下的罪恶又有多少？这些罪行几乎总是违反宽恕的，但也常常是违反明智的。不要相信萨沃纳洛拉[①]式的人物，他们都被善蒙住了眼睛。这类人太执著于原则，罔顾个人；过于相信自己的好意，不考虑后果……

没有明智的道德，是没有意义的或危险的道德。“当心”，斯宾诺莎说过，“别相信自己。”这是明智之格言。在道德忽略其界限或其不确定性时，也不要相信道德。好心不能成为保障，善意也不能成为借口。简而言之，道德不足以成为美德，美德中还必须有睿智和清醒。这是幽默让人想起的东西，也是明智要求的东西。

全凭道德行事是不明智的，而不明智是不道德的。

---

① 萨沃纳洛拉（Savanarole，1452–1498），意大利政治家和宗教改革家，以异端罪被处以火刑。

四 节制

不是不能享乐，也不是要尽量少享乐，那样就不是美德而是悲惨，不是节制而是禁欲，不是掌握分寸而是无能了。针对这一点，斯宾诺莎写下的那段最具享乐主义色彩的精彩批注，倒是把节制的本质说得清清楚楚。这段批注怎么引用都不会显得过分："可以肯定，只有执拗而死气沉沉的迷信才禁止享乐。其实，充饥和解渴在哪一点上比消除郁闷更显得得体呢？这就是我的规矩，这就是我的信条。除了嫉妒成性的人，没有哪路神仙、也没有什么人会以我的无能或悲苦为乐，也没有什么人会把我们的眼泪、哽咽、恐惧和其他一些内心的软弱无能表现当成美德。相反，我们得到的欢乐越大，我们就变得越完美。我们也就必然更具有神性。因此，利用一些物事并尽可能地从中得到乐趣（别到倒胃口的程度，倒胃口就不是乐趣了），就是个大有智慧的人。"节制的意思几乎全在上面这个括弧里显示出来了。节制是倒胃口的对立面，或者是导致倒胃口的对立面：不是要少享乐，而是要更好地享乐。在性爱中掌握分寸是一种节制，也是更纯洁或更美满的享乐的保证。那是一种有教养、受控制和文明的情趣。在同一条批注里，斯宾诺莎接着写道："我说过，知道用适量可口的饮食使自己恢复体力的人，是有大智慧的人。别的东西也如此，诸如香料、绿色观赏植物、华丽服饰、音乐、健身运动、戏剧以及其他同类每个人都可以利用而又于他人丝毫无损的东西。"节制即适度，有节制我们就是自己乐趣的主人，而不是乐趣的奴隶。这是一种自由的享乐，只能享乐得更好，因为自由享乐也拥有本身的自由。在能够不吸烟的时候吸烟，是多么快乐啊！在并非酒精的奴隶时喝酒，是多么快乐啊！在不沉迷于欲望的时候做爱，是多么快乐啊！这样的享乐更纯洁，因为更自由；更快乐，因为受到了很好的节制；更从容，因为没那么不由自主。这容易做到吗？当然不容易。有可能做到吗？不是总能做到，据我所知，也不是随便什么人都能做到。从这个意义上说，节制是一种美德，就是说，是一种出类拔萃的品质。亚里士多德说过，节制是无节制和麻木不仁两道相对鸿沟之间的脊线，是花花公子的凄惨和性无能者的悲哀之间的脊线，是饕餮之徒的倒胃口和厌食者的没胃口之间的脊线。身不由己是多么不幸啊！能够享受并锻炼自己的身体又是多么幸福啊！

不知节制的人是奴隶，因为所到之处都要随身带着自己的主人，就更加备受奴役。人成了自己肉身的囚徒，成了自己的欲望或习惯的囚徒，成了自己的力量或虚弱的囚徒。伊壁鸠鲁不像亚里士多德或柏拉图那样喜谈节制或适度（sophrosune），他更喜欢谈论的是自主（autarkeia）。伊壁鸠鲁是对的。不过，节制和自主两者不能单行："我们视自主为至善，不是因为我们绝对靠很少的东西就能生活，而是为了在我们没有很多东西的时候能够满足于少；我们确信，那些以拥有大量财富为至乐的人，最不需要财富；而凡是天然的东西都是容易得到的东西，而虚无缥缈的东西就难以得到了。"（伊壁鸠鲁语）在一个不算太贫穷的社会里，水和面包几乎从来不缺。在最富有的社会里，黄金和奢侈品却总是不够。既然我们得不到满足，我们怎么能幸福呢？既然我们的欲望无止境，我们又如何能够满足呢？伊壁鸠鲁搞了个截然相反的宴会，只有很少一点奶酪或鱼干。饿了的时候吃饭，多幸福啊！吃了饭不饿了，多幸福啊！而只顺从于自然，又是何等自由啊！对自主而言，节制是一种方法，一如对幸福而言自主也是一种方法一样。能节制，就是能够以少为满足；不过，重要的不是少，而是能少，而是能满足。

因此，节制也像明智一样，可能也像所有的美德一样，属于享乐的艺术：是欲望对本身的约束，是人对本身的约束。节制并不打算超越我们的极限，而是尊重这些极限。节制是傅科[①]所谓的*关注自我*中的一种努力。关注自我是伦理美德，或者更确切地说是道德，与其说属于义务范畴，不如说属于常识范畴。这是应用于享乐上的明智：要尽可能地享乐，尽可能好地享乐，但要靠强化我们从享乐中得到的感觉或意识，而不是靠无限制地增加对象。可怜的唐璜[2]，他需要的女人太多了！可怜的酒鬼，需要喝那么多的酒！可怜的饕餮之徒，要吃那么多的东西！伊壁鸠鲁教导的是，宁可有什么乐趣就享受什么乐趣，而当这些乐趣是天然的乐趣时，满足起来是很容易的，就像使身体平静下来一样容易。还有什么比止渴更容易的吗？还有什么比满足——除非极端贫困—— 一个肚子或一个生殖器更容易的吗？还有什么比我们天然而必须的欲望更有限（幸而更有限）的吗？贪得无厌的不是身体。欲望的无度，只是一种幻想症，让我们遭遇匮乏，把我们变得贪得无厌，或者使我们陷入不幸。我们有比肚子大的幻想，所以会荒谬地埋怨自己的肚子太小！相反，聪明人“为欲望设限，像为恐惧设限一样”：这是身体的限度，也是节制的限度。但是，无节制的人蔑视或者想越过这些限度。他们不饿了吗？他们吐了。不渴了吗？几粒咸花生米，或一杯酒，就会又让他们口干舌燥。不再想做爱了吗？一本黄色画报就足以让他们欲火中烧……这是可能的，但这有什么好处呢？而且，又要付什么样的代价呢？他们非但没有从乐趣中解放（靠乐趣本身）出来，反而成了乐趣的奴隶！这是一群奴隶，总是觉得不满足，以致终于在厌腻中失去了乐趣！那时他们就会说，没有任何一点饥渴感是多么悲哀啊……这是因为他们想要的太多，总想要，甚至不知道以*过多*为满足！因此，花花公子是悲惨的；因此，酒鬼是不幸的；还有什么比饮食过度的饕餮之徒更可悲的吗？“我吃多了”，他倒下去的时候说，肉大身沉，肚皮鼓鼓的，筋疲力尽……“无节制是快乐的瘟疫”，蒙田说，“而节制不是快乐的祸害：节制是快乐的调料。”能使人品味到“快乐之沁人心脾”。美食家已经这样做

---

① 傅科（Foucault，1926– ），法国哲学家。
② 唐璜是西班牙民间传说里的人物，后来成了欧洲很多诗人作家笔下的人物。

了，和饕餮之徒相反，他们重质量而不重数量。这是人类的第一个进步。但智者的追求更为高远，更贴近自身，或者说更贴近本质：对智者来说，乐趣的质量比引起乐趣的菜肴的质量更重要。如果你愿意，你可以说他是个美食家，不过是二流的，但可能又是最高级的：自我的美食家，或者更确切地说（因为自我不过像他人一样只是一盘菜肴），是生活的美食家，是吃、喝、感觉和爱这些无特色少个性的乐趣的美食家……他不是唯美主义者：是行家。他知道，只在爱好中有乐趣，只在欲望中有爱好。他会说："简单的菜肴一旦完全消除了因需要（饿）而产生的痛苦，给人带来的乐趣和丰盛的菜肴是一样的；在需要的时候送到口中的大麦面面包和水，能给人带来极大的享乐。因此，习惯于粗茶淡饭而不是奢侈讲究，能使身体健康完美，能使人在进行生活中必要的活动时精力充沛，能让我们在时不时地接近昂贵食品时有极佳的心情，能让我们面对财富而不感到恐惧。"在发达社会，比如伊壁鸠鲁时代的社会，比如我们现在的这个社会，必需的东西很容易搞到；不是必需的，就难以轻易得到或保存了。可是，谁会以必需为满足呢？又有谁会只在多余的东西出现时才喜欢多余的东西呢？也许只有智者。有乐趣的时候，节制将他的乐趣强化，没有乐趣的时候，节制就代替乐趣。因此就总有或几乎总有乐趣：人生在世多么有乐趣啊！什么都不缺是多大的乐趣啊！做自己乐趣的主人多么有乐趣啊！伊壁鸠鲁式哲人对自己感官乐趣的培养是集约的，而不是粗放的。吸引他们并足以使他们感到幸福的，是极佳，而不是最多。正如卢克莱修[①]后来说的，智者怀着一颗"以很少的东西为满足的心"活着，因为知道"要求的少就永远不会匮乏"，对幸福就更充满了信心，即或万一遇到匮乏，也能使他很快地从匮乏及所有的事物中解脱出来。活着就足矣的人，还能缺什么呢？后来，阿西西的圣方济各[②]

---

① 卢克莱修（Lucretius，公元前99–公元前55），古罗马哲学家。
② 圣方济各（Saint Francois d'Assise，1181–1226），天主教方济各会创始人。

可能也从这种幸运的贫穷里发现了这个秘密。但是，这个教训对我们这样的富足社会最有价值，在我们这里，人往往因为不节制而不是因为饥馑或清贫而受苦，甚至送命。节制在任何时代都是美德，而时代越美好就越需要节制。节制不是一项特殊的美德，不像勇敢（相反，时代越艰难越需要勇敢），勇敢是一种特殊的美德，节制是一种普通而谦卑的美德：不是特殊的美德，但是规范性的美德，不是英雄主义的美德，但是有分寸的美德。节制是兰波[1]津津乐道的*感官放纵*的对立面。因此，我们这个喜欢诗人胜于哲学家、喜欢孩子胜于智者的时代，也许会有忘掉节制是美德的倾向，只把节制看成保健学。人们会说：“*我会注意的*”。可怜的时代，只知道把医生置于诗人之上！

圣托马斯看得很清楚，这项枢德虽然没有其他三项枢德崇高（智更需要，勇和义更值得赞赏），却常常因为难度大而胜过它们。因为节制涉及的是个体（饮食）和人类（做爱）生活中的大欲，这些欲望也都是最强烈的，然而又是最难克制的。不言而喻，不存在消灭这些欲望的问题——无欲无求是缺点——，能够做的，充其量、尽可能，也就是加以控制（用英国话说是*self-control*的意思），加以调整（像调整芭蕾舞步或发动机那样），使之保持平衡、和谐或平静。正像斯宾诺莎说的那样，节制是对生命冲动自觉自愿的调节，是对我们生存能力的合理肯定，特别是对我们的心智调节情感或食欲非理智冲动能力的合理肯定。节制不是一种情感：是一种力量，就是说是一种美德。阿兰说过，节制是“克服各种狂热的美德”，因此也应该克服——在这一点上和谦逊有关——美德的狂热，以及节制自身的狂热。

---

① 兰波（Rimbaud，1854-1891），法国诗人。

五 勇敢

在所有的美德中，勇敢受到的赞美可能是最普遍的。这是一种相当罕见的现象，勇敢所享有的声誉不依附于社会，不依附于时代，也几乎不依附于个人。怯懦到处遭蔑视，勇武处处受称赞。当然，如同内容一样，勇敢的形式可以千差万别：每一种文明都有其恐惧，每一种文明都有其勇敢。然而，不变或不怎么变的是，作为克服恐惧能力的勇敢，永远比不能自拔的怯懦或胆小可贵。勇敢是英雄的美德，而又有谁不赞赏英雄呢？

然而，这种普遍性却证明不了什么，甚至是可疑的。这种受到普遍赞赏的东西，竟然也是受坏蛋和傻瓜赞赏的。坏蛋和傻瓜是那么好的评判者吗？再者，我们也赞赏美貌，而美貌不是美德；又有很多人蔑视温柔，而温柔是美德之一。道德在原则上是可以普及的，但不证明在成果上是普遍的。美德不是演戏，无需掌声。

重要的是，勇敢可以为一切事情效力，既能做好事，也能做坏事，但不能改变事情的性质。勇敢的恶毒，还是恶毒。勇敢的狂热，还是狂热。这样的勇敢——做坏事的勇敢，在坏事中的勇敢——，难道还是美德吗？这似乎是难以想象的。可以在某些事情上称赞杀人犯或纳粹冲锋队员勇敢，难道这就能使他们变得道德高尚了吗？稍稍怯懦一点，他们就可能少做一些坏事。这种能够为坏事效力的美德是什么呢？这种与一切价值观似乎没有关系的价值又是什么呢？

伏尔泰说过："勇敢不是美德，而是莽撞汉和大人物共有的一种品格。"所以，这是一种出类拔萃的品质，但其自身既不是道德的，也不是不道德的。这和聪慧或力量一样：这两者也都受到赞扬，也都很暧昧（既可为恶效力，也能为善效力），因此与道德无关。但我不能肯定，勇敢是否还有更多的含义。让我们随便拿个混蛋来考察一下：不管他是聪明还是愚蠢，也不管他是强壮还是虚弱，从道德的角度看，都丝毫不能改变他的价值。在某种程度上，愚蠢倒是能够使他得到原谅，就像某种生理上的残疾可能把他的脾气变坏了一样。人们会说，这是个可以减轻罪行的情节：如果他不笨不瘸，他能这么可恶吗？聪慧或健壮，非但绝不能减轻一个人的无耻行径，反而会变本加厉，使这种行径变得更恶毒、更有罪。勇敢却不是这样。如果说怯懦有时可以当做借口，不折不扣的勇敢，即使是坏蛋身上的，却不会因为那个人是坏蛋而在伦理上不受器重（我们后面会看到，这不能证明勇敢在任何时候都总是美德）。有两个在各方面都不相上下的纳粹冲锋队员，但其中的一个非常怯懦，而另一个非常勇敢：勇敢的可能更危险，可是谁能说他更有罪、更让人瞧不起、更可恨呢？如果我说某人："他既残忍又卑鄙"，这两个修饰语是相互叠加的。如果我说："他残忍但勇敢"，两者可能就相抵了。怎么能够完全去恨或者鄙视一个神风特工队队员[①]呢？

战争会让我们远离话题，还是不要说战争吧！不如想象一下，和平时期，有两个恐怖分子，每人炸了一架满载度假旅客的民航机……我们对那个不冒任何风险、在地面上炸飞机的恐怖分子的蔑视程度，怎么能不比对那个也呆在飞机里、知道自己将和其他乘客同归于尽的恐怖分子更甚呢？就这个例子我想多说两句。我们可以假设，那两个人思想动机相同，比如说都是意识形态方面的，其行动对受害人造成的后果也相同。我们还可以承认，因为后果太严重而动机也太有争议，不能用动机为后果进行辩解，所以从道义上来说，两起谋杀案都是应该谴责的。可是，其中的一个恐怖分子知道自己不会冒任何风险，所以罪行中还要加上怯懦，而另一个知道自己也必死无疑，所以

---

① 第二次世界大战末期日本空军组织的敢死队。飞机上装满炸弹，有去无回，目的是与美国军舰同归于尽。

罪行上还要加上勇敢。这能改变什么吗？让我们再说一遍，对受害者而言，这一点什么也改变不了。可是，对两个放炸弹的恐怖分子来说呢？勇敢对怯懦？无疑是这样。可是，这是伦理学还是心理学范畴的东西呢？是美德还是性格范畴的东西呢？心理或性格会起作用，甚至必然会起作用，这一点不可否认。但我觉得这中间还加入了一种涉及道德的东西：那个不乏英雄气概的恐怖分子至少用他的牺牲证明了自己动机的真诚，也许还证明了自己动机的无私。我希望得到证据，证明我们可能对他产生的那种类似敬重的东西（当然是夹杂着别的东西的）会被减弱，甚至消失；比如我们通过他的日记得知，他这样做只是由于他从我们可以想象到的这种或那种宗教狂热中获得了一种信念，认为这样做得到的比失去的多得多，即得到了在天国里的永生。如果事情确实像我推测的那样，就又是私心获得了酬劳，或者更确切地说，他从来就没有可能失去这种酬劳，于是他行为的道德水准也就因此而降低了。我们面对的这个准备牺牲无辜受害者生命的人，也就成了一个只为自己幸福着想的人，换言之，就是一个平平常常的混蛋了。当然，他此生行事的时候是勇敢的，不过那是一种源于自私的勇敢，即使是*身后的*自私，因此也就此失去了道德价值。自私的勇敢，仍然是自私。反过来，让我们设想一下一个无神论者恐怖分子吧：如果他献出了自己的生命，怎么能假设他动机卑劣呢？无私的勇敢，是英雄主义；即使这丝毫不能证明其行为的价值，至少也还能表明这个人身上有某种有价值的东西。

这个例子启发了我。对于勇敢，对于以牺牲自我而达到顶点的勇敢，我们尊重的可能首先就是承担或经历这种不含自私动机的冒险。换言之，我们尊重的是一种表现，这种表现如果不总是利他主义的，至少也是无私的、超越自我的、和自我保持着距离的吧？无论如何，我们所尊重的是勇敢中那种*在道德上*似乎值得敬重的东西。有人在大街上袭击你，截断了你所有的退路。你是愤怒地自卫，还是求饶？这主要是个策略问题，或者可以说是个脾气秉性问题。你可以觉得愤怒自卫脸上更有光，或者更有男子气概，这可以理解。但是，光荣不是道德，男子汉气概也不是美德。相反，还是在大街上，你听到一个女人在呼救，因为有个流氓要强奸她。很明显，此时你表现得是否勇敢，当然完全看你性格中有没有这种东西，但这件事却也牵涉到你在道德上的责任心，换句话说，会看出你是道德高尚还是卑鄙无耻。简而言之，从心理学或社会学的角度来看，如果勇敢从来受人尊重，也只是在勇敢至少是部分地为他人服务时，也只是在勇敢或多或少地摆脱了直接的个人利益时，才会真正*在道德上*受到尊重。所以，面对死亡的勇敢，尤其是对一个无神论者来说，无疑是勇中之勇，因为自我在其中得不到任何实际或明确的奖赏。我提到“直接的”、“实际的”和“明确的”利益，因为谁都知道，我们不能这么容易地就摆脱掉自我：甚至英雄都有追求荣誉或怕受良心责备之嫌，换言之，即在美德中寻求他自己的幸福或好处，哪怕是间接的、身后的。我们没有摆脱自我，没有摆脱快乐原则。但是，在为他人服务中寻找自己的乐趣，在慷慨的行为中寻找自己的好处，非但不是抛弃利他主义，正是利他主义的定义和美德的原则。

康德说过，自爱虽非总是罪恶的，却是万恶之源。我很乐意做个补充：而爱人是万善之源。不过这样一来好像就把自爱爱人之间的差别扩大得太大了。无疑，人只是在自爱中爱人（因此《福音书》才恰到好处地告诉我们必须爱人如“爱己”），而人爱自己可能只和先前得到并内心化了的爱成比例。但是，在只爱自己的人和也爱别人、有时甚至以无私的方式爱别人的人之间，在只爱得到与索取的人和也爱给予的人之间，简而言之，在利欲熏心的利己主义行为和高尚、纯洁并得到解脱的（对，从自我中解脱出来的利己主义！）利己主义即被称之为……利他主义或仁慈之间，并不因此而不存在程度上的区别，或方向上的区别。

我们还是回过头来说勇敢吧！我从自己所举的例子中记取的（还可以从中悟出很多别的东西）是，首先以心理学特征表现出来的勇敢，只有在为他人服务或为普遍而仁慈的事业服务时，才能变成美德。作为性格特征，勇敢主要是对恐惧不那么敏感，或者是感觉到的恐惧少，或者承受恐惧的能力强，甚至面对恐惧时怀着欣喜。这是胆大妄为者的勇敢，好勇斗狠者的勇敢，天不怕地不怕者的勇敢："硬汉"的勇敢，就像警匪片里所说的那样，但谁都知道，美德可能和这样的的勇敢没有关系。是不是说，从道德的角度来讲，勇敢完全是无足轻重的呢？并非这么简单。即使在我只凭私心行动的情况下，人们也会作出评价，认为英勇行动（比如和进犯者作战而不是哀求）会表现出更多的镇静，更多的尊严，更多的自由；从道德的角度讲，这么多的品质都是很有意义的，而且会如同反作用一样，将这些品质中的一些有价值的东西赋予勇敢：勇敢并非总是有道义的，但就其本质而言，勇敢是这样一种东西，没有它，所有的道德也许都是不可能存在的，或者是没有效果的。一个完全陷入恐惧的人，还留有尽义务的余地吗？人类的敬重心理就从这里产生了——我想说的是，这是一种道德观念形成之前的崇敬，或者说是一种近乎道德的崇敬——勇敢，即使是纯粹生理上的勇敢，即使是为自私行为效力的勇敢，也是崇敬的对象。勇敢逼人尊敬。确实，诱惑力是危险的（因为勇敢在道德上什么也证明不了），但是，危险的诱惑力在这一点上也许说明了，勇敢至少表现出了一种想要从本能或恐惧的原始状态中解脱出来的心态，我们可以把这个叫做自制力和克制恐惧的能力。这是一种心态和自制力，不总是道德的，但至少是各种道德存在的条件——光有这个条件不够，但这个条件又是不可或缺的。恐惧是自私的。怯懦是自私的。但是，这种初始的勇敢，不管是生理上的还是心理上的，还不能因为恐惧是自私的而成为美德，或者说这种美德（这种出类拔萃）还不是道德上的。古希腊人从中看到的是男子汉气概的标志（希腊文 *andreia* 的意思是"勇敢"，但也像拉丁文里的 *virtus* 一样，来源于意思为"男子"的词根 *anêr* 或 *vir*，指的不是类属的人，而是和女人相对应的男人），直至今日，仍然有些人同意这种观点。他们通常会说，"有没有男子汉气概"，这一点至少表明，生理学，即使是异想天开的生理学，在这里也比道德观念重要。我们不要太上这种勇敢（生理上的勇敢，战士的勇敢）的当。女人也能表现出这样的勇敢，这是明摆着的。但这种表现在道德上什么也证明不了。这种勇敢坏蛋身上可以有，正人君子身上也可以有。这只不过是一种经过圆满或有效调整的攻击性，是康德所说的病态的勇敢，笛卡尔[①]所说的带有激情的勇敢。当然通常都是有用的，但首先对感受到这种勇敢的人有用，因此其自身也就毫无道德意义上的价值可言。打劫银行并非没有危险，出发的时候也并非没有勇气。然而，不能因此就说这是道德的，或者至少还必须有十分特定的情境（特别是有关行动动机的），这样的行为才能变为有道德的。相反，作为美德，勇敢必须总以无私、利他主义或仁慈的表现形式为前提。当然，勇敢并不排除对恐惧在一定程度上的不敏感，甚至不排除对恐惧有某种程度的偏好。不过，勇敢并非一定要以这些东西为前提。这样的勇敢不是没有恐惧，而是面临恐惧时用更强和更仁慈的意志克服恐惧的能力。这已经不再是（或不仅仅再是）生理现象，而是面对危险时的勇气。这已经不再是激情，而是一种美德，是其他各种美德存在的条件。这已经不再是硬汉的勇敢，而是侠骨柔肠的人的勇敢，英雄的勇敢。

我在这里说，勇敢是各种美德的条件；读者也许还记得，谈明智的时候，我说过同样的话。为什么不是这样呢？为什么各种美德都只以其中的一种美德为条件呢？没有明智，其他美德可能是盲目的或疯狂的；但没有勇敢，其他美德可能是空洞的或懦弱的。没有明智，正义将不知道如何去战胜非正义；而没有勇敢，正义可能会无法伸张。前者是不知道用什么方法去达到目的，后者会在假定的风险面前退缩。因此，冒失鬼和胆小鬼都不可能是真正的正人君子（行动上的正义才是真正的正义）。各种美德都是勇敢，各种美德都是明智。恐惧怎么可能取代勇敢或明智呢？

这一点圣托马斯阐释得十分清楚：*fortitudo*（勇气，勇敢）和明智一样，尽管表现方式不同，也是“各种美德赖以存在的条件”；同

① 笛卡尔（Descartes，1596–1650），法国哲学家。

时，在面对危险的时候，勇敢又是各种美德中的一种美德。因此，勇敢是普遍的美德，是特有的枢德，因为它像枢轴与铰链（*cardo*）承载着门一样承载着其他各种美德，因为正像亚里士多德所说的那样，勇敢要为其他美德“以一种坚定和不可动摇的方式行动”（此即可以称之为勇气的东西）；但它也是特殊的美德（即我们所谓的严格意义上的*勇敢*），正如西塞罗所说的，能“直面灾难和劳苦”。因为勇敢当然是——我们可以顺便给勇敢下个定义——怯懦的对立面，但也是懒惰和意志薄弱的对立面。作为懒惰与意志薄弱对立面的勇敢和原来说的勇敢是同一个东西吗？可能不是。危险不是劳作，恐惧也不是疲乏。但面对这两种情况，必须克服的又都是初始的或动物性的冲动，这种冲动所喜的是休息、享乐和逃逸。只要美德是一种努力——除了感激或爱，美德总是一种努力——，各种美德就都是勇敢，所以“怯懦”这个词就像阿兰指出的那样，是“最严重的侮辱人的话”：不是因为怯懦是人身上最坏的东西，而是因为没有了勇敢，人们就不知道如何去抵御自身或他人身上的最坏的东西。

剩下要搞清楚的就是勇敢与真实是什么关系了。柏拉图反复思索过这一点，他试图把勇敢归结为知识（在《拉赫斯篇》或《普罗塔格拉斯篇》里）或信念（在《理想国》里），但从未以令人满意的方式成功过。他解释说，勇敢可能是“对可怕事物与不可怕事物的分辨能力”，或至少是对“一种有关可怕或不可怕事物的正当、有理由相信的信念的固守”。这是忘记了勇敢是以恐惧为前提的，能面对恐惧就是勇敢。人可以面对虚幻的危险表现勇敢，面对真正的危险时就一点勇气都没有了。恐惧是第一的。有恐惧就够了。是不是就不管恐惧有没有根据、是否正当、合理不合理了呢？问题不在这里。科学常常让人放心，但在科学还从来没给过任何人勇敢的时候，堂吉诃德面对风车表现出了勇敢。没有更能抵制理性至上的美德了。有多少英雄是无知之辈？又有多少学者是懦夫？智者呢？如果智者真有智慧，他们就什么都不怕了（就像我们在伊壁鸠鲁或斯宾诺莎身上看到的那样），什么样的勇敢对他们来说也就都没有用了。哲学家呢？他们需要勇气去思考，这可以理解；可是，思想从来都不足以使他们有勇气。科学或哲学有时可以用使恐惧对象消失的办法消除恐惧；但我们一再重复的是，勇敢不是没有恐惧：勇敢是面对、克制和克服恐惧的能力，这是以恐惧存在或应该存在为前提的。比如，对现代人来说，由于我们有了对日蚀的知识，日蚀不再可怕了，面对日蚀，知识不会给我们什么勇气，顶多是剥夺了我们表现勇敢……或缺乏勇气的机会。同样，如果我们能够说服自己相信伊壁鸠鲁的话，认为死亡对我们来说不算什么（或者相信柏拉图的说法：死亡是令人向往的!），我们想到死亡的时候就无需勇气了。在前一种情况里，有科学知识就够了，而在后一种情况里，智慧或信念也足够了。准确地说，我们只在科学和智慧不足的时候才需要勇气：或者因为没有科学知识和智慧，或者因为在我们感到忧虑的时候，有关的科学知识和智慧不能恰当有效地把我们的忧虑排除。知识、智慧或信念能为恐惧提供对象，也能排除恐惧的对象。知识、智慧或信念不提供勇气，只提供使用勇气或逃避勇气的机会。

这一点扬科列维奇看得很清楚：勇敢不是知识，而是决心；不是信念，而是行动。因此，在这里单有理性是不够的：“推理告诉我们，在必须做一件事的时候必须做*什么*，但没对我们说必须做那件事，它本身更没有做它说的事。”如果有一种理性的勇敢，理性也仅仅是在这一点上永远没有恐惧，我的意思是说，在我们身上，害怕或恐慌的永远不是理性。卡瓦耶明白这一点，如同他知道理性不足以使人行动或产生愿望：没有*更具几何学色彩的*勇敢，也没有科学的勇敢。在酷刑下去表现*绝不招供*吧！这样的表现也许是可能的，然而，谁会相信这样的表现就够了呢？理性就是理性，不管是卡瓦耶（他没开口……）身上的理性，还是随便什么人身上的理性，都是一样的。但意志不是这样；但勇敢不是这样，勇敢不过是最坚定的意志，是面对危险或痛苦时最需要的意志。

理性是普遍的；勇敢是特殊的。理性埋名；勇敢有个人色彩。正因为如此，思考往往必须有勇气，就像为了受苦或斗争必须有勇气一样：因为任何人都不能代替我们去思索——也不能代替我们去受苦，也不能代替我们去斗争——，因为在这里光有理性不够，因为在这里光有真理不够，因为还必须克服我们自身的恐惧或抵制、克服我们自身对令人放心的幻想或安慰人的谎言的偏爱。所谓的理性勇敢就是这么来的，理性勇敢在思想上是拒绝向恐惧让步：拒绝服从真理以外的其他东西，任何东西都吓不倒它，哪怕那东西是很吓人的。

这也就是我们所说的清醒，清醒是真正的勇敢，对这种勇敢来说，光有真理是不够的。真理都是永恒的；勇敢只有在有限性和时间性中才有意义——只在延续性中才有意义。神可能不需要勇敢。如果像伊壁鸠鲁或斯宾诺莎说的那样，智者只生活在不朽或永世的幸福中，智者可能也不需要勇敢。但这是不可能的，因此，我们又重新需要勇气了。需要忍耐和忍受的勇气，生和死的勇气，承受的勇气，战斗的勇气，抵抗的勇气，坚持的勇气……斯宾诺莎把“每个人都只按理性指引努力保存自己的欲望”称之为*心灵的坚定*（*animositas*）。但勇敢在欲望之中，不在理性之中；在努力之中，不在指引之中。问题在于从头至尾都是要保存自我（此即艾吕雅[1]所谓的“*活下去的艰难欲望*”），而勇敢属于意志。

我不能肯定勇敢是开始时的美德，至少不能肯定勇敢只是开始时的美德，或实质上是开始时的美德，因为要继续或维持，必须有同样多、往往还要更多的勇敢。不过也确乎如此，继续永远都是重新开始，而因为勇敢“既不能积蓄，也不能资本化”（扬科列维奇语），只能在这种条件下继续，就像总是处于始动阶段的努力，就像总在一次次重新开始，不顾疲劳，不顾恐惧，所以勇敢总是必须的，又总是很难保持的……阿兰说过：“因此，必须靠勇敢摆脱恐惧。这个启动我们每个行动的动作，被停下来的时候，也正在我们每个思想的生发点

---

① 艾吕雅（Eluard，1895–1952），法国诗人。

上。”恐惧使一切瘫痪，任何行动，即使是逃跑，都能多少摆脱一点恐惧。勇敢能战胜恐惧，至少在它试图战胜恐惧的时候，它已经勇敢地试过了。否则，还有什么美德可言？否则，还有什么生活可言？否则，还有什么幸福可言？在斯宾诺莎的书里可以读到，有勇气的人“在尽力把事情做好，保持快乐”：与无数的障碍对抗，这种努力就是勇敢。

像任何美德一样，勇敢也只存在于当下。有过勇气不证明将来有勇气，也不证明现在有勇气。但有过毕竟是正面迹象，严格说来是非常鼓舞人心的迹象。过去是个认识对象，因此比未来这个只能是信念或希望的对象——只是想象中的对象，更具有道德上的意义。想在明天或未来的某一天有所奉献，算不上慷慨。想在下周或十年后变得勇敢，不是勇敢。这只是些设想，只是些理想的决心，只是些幻想的美德。亚里士多德（或以他的名义说话的弟子）在《伦理学》里以开玩笑的口吻提到过，有些人“只在两年之后才要冒风险时才装出一副天不怕地不怕的样子，一旦面对面地和危险相遇，就吓得半死。”这些人是幻想中的英雄，现实中的胆小鬼。扬科列维奇引用这段文字时作了个很有道理的补充：“勇敢是瞬间的意向”，勇敢的瞬间在这里指的是“我们和未来的切点”。简而言之，这里说的不是明天或过一会儿勇敢，而是“*当场*”勇敢。说得非常好。可是，这个与近期或即刻出现的未来相连接的*瞬间*，不是延续着的现在，又是什么？当然，为了面对已经不存在的危险，无需勇敢；但为了克服尚未形成的危险，也不需更多的勇敢。对我而言，无论是纳粹还是世界末日，无论是我的生还是死，都不是勇敢的对象（死的念头可能会成为勇敢的对象，因为这一点具有现实意义，在某些方面，想到纳粹或世界末日也是如此；但在这些方面，比起事情本身来，对事情的想法所需要的勇敢微乎其微！）。还有什么比那些不在现场的英雄更可笑的吗？他们在想象中面对的当然只是些被排除了的危险。但扬科列维奇补充说：“如果威胁已经完全成为现实，如果因为可能的幻想已被打破，不确定的忧虑已经解除，业已变成不幸的危险已经不再是危险，也就不再有可供勇敢呼吸的空气了。”这么肯定吗？如果真是这样，面对生理或精神上的痛苦，面对残疾，面对丧事，勇敢就不是必须的，甚至是无用的了。那么，在什么情况下我们才更需要勇敢呢？像卡瓦耶或让·穆兰[1]那样受过酷刑的人，有谁会相信，激发其勇气的，首先是未来，首先是危险（还有什么比他们的现在更坏的未来吗？还有什么比他们所受的酷刑更可怕的危险吗?），而不是难以忍受的痛苦现实呢？有人会说，当时的选择——如果有选择的话——是使恐怖停止或继续，这和所有的选择一样，只在涉及未来时才有意义。毫无疑问：现在是一种延续，比瞬间长得多，正如圣奥古斯丁所说，是一种*伸展*，总是从过去延伸而来，又总是朝未来延伸而去。我说过，为了继续生存和忍耐，为了支撑我们这根绷得紧紧的弦使之不断，或者为了支撑过去与未来、记忆与意志之间的联系使之不断，必须得有勇气。这是生命本身，是生存努力（斯宾诺莎的*自然倾向*）。但这种努力总是现在的，而且常常是很困难的。如果我们怕的是未来，我们支撑的就是现在（包括现在感到的对未来的恐惧），而在延续着的现在对付眼下的不幸、痛苦或惶恐的现实所需要的勇气，并不比对付危险的威胁或扬科列维奇所说的不确定性的惶恐所需要的勇气少。对任何酷刑来说，这都是真的。谁会相信，晚期癌症患者需要勇气，仅仅是为了面对未来和面对死亡呢？还有，失去孩子的母亲又如何呢？“勇敢点”，别人会对她们这样说。如果这话指的是未来，像任何劝告一样，却不意味着这里需要勇气去面对危险、风险或威胁，而是需要勇气面对现在的不幸。这种现在的、不折不扣的现在的不幸，只因为现在是并从此成为——因为过往和死亡都是不能改变的——永久的不幸，才是永无穷期的。还需要勇气去承受残疾，经受失败或承担错误。这样的勇气首先涉及的也是延续着的现在，即使涉及未来，也仅仅因为未来是、而且只能是现在的继续。盲人比视力好的人更需要勇气，不仅仅

---

① 让·穆兰（Jean Moulin，1899-1943），法国爱国者，抵抗运动领导人，被捕受刑，在押解德国途中牺牲。

因为对他来说生活更危险。我可以比较深入地谈谈。在痛苦的程度比恐惧更可怕时，至少在每次发作的时候痛苦超过恐惧时，必须有更多的勇气才能承受。这当然取决于痛苦和恐惧的程度。我们拿受刑这种极端的痛苦和怕死、怕受刑这种极端的恐惧做一番考察。两者都迫在眉睫。有谁看不出来，承受拷打比承受拷打的威胁需要更多的勇气？哪怕拷打是有限度的，而且限度也是可信的。虽然人都怕死，又有谁不宁愿自我了断也不去受这样的苦啊？有多少人这么做了？又有多少人因为没有自我了断的手段而感到遗憾？可能自杀也需要勇气，毫无疑问，这样做永远都需要勇气。但是，比起承受拷打需要的勇气要少。如果说面对死亡的勇气是勇中之勇，我想说，所有勇中之勇的模范或典型，并不一定是或总是最伟大的。这是最普通的，因为死亡是最普通的。如果愿意，也可以说这是最绝对的，因为死亡是绝对的。但这不是最伟大的，因为死亡不是最糟糕的。最糟糕的是无休止的痛苦，是没完没了的恐惧，两者都是现在的，不折不扣的现在的。即使在恐惧之中，有谁看不出，克服现实惶恐所需要的勇气，和面对潜在危险所需要的勇气相当，有时还要更大？

简而言之，勇敢不只和未来有关，不只和恐惧有关，不只和威胁有关：它也和现在有关，总是且更多地属于意志范畴，而不是希望范畴。斯多葛学派的人知道这一点，他们把这一点变成了哲学。人只对不取决于自己的东西抱着希望；人只想要取决于自己的东西。因此，希望只对有信仰的人来说是一种美德，而勇敢对一切人都是一种美德。那么，必须怎么做才能成为勇敢的人呢？想成为勇敢的人就够了，换言之，真正勇敢就够了。可是，只希望变得勇敢是不够的，只有懦夫才满足于希望变得勇敢。

这就把我们引向了绝望的勇敢这一著名命题。

“正是在最危险和最绝望的事情中，人施展出了最大的胆量和最大的勇气”，笛卡尔写道。如果说这并不排除希望，一如他所说的那样，却排除了希望和勇敢具有同一目标或彼此混为一体的可能。面对死亡的英雄，可能非常希望得到光荣及其思想在身后的胜利。但是，这种希望却不是他勇敢的目标，也不能代替他的勇敢。懦夫像英雄一样希望胜利，而人可能永远都只是在希望得救时才逃跑。这些希望不是勇敢，而且很可惜，也不足以使人勇敢。

当然不是说，希望在量上永远都是可以忽略的！希望能够强化勇气，或者说能够支持勇气，这一点没有问题，亚里士多德也早已指出过：当我们希望获胜的时候，更容易在战斗中变得勇猛。可是，那就更勇猛了吗？我们可以设想一下相反的情况：由于希望确实强化了勇气，在没有希望的时候就特别需要勇气；而真正的英雄就是这样的人，他不仅能面对风险，风险总是有的，而且在必要的时候还要面对注定了的死亡，甚至要面对可能要遇到的最后的失败。这是被征服者的勇气，当被征服者具有这种勇气的时候，与征服者的勇敢相比，这种勇敢一样伟大，一样值得尊重，甚至有过之。华沙犹太人聚居区奋起反抗的人能有什么希望？对他们自己来说，在任何情况下都没有任何希望，然而他们的勇气却因此而变得更加明显，更具英雄气概。在这种情况下为什么还要战斗呢？因为必须战斗。因为不战斗不光彩。或者像人们说的那样，是为了使行动显得高尚，因为这种高尚被视为伦理学范畴而非美学范畴。“真正勇敢的人行事，从来都只是为了行为的高尚”，亚里士多德写道，从来都只是“出于对善的爱心”（因为这句话也可以这样翻译），或曰“被荣誉感所驱使”。各种激情，不管是愤怒、怨恨还是希望，都可能介入，起到推波助澜的作用。不过，没有激情，勇敢依然是可能的，而且是更需要的，更高尚的。

在亚里士多德那里甚至可以读到这样的话，最高形式下的勇敢是“无望”，甚至是“希望的二律背反：正因为不抱任何希望了，面对不治之症，勇敢的人才表现得比暴风雨中的水手更加勇敢；因此，‘受到希望支撑的人就不再是真正大无畏的了’，那些满怀信心以为自己最强、能在战斗中取胜的人也不是最勇敢的了。”我不敢肯定是不是可以把话说得这么绝，或者说，这是不是起码有点从片面的阐释出发，把亚里士多德带到了我执意要去的地方，至少我模模糊糊地觉得是如此；但是我担心，再往前走，亚里士多德就不愿意了，或者不会再跟着我们了。没关系，这只不过是哲学史里的事罢了。为了承受绝望，必须有勇气，这是生活教会我们的，正如有时绝望也能产生勇气一样。到了毫无希望的时候，也就再没有什么可怕的了：这就是潜在的勇气，使人不抱任何希望地投入眼前的战斗，承受眼前的痛苦，展开眼前的行动！因此，拉伯雷[①]才解释说，“根据战争的金科玉律，永远不能把敌人置于绝望的境地，因为这样一来必然会使敌人力量倍增，勇气增强。”什么都不怕的人最可怕，什么可怕的事他都干得出来。如果不再有丝毫希望，他们还怕什么呢？军人都知道这一点，遇到这种情况时也会像外交家和政治家那样，谨慎行事。任何希望都是给别人的机会，任何绝望都是给自己的机会。是自杀的机会吗？常常有更好的办法：死亡只是一种希望，和别的希望一样。阿兰当兵的时候是个勇敢的士兵，在战争中碰到过几个真正的英雄。提到这些英雄时他是这么说的：“为了变得格外勇敢，可能得放弃一切希望；我见过几个步兵中尉和少尉，他们好像已将生死置之度外；他们的欢乐让我害怕。在这一点上我不如他们；人总有不如别人的时候。”是这样，而且不仅仅在战争中是这样。阿兰在别处还提到过拉尼奥[②]的勇敢，提到他的“彻底绝望”，也不是在战斗里，而是在课堂上。由于绝望，拉尼奥就“高高兴兴、没有任何恐惧、不抱任何希望”地思考了。所有这样的勇气都相似，都让我们害怕。但我们的恐惧除了证明我们需要勇气还能证明什么呢？我们也都知道武功歌《纪尧姆·道朗日》里的那句著名歌词：“做事不需要希望，坚持也不需要成功。”人都说道朗日沉默寡言，但这既没有妨碍他行动，也没妨碍他什么都敢干。我们从哪里看出，只有乐观主义者知道自己勇敢？毫无疑问，当希望或成功就摆在眼前时，做事或坚持都比较容易。可是，在比较容易的时候，也就不怎么需要勇气了。

---

① 拉伯雷（Rabelais，1545–1603），法国作家。
② 拉尼奥（Jules Lagneau，1851–1894），法国哲学家。

无论如何，亚里士多德明白阐释过而又必须用以结束这一章的是：勇敢不是没有限度的。当然不是说我们可以太勇敢了，也不是说可以去面对太极端的危险，而是说在这一点上必须使要冒的危险和所追求的目的相称：为高尚事业冒生命危险是壮烈的，但为了无意义的琐事或纯粹为了冒险而冒险，就是不理智的了。这是勇士和莽撞汉的区别所在，勇敢——按照亚里士多德的说法，像所有的美德一样——也因此而居于怯懦和鲁莽这两个深渊之间的顶峰（或这两种极端的正中间）了：胆小鬼太屈服于恐惧，莽撞汉又太不拿生命或危险当一回事，两者都不能成为真正的（即高尚的）勇敢。大胆，哪怕是极端的大胆，也只是在由明智加以克制时才是高尚的：恐惧有助于这种克制，理智能为克制做全面考虑。“自由人的美德，在避免危险和战胜危险时表现得同样伟大”，斯宾诺莎写道，“他以同样的坚定和机变选择逃跑或战斗。”

剩下要说的是，必须牢记，勇敢不是最强大的，最强大的是命运或机遇（两者是一回事）。勇敢本身从属于命运（想勇敢就能勇敢，可是，想与不想，谁来决定?），而且屈从于命运。对任何人来说，都有他能够承受和不能够承受的：死之前是否受到过打击，凭的是运气，运气至少和才能一样起作用。头脑清醒的时候，英雄们都知道这一点，这使他们面对自己的时候谦卑，面对他人的时候仁慈。所有的美德都是相互依赖的，任何美德又都依赖于勇敢。

六 正 义

说到正义，我们就说到四枢德中最后一种德了。这个题目涉及的面非常广，我们还将需要提到前三种德。而正义这个题目本身，也面临着各种各样的利害和争议。

另外，不管考察哪一种美德，都不可能避开正义。不恰当地谈论其中的一种或几种美德，都可能导致对美德的曲解，也许因此正义才没有取代任何一种美德，而是把所有的美德都包括在内了。更何况，涉及正义本身时，正义也是必需的。可是，谁能自负地说，他知道什么是正义或者完全掌握了正义呢?

“正义根本就不存在”，阿兰说，“正义属于必须公正地处理的事情的范畴，因为这些事情不公正。”他补充道：“实现了正义，就是公正。这就是人类的问题所在。”说得好——可是，是什么样的正义呢？如果不知道正义是什么，或者正义应该是什么，又怎么去实现呢?

在四枢德中，义可能是唯一绝对的好的。智、节、勇只在为善效力时才是美德，或只在相对地为超越或说明智、节、勇的价值观——比如正义——效力时才是美德。为恶或不公正效力时，智、节、勇不是美德，而是心智或秉性的一般才能或品格，就像康德所说的。重温康德的这段著名文字也许不无益处。

“在世间一切可以想象的事物里，一般说来甚至包括世外的，除了善良的愿望之外，没有任何东西是可以不加限制地被视为美好的。聪慧、敏锐、判断力以及不管冠以何种名称的心智方面的其他天分，或者是被视为*禀赋*的勇敢、决心和信念坚定，从很多方面来看无疑都是好的和令人向往的；但是，如果可能使用这些禀赋的愿望、其特有心性因此被称为*性格*的愿望不好，这些天赋也能变成极坏的致命的东西。”

康德在这里只提及勇敢，但谁会看不出，提及明智和节制的时候话也可以这样说呢？杀人犯或暴君对明智和节制可以兼施并用，这样的例子成千上万，但他们丝毫未因此而显得高尚。相反，一旦变得公正了，其行为的意义或价值就立即有了改变。有人会问我，何谓公正地杀人，何谓公正的暴政……这样问至少是承认了正义的特殊性。因为，个把明智的杀人犯或行事有节制的暴君，从来没让人感到惊奇过。

简而言之，正义自身就是好的，和康德的善良意志一样，因此善良意志不能无视正义。义务当然要尽，但不能以牺牲正义为代价，也不能违背正义！另外，既然我说义务以正义为前提，既然义务作为要求和限制就是正义本身，又怎么可能以牺牲或违背正义为代价呢？正义不是随便一种什么美德，它是各种美德的愿景，是各种美德共处的法则。“完美的美德”，亚里士多德说。任何价值都以正义为前提，任何人性都要求正义。虽然正义不能取代幸福（那得通过什么样的奇迹啊?），但任何幸福都缺少不了正义。

这个问题在康德那里遇到过，在陀思妥耶夫斯基[①]、柏格森、加缪[②]或扬科列维奇那里还会遇到（对不起，太少了!）：为了拯救人类，如果必须把一个无辜的人判处死刑（陀思妥耶夫斯基说的是拷打儿童），能够听之任之吗？他们的回答是不能。得不偿失，或者更确切地说，这样做可耻。“因为，如果正义消失了”，康德写道，“人生活在地球上这一现象就变成了一件没有意义的事。”功利主义在这里

① 陀思妥耶夫斯基（Dostoievski，1821–1881），俄罗斯作家。
② 加缪（Camus，1913–1960），法国作家，1957年获诺贝尔文学奖。

触到了自己的底线。如果正义像伊壁鸠鲁等希望的那样，只是一纸功利契约，或者像边沁[①]和穆勒[②]所希望的那样，只是集体福利的最大限度化，为了差不多所有人的利益而牺牲几个人的利益，可能就是公正的，哪怕未经他们同意，哪怕他们完全是无辜的、无自卫能力的。可是，正义所禁止或应该禁止的，正是这种事。在这个问题上，罗尔斯[③]是对的，他继康德之后说，正义比幸福或效率更有价值，更重要，不能——即使是为了更多人的幸福——被牺牲掉。况且，既然没有正义就不可能有合法与非法之别，我们又是为了什么去合法地牺牲正义呢？既然连人性、幸福和爱本身没有正义都绝对不可能有价值，牺牲正义凭的又是什么呢？出于爱而不公正，也是不公正的——这样的爱也就只能是照顾或偏袒。为了自己的幸福或人类的幸福而不公正，也是不公正的——这样的幸福也只能是自私或安逸。正义是这样一种东西，没有它，价值即不再成其为价值（就只能是利益或动机），或变得一文不值。可是，正义是什么呢？正义又有什么价值呢？

正义有两重意思：与权利（拉丁文为*jus*）相符和平等或均衡。“这不公道”，比别人得到的少、或觉得比自己应该得到的少的孩子说；他会对一块儿玩时不遵守成文或不成文游戏规则而作弊的伙伴说出同样的话——哪怕只是为了在他们之间重新建立起平等关系。同样，对财富差距过大（人们谈论社会公正主要是在这个意义上说的）和违犯法律（法的公正，这里指的是司法制度的公正，还有待于认识和判断），成年人也是这样判断，认为这是不公正的。反过来说，公正的人就是既不违法也不侵害他人的合法利益，既不犯法（一般来说）也不侵权（个人的）；亚里士多德解释说，简而言之，就是只拿自己那一份好处，承受自己那一份辛苦。正义在两个尊重里充分起着

① 边沁（Bentham，1748–1832），英国哲学家，功利主义的主要代表人物。
② 穆勒（Mill，1806–1873），英国经济学家，哲学家。
③ 罗尔斯（Rawls，1921–2002），美国哲学家，道德和政治学中的领军人物。

作用：在居住区里尊重法制，在个人之间尊重平等："合法的、尊重平等的就是正义，违法的、有失平等的就是非正义。"（亚里士多德语）这两重意思，虽然有联系（在法律面前人人平等是正义），却又不无区别。如同法制一样，正义也是事实上的正义，除了循环价值以外没有别的价值。亚里士多德指出："在这个意义上说，所有合乎法律规定的行为都是公正的"；可是，如果法律本身不公正，这又能证明什么呢？而帕斯卡的说法更是丝毫不加掩饰："公正就是已经确定了的东西；因此，我们所有那些已经确定的法律就必须被视为公正的，用不着再去研究，因为都是已经确定了的。"不这样，城市会变成什么样子？如果法官不是更尊重法律——法律条文——而是按照自己的道德信念和政治信念行事，正义会变成什么样？法律的实施（*法制*）比法律的价值（*合法性*）更重要，或者更确切地说，法制可以代替合法性。不这样就没有国家，不这样就没有法——因此也就没有法制国家。"主宰一切的是权力，不是真理"，这话可以在霍布斯[①]的著作里读到，我们这些民主国家也正是这样被管理着的。占据上风并主宰一切的，是最大多数的人，而不是最公正或最睿智的人。现在有人说，法律实证主义，从权利的角度说是不可超越的，从价值的角度说又是不够的。公正？统治者说了算，而这就是所谓的本来意义上的*法律*。可是，统治者——就算统治者是人民——并非总是公正的。还是帕斯卡说的："财产平等是公正的，不过……"不过统治者作出了别样的决定：法律保护私有财产，今天的民主国家和帕斯卡的时代一样，也就保证了财富的不平等。在平等与合法相互对立时，哪里还有公正？

柏拉图笔下的公正，是保证每个人得到他那一份，他的地位，他的职务，这样就保住了整体的等级化了的和谐。在每个人需要不同功绩不一样的时候，给所有的人同样的东西，公正吗？向能力不同职务

---

① 霍布斯（Hobbes，1588–1679），英国思想家、哲学家，重要著作有《巨大海兽》。

不同的人要求同样的东西，公正吗？但不这样又怎样在不平等的人之间维持平等呢？或者，在平等的人之间又怎样维护自由呢？古希腊时代就在争论这个问题，今天还一直在争论。强者占上风，这就是我们所谓的政治：“公正容易引起争议。力量很容易辨认，没有争议。因此，无法把力量赋予公正，因为力量反对公正，说公正是不公正的，说自己才是公正的。这样一来，由于不能使公正变得有力量，就只能使力量变成公正了。”（帕斯卡语）这是个连民主也不能填平的深渊：“多数是最佳道路，因为多数是看得见的，因为多数有力量让人服从；但这是庸人之见。”（帕斯卡语）往往也是不很公正的人的见解。卢梭的观点有用，但靠不住。说普遍的意愿总是公正的，是个没什么东西能保证的说法（除非以普遍意愿作为公正的定义，但这又是个怪圈，会显而易见地使这项保证变得毫无价值，甚至毫无内容），从此也就不能调整其有效性了。这一点所有的民主主义者都知道。这一点所有的共和主义者都知道。法律就是法律，不管是否公正。但法律因此也就不是正义，而这就是把我们引回到第二重意思的东西。正义不再作为事实（法制）而存在，而是作为价值观（平等，公平）而存在，或者，对，就是这话：是作为美德而存在。

这第二点涉及更多的是道德伦理，而不是法。在法律不公时，和法律对着干就是公正的——有时犯法都可能是公正的。以安提戈涅的正义对克瑞翁[①]的正义。以抵抗战士的正义对维希政府[②]的正义。以正直的人的正义对法学家的正义。被不公正判刑的苏格拉底拒绝了逃生的建议，说宁愿守法而死，也不愿违法而生。我觉得，这就有点把爱正义之心推到极致了，或者更确切地说，把正义和法制不妥当地混为一谈了。为极不公正的法律或极不公正地实施的法律牺牲无辜者的生

① 安提戈涅和克瑞翁是古希腊悲剧作家索福克勒斯写的悲剧《安提戈涅》中的人物，安提戈涅因为违反了国王克瑞翁的命令而被处死。

② 第二次世界大战期间法国元帅贝当在法国南部维希组织的傀儡政权。

命，难道是公正的吗？很明显，这样的态度，即使是真诚的，在任何情况下也只能对当事人来说是可以容忍的：苏格拉底的英雄气概，在原则上已经引起争议，如果他使之为不公平的法律牺牲的不是自己，而是随便任何一个无辜者的生命，他的英雄气概就要变成纯粹的罪恶了。尊重法律，应该，或至少也应该服从法律，捍卫法律。但是不能以正义为代价，不能以无辜者的生命为代价！对于能够拯救苏格拉底的人来说，即便使用不合法的手段，试图拯救也是公正的——而只有苏格拉底本人可以合法地拒绝。道德是第一位的，正义是第一位的，至少在涉及核心问题时是这样，也许只是在这样的情况下核心问题才得显现。什么是核心问题呢？众人的自由，每个人的尊严，而首先是他人的权利。

我说过，法律就是法律，不管公正不公正：如果人们只服从自己认可的法律，任何一个民主国家，任何一个共和国，都无法存在。所以，这样说没错。但是，如果为了服从法律就必须放弃正义，就必须容忍无法容忍的东西，任何一种民主，任何一种共和国，就都是不能接受的。这是个度的问题，不可能一劳永逸地解决。这恰恰是决疑论（要从正面去理解这个词的意思）领域里的问题。有时必须逃避，有时又必须默默地服从或不服从……显然，最理想的是法律与正义并行不悖，而作为公民，在道义上每个人都有义务为此而努力。正义不属于任何人，不属于任何阵营，不属于任何政党：每个人都有义务去捍卫正义。我表达得不是很清楚。政党没有道德伦理。正义不由政党维护，而由组成政党或反对政党的个人维护。正义并不存在，只在有正义之士挺身捍卫它的时候，正义才是一种价值观。

可是，正义人士又是什么样的人呢？这可能是最难回答的问题。尊重合法性的人？不是，因为合法性可能并不公正。尊重道德法则的人？康德的著作里是这么说的，但他只是把问题拖延下来了：道德法则又是什么呢？我认识的几个正义人士都说不知道道德法则为何物，甚至根本就不承认有什么道德法则。在我们的文学作品里，去看看《蒙田书简》吧！另外，如果有道德法则，如果道德法则已经为我们所认识，我们可能就不怎么需要正义人士了：有正义就足够了。例如，康德一直宣称，他从正义或从思考正义而得出的想法中推导出来的结论是，对杀人犯来说，死刑是绝对必需的——我们都知道，这是其他正义人士不曾接受且至今仍不接受的。对正义来说，正义人士之间的这种龃龉带有根本性质，表明正义并不存在。正义不是这个世界里的东西，也不是其他任何世界里的东西。和柏拉图与康德相反，亚里士多德说的在理，至少我读他的著作是这样理解的：不是正义造就出正义人士，而是正义人士创造了正义。如果正义人士不知道什么是正义，他们靠什么创造出正义来呢？靠对合法性和平等的尊重，正如我们所看到的那样。可是，合法性不是正义；那么，仅仅有平等就够了吗？人们常常引用所罗门[①]的判决：是心理学而不是正义——或者说，只有第二次判决，即把孩子还给生母、从而放弃了平等的那次判决，才是正义的。至于第一次判决，即把孩子劈成两半的判决，那不是公正，是野蛮。平等并非一切。法官对所有被告判一样的刑罚，公平吗？老师给所有学生一样的分数，公平吗？人们会说，刑罚和分数不应该是一样的，应该和犯人的罪恶成比例，应该和学生的成绩成比例。这样说无疑是对的，可是，谁来做这样的判断呢？又以什么为标准呢？有一张罪与罚的表吗？盗窃判几年？强奸呢？杀人呢？而且，在一种情况下怎么判？在另外一种情况下又怎么判？法律、陪审团和法官还多少能说出个一二三来，但正义却回答不出来。在教育方面情况也一样。应该奖励用功的学生还是奖励天赋好的学生？应该奖励成绩还是奖励才能？两者都奖励？可是，如果涉及的是选拔考试，要留下一部分人淘汰一部分人的时候，怎么办？以什么标准为依据？标准本身又是怎么定出来的？根据什么规则？规则本身又是怎样制定的？老师们能做出有根有据的回答，这是必须的；但正义就永远回答不

① 所罗门（Salomon），古代以色列国王，公元前960–公元前920年在位，以智慧著称。这里所说的第一次判决，指的是所罗门要用剑把孩子劈开，让争孩子的两个女人各得一半。孩子的生母放弃了这种“公平”，于是真相大白。

了这样的问题。因此，法庭上就必须有法官，而批改作业就必须有老师……能够心安理得地做这些事的人都是聪明人，因为他们*知道*什么是正义！我觉得，正义人士应该是那些不知什么是正义就承认不知什么是正义的人，是那些尽量使自己公正的人；否则就是盲干，至少也是在冒险（可惜，最大的危险不会落到他们身上）中、在不确定中干。这话说得可能太重了。这里正好可以再引帕斯卡的一句话："只有两类人，一类是自认为有罪的正人君子，一类是自认为正人君子的罪人。"不过我们永远也搞不清自己是这两类人中的哪一类：在我们以为自己是这一类时，我们可能已经是在另一类里了！

所以必须有个标准，哪怕只是个大致上的标准；必须有个原则，哪怕只是个不很确定的原则。这个原则，不折不扣，应该是维护人与人之间一定程度的平等或互惠或等值的。这是公*正*（équité）这个词的字源，是*正义*的同义词，也是或特别是正义这个词义的完美表达。这个词我们以后还会提到。天平的象征所指的似乎还是这个，天平两端的盘子是平衡的，也应该是平衡的。正义是秩序的美德，但是平衡的；也是交换的美德，但是诚实的。是互惠的吗？互惠当然是最好的情况，可能也是最常见的情况（我到面包店去买面包，买卖两清，双方受益）；可是，怎么样才能保证总是这样呢？保证，做不到；不过可以看到，除此之外，秩序或交易都不可能公平。如果我做了一笔对我来说不划算的交易（比如说我用自己的宅子换回一根棍面包），那我准是疯了，或者我受了骗，或者我是被迫的。这三种情况不一定使这笔交易全无司法价值（至少这要由说话算数的人来决定），但显然是毫无公正可言。要想交易公平，就应该使交易在平等的两者之间进行，或至少当事人之间的任何差别（财产、权力和知识等方面的差别）都不应该成为强制交易的因素，致使交易违反其利益，违反在双方平等的情况下自由表达的明确意志。没人在交易中受骗——并不等于说所有的人都要在交易中屈从！利用孩子的幼稚、傻子的糊涂、外行的疏忽或穷人的窘迫，瞒着他们或用威逼手段去获取违反他们利益或意愿的合同，是不公平的，即使在某些地方或某种情况下，法律不能正式反对，这样做也是不公平的。欺诈、诈骗和高利贷是不公平的，和盗窃差不多。买卖双方可随意使用的相关交易物品的信息量要相等，权利与义务要相等，只有尊重买卖双方之间的这种相等，交易才可能是公平的。更进一步说，在所有制不公正时，盗窃本身也许能够变成公正的。可是，如果所有制不过分践踏人与人之间的某种平等、至少是相对平等的要求，它怎么可能变得不公正呢？说“所有权就是盗窃”，像蒲鲁东[1]所做的那样，无疑是夸大其词，甚至是不可思议的（因为这是否认所有权，而盗窃是以所有权为前提的）。但是，在其他人死于生活必需品匮乏的时候，有人却在享受多余的东西，这能说是很公正的吗？帕斯卡说过：“财富的平等可能是公平的。”无论如何，财富的不平等绝对不可能是公平的，因为这会使一些人不得不过赤贫生活或者成为饿殍，而另一些人的财富却堆积如山，花天酒地食不厌精。

因此，作为公平实质的平等，就不只是交换*物*之间的平等（这种平等一直存在着争议，但几乎也总还是被接受的，因为不如此就不可能有交换），更是从事交换的人之间的平等——当然不是事实上的平等，而是权利上的平等，但这毕竟是以交换双方在获得信息和自由度方面的平等为前提的，至少在涉及他们的利益和交换条件的问题上应该如此。有人会说，这样的平等从来没有完全实现过。确乎如此，但正义人士以此为追求目标，而非正义人士是反对这种公平的。您要把住了多年的房子卖掉，对这所房子的了解，您当然胜过任何一位前来买房子的人。这时，公平就在于把房子可能存在的瑕疵，不管是看得出来还是看不出来的，向可能的买主和盘托出，甚至还要把邻居的扰人之处也告诉买主，虽然法律没强迫您这样做。无疑，不是所有的人都能这样做，既不是总这样做，也不会做得很彻底。可是，谁会看不出来，这样做公正，而不这样做是不公正的呢？买主来了，您带着他看了房子。必须告诉他邻居是个半夜里会嚎叫的酒鬼吗？必须告诉

① 蒲鲁东（Proudhon，1809–1865），法国哲学家和社会主义理论家。

他墙在冬天是潮湿的吗？必须告诉他梁柱被白蚁蛀过吗？根据情况，法律可以对这些事作出规定或忽略不计，但公平总要求我们这样做。

会有人说，按照这样的要求卖房子，可能很难卖出去，或者卖得不太划算……很可能是这样。可是，我们在什么地方看到过，公正是易行而又有利可图的？公正易行而有利，是对得到了公正或从公正中受益的人说的，这样的人太走运了；不过，作为美德却只在实施公正的人身上出现。

那么，是不是必须放弃自己的利益呢？当然不是。但必须让自己的利益服从公正，而不是相反。否则会怎样？否则，阿兰回答说，你就以富足自得其乐吧，别试图带着让公正服从私利的想法去当正人君子。

因此，这个原则就是完全平等，和亚里士多德所看到的一样，但首先而且特别是人与人之间的平等，像法律规定的那种平等，或道德伦理预先假定的那种平等，至少是权利上的平等，哪怕这样就违反了那些事实上的明显不平等，违反了那些顺理成章地建立起来的不平等（包括依法建立的），甚至违反了那些最受尊重的不平等。财富不赋予人任何特权（财富赋予人一种特别的力量，但这种力量恰恰不是公正），天赋与神圣不赋予人任何特权。莫扎特像任何人一样，买面包得付钱。站在一个真正公正的法庭上，阿西西的圣方济各的权利也和随便什么人一样，不多也不少。公正是平等，不过这是*权利的*平等，不管这些权利是法律规定的还是道德伦理要求的。在亚里士多德之后，阿兰所确定并发扬光大的是："公正即平等。我的意思不是指某一天才能实现的的幻想，我指的是一种关系，一种任何公平交换都会立即建立起来的关系，强者与弱者之间、学者与白丁之间的关系。这种关系建立在这样一点上：通过更为本质的和慷慨大度的交换，强者或学者乐意假设对方有和他相等的力量与学识，就这样成了建议者、裁判和矫正者。"这一点，卖二手车的人知道得很清楚，和买的人一样清楚，而在这上面，关于公正他们几乎总是意见一致，虽然双方都不绝对尊重这种公平。如果不懂公正意味着什么，又怎么能不公正呢？所以，两者只要稍加思考就可以明白的是，他们的交易只在一种情况下才是公平的，即如果、而且仅仅是如果这笔交易是平等的人——能力、知识和权利……上的平等——可能会 同意进行的交易。这个条件式有个很匹配的名字：公平是平等的条件，我们的交换应该服从这个条件。

这可能也就提出了公平的标准，或者像阿兰所说的公平的黄金法则："在签订合同和进行交换时，你要换位思考，但要用你所知道的一切去换位思考，设想自己像个完全摆脱了各种必需的人一样自由，看一看，处在他的位子上，你是否赞成这项交换或这份合同。"金则铁律，还有什么比这更严格更苛刻的限制吗？这是想让交换只在平等和自由的人之间进行，也是在这一点上，公平，甚至作为价值观，触及了政治，也触及了道德伦理。康德说："任何允许随便什么人的自由意志根据宇宙法则和另一个人自由共存的行为或行为准则，都是公正的。"在同一法则下各种自由的共存，以其平等为前提，至少是权利上的平等，或者更确切地说，平等实现了共存，而且只有平等能够实现共存：此即正义本身，一直要不停地完善，但也一直受着威胁。

我说过，这就触及了政治：以人是自由平等（自由，因而平等）的为前提，是一切真民主的原则，也是对人权的考验。在这一点上，社会契约论比天赋权利论对我们的现代性更为关键。这无疑是两种空想，但一个是以现实为前提，总是落空（如果存在天赋权利，我们就无需*创造*什么正义了：把它变成正义就够了），而另一个却是在肯定一项原则或一种意志：在原始的契约观念里，在斯宾诺莎或洛克[1]和卢梭[2]或康德的著作里都一样，所涉及的与其说是平等的人之间的自由协定事实上的存在（他们都知道，这样的协定从来没有存在过），毋宁说是为一个国家所有成员平等的自由权利的假设；因此协定才是可能的和必要的，协定在事实上把——这里我们又遇到了亚里士多德

① 洛克（Locke，1632–1704），英国哲学家。
② 卢梭（Rousseau，1712–1778），法国启蒙思想家、哲学家。

的观点——平等（因为一切自由都被假设为与别的自由平等）和法制（因为这些契约在某种条件下可能具有法律的力量）结合到了一起。

康德可能比卢梭、洛克和斯宾诺莎更明确地指出了，这样一种最初的契约只是假设的，但这种假设对权利和正义的一切非神学解释都是必须的：

> “于是就有了原始契约，也许只能在原始契约的基础上，公民组织才能在人们中间完全合法地建立起来，共和国才能建立起来。可是，这样的契约（……），无需以任何方式假设为事实，甚至不能做这样的假设（……），相反，这是一种普通的理性观念，但这种理性观念又有着不容置疑的现实性（实际的），意思是说它能迫使立法者颁布他那些好像*有可能*是来自全民集体意志的法律，还能迫使立法者把属下任何人——只要这个人愿意成为公民——都看做好像曾经同心协力用选票形成了这种意志的人。因为这是任何公法合法性的试金石。如果事实上一项法律从性质上*不可能*让全体人民都*能*表示同意（比如，如果法律规定，某一特定等级的国民应该享有世袭的贵族特权），这项法律就是不公正的；但是，如果全民只*能*对法律表示赞成，这时认为法律公正就成义务了，甚至可以假设，人民眼下正处于一种以自己的方式思考的状态或心境中，即如果就此事询问他们的意见，他们有可能拒绝表示同意。”

换句话说，这样的社会契约是“立国的规则，而不是立国的开端：不是建立国家的原则，而是管理国家的原则”（康德语）；社会契约没有说明怎样建立国家，只是展示出一种理想——在这种情况下，它展示的是一种“立法、行政和公共司法的理想”（康德语）。所以，这种假设只能起调节作用，但又是必须的：原始契约不可能让人认识“国家的起源”，也不可能让人知道国家是什么，而是让人认识“国家应该是什么”（康德语）。正义的观念，如同在法律之下各种自由共存至少是可能的一样，不属于认识而属于意志（即后来康德所说的实践理性）的范畴。对一种既定的社会来说，正义理念不是理论的或说明用法的观念，而是裁判的指南，行动的理想。

罗尔斯后来也没说出别的东西。如果一定要想象处于“初始位置”即谁都不清楚社会留给自己的地位是什么时（即罗尔斯所谓的“无知的纱幕”）人是什么样子，也是为了使自己获得把正义理解为公平（而不只是合法或有用）的手段，这只有在把个体差异和每个人对自己的私利或分配给自己的那份利益的依恋（即使是有理由的）搁置一旁的条件下才有可能。初始位置在这里依然纯属假设，甚至是虚构的，不过是可操作的，因为这种初始位置能把正义的要求至少部分地从太过特殊的利益中摆脱出来。这种太过特殊的利益对我们有影响，我们几乎是不可克制地想把它们和正义的要求混为一谈。我倒是很想说，初始位置犹如假设的 无我的平等人群（因为其中的每个人都被看做无知无识，不仅不知道“自己的阶级地位或社会地位”，甚至不知道自己有智慧和力量，或者不知道“自己心理上有哪些不一般的特点”）的集合体，而初始位置正是通过这个集合体变得明朗的。自我是不公正的，永远都这样。因此，人只能在将自我排除在外或使自我无能为力、无论如何不可能控制判断力时，人才能想到公正。初始位置就通向这里。没人在初始位置上生活过，也不可能在那个位置上生活，但可以试图在那个位置上立身，至少暂时地以幻想的方式立身，以便进行思考和判断。这样一种模式等于超越了利己主义（在初始位置上，“谁都不知道自身在社会中的处境，也不知道自己有什么天然禀赋。因此，谁都不可能建立一些于己有利的原则”），但也没有因此而提出不大可能行得通的利他主义（因为每个人都拒绝为别人的利益牺牲自己的利益，哪怕是尚不确定的利益）。关于什么是正义，这一点是意味深长的：既不是利己主义，也不是利他主义，而是由个人的互换性认可或显示的权利纯粹相等。问题在于要把每个人视为一个整体，像通常所说的那样，但这只能在一定条件下才有可能。既然所有实实在在的个人都彼此各异，都被绑在自己的利益上，而他们的利益又是相互对立的，把每个人都视为一个整体就只有在每个人都能设身处地为他人着想的条件下才有可能，而*无知的纱幕*确实通向这种可能性。按照罗尔斯的说法，“无知的纱幕”应该显示出原始位置的特征：因为谁都不知道自己将来是什么样的人，每个人就都只能在大家的和每个人的利益中去寻求自己的利益，而可以称之为正义或无论如何允许接近正义的这种无差别利益（通过“无知的纱幕”这个人为的把戏，这种利益对彼此对个人同时都是无私的）。另外还必须想想，卢梭就已经想过，如果每个人的完全异化（在原始契约里）和法律规定的平等和自由的双重普遍性（在共和国里）不能通向、至少不能带有倾向性地通向一个可进行比较的结果时，情况会怎么样。不过这会使我们离题太远——即进入纯粹的政治思想领域——，而我们应该回到道德伦理即正义这个题目上来，即回到正义上来，不是把正义当做社会要求，而是当做美德。

这两者显然是连在一起的：解开的时候，无我是纽带。做个正直的人，就正直这个词的道德意义而言，是拒绝将自己置身于法律之上（这样一来，正义，即使作为美德，也就仍然是和法制连在一起的），拒绝使自己置身于他人之上（这样一来，正义，即使作为美德，也仍然是和平等连在一起的）。如果这不是意味着正义是一种美德，又意味着什么呢？每个人都凭着正义倾向于克服相反的意愿，这种意愿就是把自己置于一切之上，结果就为他的欲望或利益牺牲了一切。“自我以自己为一切的中心”，帕斯卡写道，“这本身就不公正”；“在奴役别人这一点上，自我惹人讨厌，因为每一个自我都是其他所有人的敌人，都想成为其他所有人的暴君。”正义是暴政的反面，所以也是利己主义和自我中心的反面（所有的美德可能都是如此）；或者，这么说吧，正义就是拒绝成为利己主义者和以自我为中心的人。因此，正义就非常接近利他主义或爱，而爱事实上是唯一的利他主义。不过也只是非常接近而已：爱太难了，特别是涉及我们周围人的时候（我

---

① 勒维纳斯（Levenas，1906-1995），出生于立陶宛的法国著名犹太人哲学家。

们几乎只知道爱我们的亲友，而且还爱得不够），特别是涉及那些以本色示人者的时候（比勒维纳斯[①]更尖刻的陀斯妥耶夫斯基指出，有很多人，如果没有面孔，他们可能更容易去爱）；爱是相当苛刻的，爱是极其危险的，爱，一言以蔽之，对我们的要求是非常高的！面对把他人视为一切的极端仁慈，面对把自我视为一切的极端的利己主义，正义居于适度状态，就像天平所象征的那样，换句话说，即处在平衡或合乎比例的状态：给每个人的都是他那一份，和给自己的一样，不太多也不太少，就像亚里士多德所说的那样——这样一来，尽管有度，或者恰恰因为有这个度，正义对每个人就都成了一道可望而不可即的地平线——*就好像我和随便什么人都一样*。

然而，我所追求的是正义的真实，其他人，不管公正不公正，就要以不断提醒我这一点为己任了……

"正义"，我们在斯宾诺莎的著作里读到，"是一种常备不懈的精神状态，时刻准备着把根据民法属于每个人的东西给人。"换句话说，"时时刻刻想把每个人的东西给每个人的人"就是正人君子。这是传统定义，我们在西摩尼德斯[①]或圣奥古斯丁的著作里已经看到的就是这样。可是，我的那一份是什么呢？从大自然的角度来看，根本没有什么我的那一份。因此，正义是以从政治和司法上组织起来的社会生活为前提的："自然界里没什么可以被说成是这个人或那个人的东西，所有的东西属于所有的人；而且，在自然状态下，也无法产生把每个人的东西给每个人、或把属于某个人的东西加以剥夺的想法；就是说，在自然状态下，没有任何东西可以被说成是*公正*或*不公正*的。"斯宾诺莎和霍布斯一样，认为公正与不公正都是"非固有的概念"，它所描绘的只是"与社会人相关的品质，不是孤立的人的品质"。这当然不妨碍正义成为美德，但这种美德本身只在权利和所有制已经建立起来的地方才有可能出现。如果不是每个人自由或被迫地

---

① 西摩尼德斯（Simonides，公元前556–公元前468），古希腊抒情诗人。

表示认可，权利和所有制怎么能建立起来呢？正义只在人们一致同意的时候才能存在，才被实施。因此，在自然状态下没有正义，也没有天然的正义。一切正义都是人类的，一切正义都是历史的：没有法律就没有正义（就这个词的司法意义而言），没有文化也没有正义（就这个词的道德意义而言）——没有社会，就没有正义。

可是，能不能反过来，构想一个没有正义的社会呢？霍布斯或斯宾诺莎会回答说不能，我完全同意他们的意见。没有法律和起码的平等与均衡的社会是个什么样的社会啊？我们经常看到的是，连强盗都只有在他们之间尊重一定程度上的公平的条件下才能结成团伙，尽管那是坏人的团伙，至少，在这里用得上这个词了：要尊重分配上的公平。在整个一个社会的层面上，事情怎么能用另一种方式进行呢？但我们在休谟①的著作里却发现了一种不同的答案，值得深思。这个答案依据的是五种假设，我觉得这五种假设价值不等，但都有启发性，值得研究。

当然，休谟丝毫不否认，对一个真实的社会来说，正义是有益的，甚至是必须的。这甚至是他所创立的理论——未定型的功利主义理论——的基础："为了维持社会，正义是必须的，这种必须是正义这一美德的唯一基础"，他写道。如果可以对这种唯一性有争议——这样的争议有过，我们以后会谈到——，对其必要性却不大可能否认。哪一种社会没有司法方面和道德方面的律令能够存在？是的，这里指的是真实有效的人类社会。但这些社会太复杂了：怎么知道正义的必要性是不是像休谟所认为的那样，确实就是正义的唯一基础呢？休谟回答说，试着设想一些至少可能存在的社会，这种必要性在其中可能并不存在：如果这样的社会里存在着正义，至少像一种要求那样存在，必要性就不足以对此作出解释；如果正义从社会里消失了，就是个十分有力的论据，从中可以得出结论：在一个特定的社会里，仅仅必要性就足以说明它的出现和确立其价值了。正如我说过的那样，

---

① 休谟（Hume，1711–1776），英国哲学家、历史学家和经济学家。

休谟就是在这种精神指导下连续提出那五种假设的，五种假设都把正义的*必要性*取消了，并因此打算展示正义的*有效性*。如果这些假设可以接受，推理正确，从中得出的结论就必须是公共利益或必要性都确实是“正义的唯一来源”，是“正义价值的唯一基础”。

简而言之，这五种假设是：绝对的富饶，普遍的爱，极端和无处不在的贫困或暴力（和战争时期或霍布斯说的自然状态一样），和有理性但软弱得不能自卫的人对抗，最后是个人之间的完全分离，这导致他们之中的每个人的绝对孤独。在这五种范例中，休谟想展示的是，已经不再是必要或有益的正义，可能也不再有价值了。可是，那又是一种什么情况呢？

第五项假设无疑是最有说服力的。由于正义规范着我们同他人的关系，在孤独中，正义就可能没有了对象，没有了关联性，没有了内容。那正义还能有什么价值呢？把一种永远找不到任何机会来显示的精神境界视为美德，又有什么意义呢？对于自己，并非不可能是公正或不公正的。但是，这无疑只有在以别人为参照的时候才有可能，即使只是暗含着的参照。判断总是在或多或少地进行比较，而一切正义，即使是自省式的正义，也正是在这一点上才是社会的正义。没有社会就没有正义，这一点我们已经明白，而这就让休谟有了道理：在绝对的孤独中没有正义。

必要时，我们也可以承认第二项假设的意义。如果每个人都对同类满怀友谊、仁慈和善意，就无需法律，对待同类也无需遵守平等的义务：爱将超越对义务的一般尊重，就像我们在和谐家庭里看到的那样，而且可以代替公正。我说“必要时”，是因为必须考虑在带着我们超越公正的同时，爱是否像休谟所认为的那样能将公正*化解*，或者像我倾向于认为的那样能使我们*变得*公正。不要忘记亚里士多德的名言：“朋友之间，不需要公正；正人君子之间，仍然需要友谊。”这不意味着可以对朋友不公正，而是说这时的公正——能难必能易——，不言而喻，已经包含在温情脉脉的友谊之中，已经被超越了。得失攸关的问题却不是很大：爱，特别是在爱如果是普遍而无限的时候，就真用不着再去操心那些义务，它理所当然地顺便就把那些义务满足了，而用不着为尽义务专门费心思，甚至（因为没有什么东西会使爱去违反义务）感觉不到对义务要服从。所以，对于爱和孤独来说，就是这样。

另外三项假设就很成问题了。

首先是富饶。让我们设想一下，把一切可能有的财富都无限量地给某个想要的人。在这种情况下，休谟解释说：

> “正义这种谨慎而有戒备心的美德，可能永远都不会出现在某人的头脑里。如果每个人都已经有了多于自足的东西，公分财富的目的又是什么呢？在财产不可能受到损害的地方，为什么还要确立所有制呢？在别人拿走我的东西而我伸手就能拿到另一件等值的东西时，为什么还要宣称这件东西是我的呢？在这种情况下，因为已经完全变成了无用之物，正义就可能成为一种没有意义的形式，在美德的目录里也就永远不可能找到自己的位置。”

可是，真这么肯定吗？那样可能就没有理由禁止盗窃了，因此也就没有了保护私有财产的理由。可是，富饶会像休谟想的那样，成为正义的唯一目标吗？各种人权中可能受到威胁的只有这一种吗？各种人权中只有这一种应该受到保护吗？在富饶的社会里，像诗人们歌颂的黄金时代或马克思描绘的共产主义，污蔑周围的人或将一个无辜的人判刑（盗窃可能没目标了，但谋杀呢？）也许永远都是可能的，但这跟在我们这些匮乏的社会或“资源相对稀少”（罗尔斯在这一点上与休谟意见相同）的社会里完全一样，也是不公正的。如果像大家一致认为的那样，正义是尊重权利平等的美德，能给予每个人应得的东西，怎么还会认为正义可能只和私有财产……或业主有关呢？难道拥有是我仅有的权利？难道业主是我仅有的头衔？难道仅仅因为永远不偷盗，我们就和正义两清了？

关于极端贫困或暴力的普遍化，我将提出同样的看法，或性质相同的看法。“让我们假设”，休谟写道，“社会到了不再能满足各种生活必需品的地步，到了再刻苦再想主意也无法阻止人口大量死亡的地步，整个社会陷入了完全的贫困。我相信，这时大家会很容易就同意，在情况紧急到了这种程度时，最严格的公正法律也会中止执行，而让位于更为迫切的考虑，需求的考虑，自存的考虑。”可是，我觉得这正是纳粹或斯大林集中营的经验所批驳的。根据幸存者的证言，茨维坦·托多洛夫[1]清楚地揭示出，“即使在集中营的核心，在极端的极端处，善与恶的选择也仍然是可能的”，而“少有的正人君子”也不可能——不排除让他们的刽子手们也沾了光——允许人们把他们忘掉。在集中营像在别的地方一样，个人之间的差异也是伦理学上的差异。某些人偷狱友的口粮，向看守揭发不守监规的人，欺负弱者，拍强者的马屁……没有正义。另外一些人组织反抗，维护团结，分发公共资源，保护弱者，简而言之，他们在貌似权利和公平的普遍恐怖中试图重建……正义。正义的形式不得不变，这是可以料到的，但作为一种要求，一种价值，一种可能性，正义并没有因为形式的改变而消失：即使在集中营里也是既有公正的人也有混蛋，或者更确切地说，也可以（不要相信那种简单而夸张的铁板一块的说法）有*不同程度的公正*存在，有些人以生命为代价成了正人君子，豪气干云。萨沙·皮切尔斯基、米莲娜·热桑斯卡、埃蒂·伊勒桑、吕迪·马萨雷克、马克西米连·科尔伯、埃尔斯·克鲁格、马拉·齐默特博姆、亚斯尔·诺梅耶……对这些在纳粹集中营里进行过英勇斗争的人，我们必得装作好像他们从来不曾存在过吗？还有多少人，虽然不那么英勇，但无论如何不也都表现得比他们可能表现的更为大义凛然吗？他们本来可能不会这样表现的，如果只是为了个人的生存，他们可能连这样表现的兴趣都没有。总是说，在集中营里，道德泯灭了，认为那些实际上想让道德泯灭的人有理，也忘记了那些在他们所处的位置上以他们的手段抵制这种泯灭的人。那是日以继夜的斗争，是每时每刻都在进行的

① 茨维坦·托多洛夫（Tzvetan Todorov，1939－ ），法国保加利亚裔哲学家。

斗争，针对看守，针对同监的人，也针对自己。有多少无名英雄啊？有多少正直的人被遗忘了啊？例如，假设没有罗贝尔·安泰尔姆[①]的证言，谁还会记得那个医科大学生雅克？

> “如果找来个冲锋队员，把雅克指给他看，可以对他说：看吧，你们把他变成了一个面黄肌瘦的病秧子，大概非常像你们以为的那样了。你们以为他天生如此：一个人渣，一个废物。你们成功了。那好，可是如果‘错误’能杀人的话，下面的话能把你们吓得倒地身亡：你们已经使他得以变成一个完人，一个对自己的能力、良知和行动意义极有信心的人，一个十分强大的人……在雅克身上，你们永远不会得逞。你们希望他偷，他没偷。你们希望他为了点吃的去奉承那些指挥同监劳动的人，他没去奉承。你们希望他看着狱卒鞭打他的同伴时会笑，以便博得你们的青睐，他没笑。”

罗贝尔·安泰尔姆在此前的一段文字里还说过，雅克是那种“教会应尊之为圣的人”。无论在什么地方，人们都会把他称作正人君子。

为什么在战争中情形就会不一样了呢？战争打乱了实施正义的条件，使正义的实施变得无比困难，非常危险，这是很明显的。如果把正义战争理解为仍然尊重法律和人类普通权利的战争，好像什么事都没发生过一样，那就没有正义战争。但这并不妨碍某个士兵或军官在特定的情况下可以比别人更正直，或不那么不正直。这就足以证明，正义的要求，正义的价值，都没有被战争简单而完全地毁灭。休谟其实也承认这一点，在另一段文字里他作过这样的暗示，意思是因为战争，即使在敌人之间也还为共同的利益或被分享的功利留下存在的余地。不过，这并不能把对正义的要求完全耗尽，因为这种要求可能和

---

① 罗贝尔·安泰尔姆（Robert Antelme，1917–1990），法国诗人，二战时法国抵抗运动成员，德国战败后被密特朗从集中营救出。

上面提到过的利益与功利背道而驰！比如，哪怕这样说只是一种假设，没有什么东西能妨碍人认为，在战争中拷打和处决战俘可能于交战双方都是有利的（交战双方都能从中得到好处）；难道这就足以使这样做成为合乎正义的吗？共同利益强化了对正义的要求，也常常成为促使我们尊重这种要求的最为强有力的理由，这一点谁也不大能够否认。可是，如果这种要求就是正义的全部内容，那就会既没有了正义，也没有了非正义。有的可能只是有利的和有害的了，只是利益和算计了：对正义来说，有智慧就足够了，或者更确切地说，智慧可以代替正义。但情况并非如此，而这正是正直的人即使面对最坏的情况时提醒我们的。

至于休谟的第四项即最后一项假设，真让人不寒而栗，看到像他那样伟大那样令人喜爱的天才写下这样的话，令人难过：

> “如果存在着这样一种人，他们生活在人们中间，有理性，但体力智力都极端低下，毫无反抗能力，即使面对最明目张胆的挑衅，也永远不会让我们感觉到他们的怨恨。面对这样的人，我想我们必须按照人类法律的要求，仁慈地对待他们；可是，严格地说，对于这样的人，我们在正义方面不受任何义务的约束，而他们既没有权利也没有禀赋和如此专横的主人对抗。我们和他们的关系不能被说成是‘社会’，因为社会一词是以一定程度的平等为前提的，但这里一边是‘绝对的权力’，一边是‘奴隶般的服从’。凡是我们渴望的，他们都应该立即放弃；我们的恩准是他们借以保有自己财产的唯一租约；能使他们改变我们专横愿望方向的唯一机制，是我们的怜悯和善意。而且，既然实施这种天然形成、极其稳固的权力从来不会带来任何不便，正义和所有制的约束又已经完全无用，在一个如此不平等的团体里，这些东西也就永远不会有任何地位了。”

我将这一段文字完整地引出，是为了避免犯断章取义的错误。我们知道，休谟的个人品格，特别是他的人道主义，不是他写出这段话的原因。但从哲学的角度来看，这样一种思想显然是根本不能接受的。对弱者应该仁慈和怜悯，我当然同意，在这部道德浅论里也有仁慈和怜悯的位置。但是，怎么能够接受由仁慈与怜悯替代或取消正义呢？休谟的著作里有这样的话，没有“一定程度的平等”，就没有正义，甚至就没有社会。这话说得非常好，不过要有个补充条件：这里所说的平等不是事实上或力量上的平等，而是*权利*的平等！不过，为了得到权利，有良心和理性就足够了，甚至只是潜在的良心和理性就足够了，甚至不需要有任何自卫或进攻的力量。否则，儿童就不可能有权利，残疾人就不可能有权利，最终是任何个人都不可能有权利(因为任何人都不是永远都强而有力得足以有效地自卫的)。

让我们设想一下休谟提到的那些有理智但无自卫能力的个人的情况吧：比如，我有*权*（因为仁慈和怜悯属于另一个范畴）任意剥削或抢劫他们吗？“很明显，人对畜生的情况就是这样”，休谟写道。然而情况恰恰不是这样，因为从理性这个词常用的意义上说，畜生并不“具备理性”！休谟清楚地感觉到了这一点，他为此举了两个别的例子，可那是些什么例子啊！“文明的欧洲人相对于野蛮的印第安人的无比优越性”，休谟写道，“使我们想象我们同他们处于这样一种关系之中，使我们在对待他们的方式中抛弃了一切正义的甚至人道主义的义务。”是这样，但这样公正吗？面对欧洲人，印地安人的弱势不容置疑，而种种事件也表明，对于他们，从社会角度来说正义不再是必须的。这是否意味着他们不应该享有任何正义呢？能够认为对他们的仁慈和怜悯把我们该给他们的东西都都耗尽了吗？或者更确切地说(既然由于软弱他们被假定为不曾有过任何权利)，把我们不该给他们的的东西都耗尽了吗？我觉得，这是不能接受的，除非将正义这个观念本身放弃。

这一点正是在其他许多问题上和休谟观点非常一致的蒙田早已经清楚地看到的。美洲印第安人的软弱非但远没有豁免我们的正义，反而应该让他们认识我们的正义（不仅认识我们的怜悯！)，侵害他们的权利我们就犯了越权罪，那是严重的罪行。正如蒙田所说，公平“是把属于每个人的东西给予每个人”，不允许杀戮和抢劫。如果正义明显地是“为人类社会和共同体而产生的”，就没有任何理由可以认为，正义仅仅是建立在人类社会和共同体自身的排他功利的基础之上的。这种假设在蒙田的著作里找不到，但种种迹象表明，他可能接受了这一假设：想象一下吧，我们又在别的星球上发现了一个新美洲，居住着一些有理性但温和而无自卫能力的人；我们会重新扮演一次殖民主义者的角色吗？又去屠杀和劫掠吗？如果利益和功利心对我们的诱惑力够强，这种可能性是有的。但是，却不能说这么做公正。

休谟举的第二个例子，看起来更像打趣，却也颇成问题：“在很多民族里”，他继续写道，“女性被迫处于类似受奴役的状态。面对自己的贵族老爷和主人，女性被置于不能拥有任何东西的境地。但是，尽管各国的男人团结一致的时候都有足够的体力去强制推行这种严厉的暴政，但他们美丽的女伴的说服能力、机智与魅力更有力量，使她们通常都能打破男人的团结，得以和男性分享社交生活中的所有权利和特权。”我不否认这种奴役的真实性，也不否认她们的机智和魅力的真实性。不过，这种奴役公正吗？在一个法律不禁止、甚至规定容许对妇女进行这种奴役的国家里，关乎到一个完全不具备这样的说服能力、机智和魅力的女人时，这种奴役是公正的吗？人们几乎不可能认为那是公正的，也不能认为，如果立法没有硬性规定更为积极的条款，对于丑陋和愚笨的女人来说，仁慈和怜悯就是我们应该遵守的仅有极限！

我们在卢克莱修（但他也和伊壁鸠鲁一样，在正义的问题上更像个功利主义者）的著作里发现了一种截然相反的观点：在史前时代，妇女和儿童的软弱，非但远没有把他们排除在公正之外，反而使正义变成了必需（但是*道义上*的必需）和渴望的东西：

> “在他们知道使用茅屋、兽皮和火的时候，在女人通过婚姻的纽带变为只归一个丈夫所有的时候，在他们看到自己的后代成

长起来的时候，人类就开始渐渐地摆脱了粗鲁……女神维纳斯脱去了他们身上的凶猛；孩子们用自己的爱抚不费力气就改变了父母的粗野本性。也是在这个时候，希望彼此可以不以武力相向的邻里之间开始了友好往来：他们相互托付关照彼此的妻子儿女，用声音和手势模模糊糊地表达了这样的意思：大家可怜弱者是公正的。”

仁慈和怜悯不能替代正义，也不是正义的终极标识：确切地说，仁慈和怜悯是正义的起源。就凭这一点，主要是对弱者来说最有价值的正义，在任何情况下都不能将弱者排除出自己的范围，也不能免除我们面对弱者时应尊重正义的义务。从社会的角度来说，说正义是有益的，甚至是不可或缺的，这一点显而易见；但是，对社会的有益或必需，并不能将正义起作用的范围完全限制住。只对强者有价值的正义可能是非正义，而这也就把作为美德的正义的实质道破了：正义是对权利平等的尊重，不是对力量的尊重，是对个体的尊重，不是对权力的尊重。

帕斯卡往往比休谟更玩世不恭。不过他在实质问题上从不妥协：“没有力量的正义软弱无力；没有正义的力量是暴政。”占上风的不是最公正的人，而从来都是最强横的人。这使人不能去幻想，但不能禁止人去战斗。为正义而战斗？如果我们热爱正义，为什么不呢？软弱无力是致命的，暴政是可恶的。因此必须“使正义和力量并行不悖”，政治就是为这个服务的，而熔正义和力量于一炉又使政治成为必须的。

我说过，很明显，最理想的是法律与正义并行不悖。对统治者来说，责任重大；对民主国家来说，立法机构尤其责任重大！但不能把责任都推给议员：权利是要争取的，是要保卫的，任何人都不会傻乎乎地去服从。不过，幻想有绝对公正的立法，认为只要实施法律就足够了，也是一种误解。亚里士多德早已指出过，正义不可能完全包含在必然是很笼统的法律条文里。因此，在法律的顶层，法律是公正的：因为法律所追求或制定的是权利的平等，而不管事实上的不平等，甚至常常不顾因过于机械或过于不通融地执行法律而产生的不平等。“公道”，亚里士多德解释说，“在公正的同时，依照法律是不公正的，而是一种对立法公正起中和作用的东西。”这种东西能使法律的普遍性适应情境的复杂和多变，适应具体情况中难于归类的特殊性。因此，公道的人是正人君子，甚至是完美无缺的，不过只在这个意义上才是：与仅仅是合法相比，正义才是美德，才是所要求的。“公道的人”，亚里士多德也说过，“就是与成文法无关的正人君子。”对公道的人来说，平等比法制重要，或者说，至少他知道用平等的更为灵活和复杂（让我们再重申一遍，因为这里牵涉的是各不相同的个人之间的平等）的要求来匡正法制的严厉和不切实际。这会把他带出去很远，甚至要以牺牲他个人的利益为代价：倾向于选择和实践公平行为、不在最坏的意义上寸步不让地坚持自己权利的人，尽管法律在他那一边也依然倾向于拿得比自己应得的少的人，是正人君子，而他那种心态就是公平，是正义的一种特殊形式，而不是一种完全特殊的心态。可以说，这是实践了的正义，生动活泼的正义，具体的正义——因而是真正的正义。

正义不能没有怜悯而独行（“公道”，亚里士多德说，“是宽恕人类”），也不是一味地放弃惩处，而是要在惩处的时候必须先把怨恨与愤怒克服了，以便使惩处公平。

公正也不能没有智慧而独行，不能没有明智，不能没有勇敢，不能没有忠诚，不能没有慷慨，也不能没有宽容……公正就是在这些地方与正义连接到一起的，不再作为一种特殊的美德，如同我们在这里考察过的那样，而是作为一种普遍而完整的美德，一种囊括或曰以其他所有美德为前提的美德，是亚里士多德说过的那种美德。亚里士多德把公正说得非常之好，以致人们把它视为“美德中最完美的，*不管是夜晚的星还是晨星*，都不会如此令人赞叹。”

什么样的人是正人君子呢？是把自己的力量用来为法律和权利服

务的人，是虽然知道各个人之间在事实上和天赋上有那么多不平等但依然主张人与人之间平等并建立秩序——没有这种秩序，任何秩序都不可能使我们感到满意——的人，这样的人就是正人君子。世界在抵制，人也在抵制。因此，必须抵制——首先要抵制每个人身上带有的不公正即自我。因此，为争取正义的斗争永无穷期。正义的王国至少对我们来说是禁地，或者不如说，只因为我们拼死地想要进入这个王国，我们已经抵达了那里：渴望正义而又永远得不到满足的人是幸福的！

七 慷 慨

作为美德，慷慨是赠与。这已经不再是如斯宾诺莎谈及正义时所说的“把每个人应得的那份给他”了，而是把不是他的给他，把您的给他，把他所缺少的给他。说正义也可以从慷慨中受益，肯定有这种可能（如果我们给予某人尚不属于他、甚至依照法律也还不属于他、但又以某种方式亏欠他的东西：比如给一个饿着肚子的人吃的东西）。不过，就慷慨而言，这既不是必须的，也不是实质的。因此，我们有时会觉得，正义更重要，更紧迫，更必须，与正义相比，慷慨成了奢侈品，或曰额外的希望。尚福尔[①]说过：“慷慨之前，首先要公正，就像先要有衬衫才能上花边一样。”这无疑是对的。但由于这两种美德属于不同的格调，也就不能肯定问题总能或经常能用这样的话语提出。当然，正义和慷慨两者都关乎我们和他人的关系（至少主要因为我们自身可能也需要正义和慷慨）；但慷慨是更为主观、更个人化、更带感情色彩、更自发的；而正义，即使是已经实施的正义，自身也总还保持着某种更客观、更普遍、更理智或更深思熟虑的东西。慷慨似乎主要出自感情或秉性，而正义则更多地来自思想或理性。例如，人权可以作为一项声明的题目。慷慨不行：这里涉及的是行动，而且不是以这样或那样的文本或这样或那样的法律为根据的行动，而是超越一切文本、超越一切法律（法律在任何情况下都是人文的）的行动，是只符合爱、道德伦理或团结的要求的行动。

关于最后这个词，我想多说几句。团结本应一开始就出现在这部论著里，所以，简要地说说从当初必须作出选择（我只想写一本浅

① 尚福尔（Chamfort，1740–1794），法国剧作家、杂文家，文笔风趣幽默。

论）时我为什么就放弃了这个词，尤其是我为什么觉得用正义与慷慨取代这个词更为有利，也许并非无益。

什么是团结呢？团结在成为一项义务之前，是一种实际状态；然后，在成为一种美德或不如说价值观之前，是一种心情（不管你体会没体会到）。实际状态这一点已经被这个词的词源明确指出：标榜团结，就是属于一个团体，属于一个用拉丁文in solido说的意为*为了全体*的团体。这样，如果几个债务人中每个人都能够并应该对他们集体借的款项总数担保，在法律用语里，他们就会被称为连带债务人。这与*团结*并非没有关系，固体这个词就是这么来的。固体是个整体，其中的各个部分相互依存（也可以说，其中的分子比在液态或气态中 团结 得更紧密），这样一来，一部分所发生的一切，另一部分也都会发生，或对另一部分产生影响。简言之，团结首先是一种凝聚、互相依存、利益或命运共同体现象。在这个意义上说，团结就是从属于同一个团体，从而分担——不管你愿意不愿意、知道不知道——同一个问题。有人会说，使沙粒有别于鹅卵石、团体有别于人群的，是客观的团结。

作为心情，团结只是对这种相互依存的感觉或认可。主观的团结："工人大学生，共同作斗争"，1968年5月风暴中我们是这么说的；或者，"我们都是德国犹太人！"换句话说，即一些人的胜利就是另一些人的胜利，反之亦然；若是有人惹了我们当中的某某，即使所做的事不一样（因为甲是犹太人，乙是德国人……），也就是惹了我们所有的人。无需说，我一点也不反对这种高尚感情。可是，这种感情因此就成为美德了吗？或者，如果其中有美德，那一定就是团结吗？1968年的五月风暴里，老板们或共和国保安部队内部团结得不比工人和大学生之间团结得差（老板们或保安部队内部团结得可能更强），而如果这种情况既不会使一方受到谴责也不会使另一方受到谴责，就会使团体的道德伦理变得有些值得怀疑或可疑了。美德被如此这般地分享，是罕见的……另外，如果团结是利益一致（客观的团结），而且以这种利益一致的意识来理解（主观的团结），其在道义上的价值也就和利益的价值等同了，即几乎没有价值了。事实上二者必居其一：或者这种利益一致是真实的，确实存在的，那么在保卫他人的时候，我只不过是在保卫我自己（这当然无可指责，不过利己主义成分太重，不能属于道德范畴）；或者这个团体是幻想的、形式的或理想的，那么，如果我为他人而战斗，涉及的就不再是团结（因为我的利益不受影响），而是实实在在的正义（如果他人是受压迫、被损害、遭掠夺的……），或慷慨（如果他人不是受压迫、被损害、遭掠夺的……而仅仅是不幸或软弱的）。简言之，团结太关乎利益或太虚幻，不能成为美德。这只不过是谁都明白的利己主义或不受赏识的慷慨。但这并不妨碍它成为一种价值，但仅仅在它摆脱了狭隘的自我，摆脱了狭隘的或局限性很强的利己主义，这么说吧，仅仅在它摆脱了伦理学上的唯我论时才是一种价值。这与其说是一种品德，毋宁说只是没有缺点。我有证据，证明尽管政治家滥用语言，语言还是在抵制将团结道德化或绝对化的任何企图。如果我提到某人时说："他公正，他慷慨，他勇敢，他宽容，他诚恳而温和……"谁都明白，我是在列举他的美德，这些美德使一个人在道德上成为可敬的人，甚至是值得敬仰的人。如果我再补充说："他是讲团结的"，面对这样一种不着边际的说法，谁都会感到惊奇，可能会问我："团结……谁啊？"

今天对这个词的滥用，我觉得主要表明我们常常没有能力使用那些可能更恰当的词，那些使我们害怕的词。辞书编纂者指出，*团结*"在社会政治词汇里已经变成了*平等*的明智代用词"，我还要补充一句，如同替代*正义*或*慷慨*一样。可是，这种只不过是怯懦和恶意的明智，又有什么了不起呢？谁会相信，因为要把这些词汇取消，这些词汇意味着的东西——美德——的缺失就会变得易于被人接受呢？能够设想利益一致可以取代这些美德吗？这真是个可悲的时代，为了不再看到自己的渺小，居然要取消这些伟大的词汇！

因为这是一部美德论著而非固有概念词典，所以我就把团结留在它的领域里，即一致的或对立的利益的领域；不同行会的领域，哪怕这些行会是全球性的；各类国会院外活动的领域，哪怕这些活动是合法的。说我们都是团结一致的，就是说我们都是相互依存的，我根本就不相信。您的死怎么就让我活得不自在了？您的贫困怎么就使我不那么富裕了？第三世界的贫困不仅没有使西方的财富受到损害，而且还直接或间接地成了西方富有的条件，西方的富有只有在这样的条件下才成为可能，是西方利用或者说造成了第三世界的贫困。我们确实是住在同一个地球上，因此从环保的角度来说我们是利害一致的，这不能否认，但这并不妨碍我们在经济上互相竞争，而且愈演愈烈。用不着给我们讲故事。非洲和南美需要的不是团结，它们需要的是正义，是慷慨！至于认为我们国家里有工作的人和没有工作的人利害一致，只要看看每个行业里的工会正在做什么就足可以明白，捍卫利益的价值其实只在于捍卫*共同*利益，而任何客观的团结（主观的团结也一样，因为主观的团结和客观的团结只在慷慨的有无上有区别）都明显地不足以解决失业问题，甚至不足以认真着手解决这个问题。这里涉及的仍然不是团结（失业者和领工资的人可能有不同甚至相反的利益），而是正义和慷慨。至少，像在这样一部浅论里该做的那样，要从道德或伦理方面来看这个问题。说这个方面并非一切，还是说得轻了：无论政治还是经济都不能归结到道德或伦理这方面来，甚至不会绝对地服从这个方面。可是，说这个方面并非一切，并不等于说它什么都不是。道德只在我们想让它有价值的时候才有价值。因此，道德的价值有限，但多少也还有点价值。

还是回到慷慨这个题目上来吧！说利害一致能引起慷慨，激发慷慨，强化慷慨，这没有疑问。但慷慨只在超越利益——即使是可以理解和共同分享的利益——的条件下，因此也就只在超越利害一致的条件下才是真正的慷慨！例如，假设帮助第三世界儿童是我的利益所在，我做这件事就不需要慷慨，只要头脑清醒处事谨慎就够了。“为了挽救和平而去和饥饿进行斗争”，这是二十世纪六十年代一个天主教组织提出的口号。这个口号令我们的年轻人和慷慨人士反感，他们觉得这是一笔肮脏的交易。我们错了吗？我不知道。尽管如此，如果这确实是我们的利益所在，我们会去做的，否则就是傻瓜了，为此也无需成为一位慷慨人士，而我们实际上 会去做 这件事！但我们没去做，或做得很少，这就足以证明，这件事在我们眼里不是我们的真正利益所在；如果我们非要说是，就证明我们是伪君子。在这件事情上，没有任何东西证明我们看走了眼，也不能证明我们缺乏清醒头脑。坏的是心，因为那心是利己主义的；这里所缺的是慷慨，而不是清醒。

我不想把一切都归结为钱的问题，因为我们还有别的东西可给，但也别忘了钱有可以量化的长处这个事实，钱甚至就是为量化服务的。因此，钱使我们可以提出这样的问题：你从自己的收入里拿出了百分之几去救助比你更穷或更不幸的人？必须把交税的搁在一边，因为税不是可交可不交的；必须把给家人或好友的搁在一边，因为爱重于慷慨，我们不会因为为穷人做了就不为他们做了（因为家人或好友的幸福就是我们的幸福）。我有点简单化了，过于简单化了。比如，关于税，如果你属于中产阶级或富裕阶层，投票给宣布坚决增加税收的政党，就可能是一种慷慨举动。不过这样的事太罕见，这种慷慨也就极少有表现的机会；而那些只会宣布减税的政党，倒是用这样的办法对我们的慷慨表示了信任！有人说我悲观；可是，谁没看到，政治家比我更悲观？甭管政治家说什么，他们的悲观是有充分理由的。至于家庭或好友，情况也差不多。不想在家庭或好友那里看到任何可能和必要的慷慨，是把问题极度简单化了。即使我孩子的幸福也能使我幸福，或者成为我幸福的条件，也难免他们的欲望有时会和我的欲望相反；他们想玩，我想工作；他们生龙活虎，我疲惫不堪……对他们能展示慷慨的机会和不能展示慷慨的机会一样多！不过，我这里要说的不是这个。我只想直截了当地把金钱的问题提出来，为此就必须将家庭预算全部包括进来。所以我们又回到了原来的问题上：您将家庭收入中的百分之多少拿来做可以称之为慈善事业的支出了？换句话说，为了您或您的亲人以外的别人的幸福，您支出了多少？每个人都会作出于自己有利的回答。我的想法是，我们在这方面的支出几乎都在百分之十以下，甚至常常在百分之一以下，您去算吧……我十分清楚，金钱不是一切。可是，通过什么样的奇迹我们才能在非金融或不能量化的领域里表现得更慷慨呢？为什么我们的心比我们的钱包敞开得更大呢？相反的情况才更像真的。怎么知道我们捐出的那一点点是不是真正的慷慨呢？或者说怎么知道那是不是我们为获得道德上的安逸所付出的代价、为我们微不足道的良知付出的小小代价呢？简而言之，慷慨所以成为如此伟大如此备受称赞的美德，只因为慷慨在每个人身上都太软弱无力，只因为利己主义总是太强，只因为慷慨常常以其缺失而引人注目……帕斯卡说过："人心空空荡荡而又堆满了垃圾。"那是因为，人心里几乎总是装满了自我。

难道非要像我这样，将爱与慷慨区分开，甚至对立起来吗？"当然，慷慨可以不是多情的"，扬科列维奇承认，"可是，爱却几乎必定是慷慨的，至少在和所爱者的关系上、在还有爱的时候是这样。"即使不把慷慨归结于爱，"在慷慨达到顶峰时"，慷慨也会倾向于与爱混合："因为，如果我们可以不爱而赠与，就等于说不赠与就不可能爱了。"这样说也行。可是，到了这种时候，这究竟是爱呢还是慷慨？这是个定义问题，而我是不会在词语上下功夫的。但我从来没有过要对自己孩子慷慨的想法，甚至没有过应该对他们慷慨的想法。在孩子身上倾注了太多的爱和太多的焦虑，不可能上当受骗。你为孩子做的，你也同样会为自己做。在这件事情上你还需要什么美德吗？爱就够了，而且那是什么样的爱啊！为什么我会那么爱自己的孩子，而不怎么爱别人的孩子呢？那是因为我的孩子是*我的*，仅此而已，而且我通过爱他们爱我自己……这是慷慨吗？算不上：这只不过是扩大了的、可传递的家族利己主义。关于另一种爱，从自我中解脱出来的爱，圣人或世尊的爱，我也不能确定，到底是慷慨教会了我们爱，还是爱教会了我们慷慨。慷慨和正义的处境是不是不一样呢？爱不是没有屈从于慷慨和正义反而超越了它们吗？在爱的时候赠与，证明的是慷慨还是爱？这一点甚至连情人都不会弄错。被包养的女人会谈论她的顾客或保护人慷慨。但被爱的女人呢？爱人的女人呢？至于圣人……耶稣慷慨吗？说到耶稣的时候用慷慨这个词合适吗？我非常怀疑，另外我还记得，在基督教传统里，比如在圣奥古斯丁或圣托马斯的著作里，慷慨这种美德很少被提及。顺便说一句，在古希腊人或古拉丁人的著作里也是这样。也许这只是个词汇问题？拉丁文里确有*generositas*，但那是用来指示（人的）血统或气质高贵的。这个词可以用来翻译希腊文的mégalopsuchia（心灵的高尚），西塞罗有时就这样做，比学者根据这个希腊文字仿造的庄重典雅的*magnanimitas*（大度）简单多了。这一点在法文里表现得特别真切：*magnanimité*（大度）是个几乎只在学校里使用的词，而*générosité*无疑更能充分表达慷慨这个词所具有的固有道德含义，从这个意义上说，慷慨确实是一种美德。在高乃依[①]的著作里，或者在我们还要谈到的笛卡尔的著作里，都是这样。可是，到了当代语言里，崇高反而不如赠与更有意义，或者崇高只有在它出手大方的时候才是慷慨的。慷慨这时就出现在两种希腊美德的交叉点上了，一种是*大度*，一种是*大方*：大度既非张扬亦非卑微，大方既非吝啬亦非挥霍，因此，在两者合而为一时，就总是慷慨的。

不过，这仍然还不是爱，也不能代替爱。

我说过，慷慨是赠与的美德。金钱的赠与（触及的是大方），献身（触及的是大度，甚至是牺牲）。可是，人只能给别人自己拥有的东西，而且仅仅是在自己不受拥有物控制的条件下。在这一点上，慷慨与自由或自制力的形式是不可分的。在笛卡尔的著作里，那形式就是慷慨内容的实质。那是什么呢？是一种激情，而同时又是一种美德。《论激情》里有一篇著名文章，给慷慨下了定义，必须整段引用：

> “我因此认为，真正的慷慨，使一个人认为自己达到了可以正当地认为是最高境界的慷慨，仅仅在于：部分地是他认识到

---

① 高乃依（Corneille，1606–1684），法国古典主义悲剧作家。

了，除了可以自由支配的意志，没有什么东西是真正属于他的，若不是因为意志运用得有好有坏，他也不知道自己为什么应该受到赞扬或责备；部分地是他感到自身有一种坚定而顽强的很好地运用自己意志的决心，就是说，永远不缺少着手进行并完成他认为该做的好事的意志。这就是以完美的方式追求美德。”

文字有点拗口，但意思是清楚的。慷慨既是对其自身自由的意识（或对作为自由和负责任的自我的意识），也是运用好这种自由的坚定决心。既是意识也是信心，因此慷慨是：意识到自己是自由的，有运用这种自由的信心。于是，慷慨产生了对自我的尊重，这种对自我的尊重，与其说是慷慨的前提，不如说是慷慨的结果（这是笛卡尔式的慷慨和亚里士多德式的崇高的区别）。前提是意志，只是意志：做个慷慨的人，就是知道自己有行好事的自由，并且愿意这样。对笛卡尔来说，什么时候都需要意志，而如果那意志是有效的，有了意志就什么都有了。慷慨的人不受情感束缚，也不受自我约束：相反，他是自己的主人，而当自己的主人无需借口，也不用寻找借口。对他来说，有意志就足够了，有美德就足够了。在这一点上，这与慷慨这个词的通常含义相符，就是《论激情》第156条解释的：“以此种方式表示慷慨的人是一些天生能干大事的人，但对他们感到无能为力的事却又一筹莫展。因为他们认为任何事情都没有做对别人有好处的事和忽略自己的利益伟大，所以他们对每个人都一向彬彬有礼、和蔼可亲（殷勤备至）。有了这个，他们就完全能够控制自己的激情，尤其是自己的欲望，不让自己嫉妒和羡慕别人……”慷慨是自私的对立面，正如大度是小气的对立面一样。这两种美德如同一个，正如这两种缺点如同一个一样。还有什么比自我更狭隘的吗？还有什么比自私更卑劣的吗？做个慷慨的人，就是要摆脱自我，摆脱卑劣的怯懦、卑劣的占有欲、无端的气恼和狭隘的嫉妒……笛卡尔在这里看到的不仅仅是所有美德的前提，而且看到了每个人的至善。他说过，这种至善仅仅在于“做好事的坚定愿望和这种愿望带来的满足”。笛卡尔还说过，慷慨带来的幸福调和了“古圣先贤两种非常对立和非常著名的观点”，即伊壁鸠鲁学派的观点（对他们来说至善是快乐）和斯多葛学派的观点（对他们来说至善是美德）。多亏了慷慨的调和，花园学派[1]和画廊学派[2]终于走到了一起。还有什么比享受自己的美好愿望更惬意的美德和更高尚的乐趣吗？在这里我们又发现了心灵的高尚：做个慷慨的人就是做个自由的人，而这确确实实是唯一的高尚。

至于了解这种自由是一种什么情况，那就是另一个问题了，那个问题与其说是道德的不如说是形而上学的，慷慨几乎不受它左右。有多少吝啬鬼是相信过自由意志的？又有多少英雄是不相信自由意志的？笛卡尔解释说，做慷慨的人，就是在那么多人只知道渴望、要求和索取的时候，做个能够想给予而且确实给予了的人……自由意志？毫无疑问，因为自由意志要它想要的！至于要知道自由意志是否也能想要别的东西，甚至提这样的问题是否有意义（人怎么可能想要不是自己想要的东西呢?），这个问题我已经在别的文章里充分论述过，在这部论述道德的著作里没有它的位置。不管意志是不是坚定不移，不管意志是必然的还是偶然的（按照爱比克泰德[3]或笛卡尔的意思，意志是自由的），它都不会不与自我的狭隘发生冲突，除了恩惠或爱，意志是唯一能够战胜自我的狭隘的。这种胜利就是慷慨，而意志是胜利的原因。

当然，我们可能更乐于见到的是，有爱就足够了。可是，如果有爱就够了，我们还需要表现得慷慨吗？爱几乎不受我们的能力左右，也不可能受我们的能力左右。谁决定爱？意志对感情能有什么影响？爱不受意志支配，慷慨受意志支配：只要想慷慨就可以慷慨。爱不取决于我们，这一点极为神秘，因此爱不划归为美德，因此爱成了恩

---

① 指伊壁鸠鲁学派，因该学派的人在伊氏购买的一座花园里活动。
② 指斯多葛学派，因该学派创始人芝诺曾在雅典广场的壁画廊里办过学。
③ 爱比克泰德（Epictetus，约55−130），古罗马哲学家，斯多葛学派代表人物。

泽，独一无二的恩泽。慷慨取决于我们，因此它是一种美德，因此它与爱有区别，在赠与的举动里都有区别，但通过赠与的举动，慷慨和爱相似了。

那么，慷慨就是不爱也赠与么？是的，如果爱无需慷慨就能赠与，就真是这样！哪位母亲奶孩子的时候觉得自己慷慨了？哪位父亲接二连三地给孩子买礼物时觉得自己慷慨了？他们所感觉到的倒可能是自己的自私，因为他们为自己的孩子做了这么多（出于爱？是的，但不能干什么都拿爱当借口），而对别人的孩子做得那么少，虽然别人的孩子比自己的孩子不幸得多或穷得多……爱的时候，赠与是任何人都能做得到的。这不是美德：这是辐射出来的恩惠，这是从生命或快乐中溢出来的多余之物，这是溢出来的幸福，这是溢出来的富裕。既然甚至什么都没失去，那还是赠与吗？爱的共同体把一切东西都变成共同的了，在这个共同体内还怎么能表现慷慨？蒙田指出过，真正的朋友之间“既不能借什么，也不能给什么”，因为一切东西“在他们中间都是共有的”。他还说过，法律同样“禁止夫妻之间互相赠与，意在由此得出结论，一切都应该属于他们之中的每一方，他们没有任何东西是可以分开的，一切都要分摊（共享）”。夫妻之间怎么能表现慷慨呢？如今法律改变了，这我知道，我也为此感到高兴，因为夫妻不得不在爱情消失以后依然生活在一起，或离异变单身继续生活，这都太常见了。可是，爱情，还有友谊，也变得这么厉害，到了我们总需要慷慨的程度了？蒙田还写道：“由于这样一些朋友之间真正做到了水乳交融，融洽得让他们失去了这样一些义务感，使他们恨含有‘分’和‘不同’一类意思的词，如：恩惠、义务、感激、请求、谢谢，以及类似的词，并将这类词从他们中间驱除……”谁都看得出来，慷慨也属于要驱除的，真正的友谊是不需要慷慨的。既然属于我的一切也都都属于他，我还能给他什么呢？有人会反驳我，而且反驳得有理，说这只对完美的友谊有价值，像蒙田似乎有过的那种，还会说这样的友谊太稀有了……但这也就让我得理了，至少在关键点上让我得理了：我们只在缺少爱的时候才需要慷慨，因此，我们几乎总是需要慷慨。

像多数美德一样，慷慨也以它的方式服从基督教戒律。爱人如己？如果我们能够做到这一点，慷慨还有什么用？那样我们可能就恰恰只需要对我们自己慷慨了（只在我们有时甚至连自己也不能爱了的时候，我们才需要慷慨）。如果我们自己都不能爱人如己，要求别人爱人如己又有什么用？我们只能要求人采取行动。所以，这就是说不爱，但要*好像*我们爱那样行动：对他人像对我们的亲友一样，对陌生人像对我们自己一样。当然，涉及不能转移的激情和特殊情感时，不是这样。但涉及行动时，行动都是这样。例如，如果你爱一个正在受苦或挨饿的陌生人，你会就那样呆在一旁而不去做任何帮助他的事吗？如果你爱这个穷苦人，他向你求助你会拒绝吗？如果你*像爱自己*一样爱他，你会怎么做？回答非常简单，直率得到了无情和不可思议的程度，那是个有道义感的回答，而这是美德所要求——或可能要求——的。爱不需要慷慨，遗憾的是，少了慷慨而又不会陷入利己主义和错误的，唯有慷慨。

我们喜欢爱，又不会爱：道德伦理就从喜欢爱又不会爱里产生了。这里就有了对情感的模仿，正如斯宾诺莎后来说的那样，每个人都着重模仿他所缺乏的情感……就像礼貌类似美德（举止彬彬有礼，俨然一位有德之士）一样，毫无疑问，任何美德都类似爱——无论如何道德伦理方面的美德是这样：行为高尚就是好像怀着满腔的爱一样在行事。不高尚装高尚，这就是所谓的礼貌。不会爱装会爱，这就是所谓的道德规范。儿童模仿父母，父母模仿他们的父母……世界是一座舞台，生活是一出戏剧，但舞台上的所有角色不都具有同样价值，所有的演员也不都具有同样价值。莎士比亚的名言：道德规范也许只是虚情假意，但没有道德规范就不会有好的戏剧。还有什么比哭或笑更认真更真实的吗？我们连哭笑都假装，而又不是在做游戏：我们所遵守的规则更多的是塑造我们，不是愉悦我们，塑造我们是为了应付最好的事和最坏的事。也可以说我们是在扮演一个角色，但这个角色就是我们自己：我们自己的生活，我们自己的故事。这中间没有一点任意性和偶然性。我们的身躯被欲望带进了我们的生活，我们的童年被爱和法律引向了我们的生活。因为欲望想的首先是索取。因为爱想的首先是吃，首先是狼吞虎咽，首先是占有。但是法律禁止这样做。但是爱禁止这样做，爱是给予，爱是保护。弗洛伊德受基督教的影响也许没有他认为的那么小。我们在吃奶的时候同时吸吮了爱，那爱刚好足以使我们明白，只有爱才能让我们满足（就像歌里唱的："没有爱我们什么都不是"）；同时明白了，从那个时候起，一路下来我们一直都缺少爱……美德就从这里产生了，尽管有时是近似的、有时是微弱的。这些美德是我们在没有爱的时候对爱表示的敬意，是在缺少爱的地方表示爱作为要求依然在起作用的标志，也可以说是在爱不起支配作用的地方依然占据统治地位的标志——甚至是在没有爱的时候爱依然起着支配作用（这就是所谓的价值观）的标志！

我说过，我们缺少爱，我们最真切的体验常常就是这样。

我们把这种缺失变成了一种力量，或多种力量，这就是我们所说的各种美德。

比如，这一点对慷慨而言特别有价值。作为需要，慷慨当然是在爱缺失的地方产生的，但爱又不是完全缺失，因为至少我们都喜欢爱（如同圣奥古斯丁的书里说的："我尚未爱过，但我喜欢爱"：我们总是处于这种情况），喜欢的程度在任何情况下都足以使爱作为模范或劝诫，在作为情感的爱未能获胜或未能发扬光大的地方继续起作用。既然我们在爱的时候会赠与，在没有爱的时候慷慨就劝我们向我们甚至不爱的人捐赠，尤其是在他们非常需要捐赠或者我们处境好能够帮助他们的时候。是的，情况就是这样：在没有爱因而不能由爱来指引我们的时候，就让急迫的需要和与爱近似的东西来指引我们吧！把这个称之为慈悲是错误的（因为真正的慈悲是爱，假慈悲是恩赐或怜悯），必须把这个称之为慷慨，因为它确实取决于我们，只取决于我们；因为它在这个意义上是自由的；因为它就是——针对受本能、占有欲和恐惧的束缚而言——自由，思想和行动上的自由！

当然，爱更有价值。因是之故，道德伦理并非一切，甚至不是最本质的。但慷慨比自私好，道义比懦弱强。

当然，如果把慷慨和利己主义的对立理解为慷慨彻底摆脱利己主义，那么，慷慨不是利己主义的对立面。怎么可能彻底摆脱呢？为什么必须摆脱呢？“由于理性不要求一点点违反自然的东西”，斯宾诺莎写道，“所以它要求每个人都要自爱，追求自身的利益和于己真正有用的东西，渴望一切真正能够使人变得更加完美的东西；一般来说，理性要求每个人都要竭力维护自己的生命，尽可能地维护。”人不会脱离快乐原则，因为人不会脱离现实。但这不是说所有的快乐都是价值相等的。快乐起决定作用。爱起决定作用。那么，慷慨是什么呢？“是一种欲望”，斯宾诺莎答道，“凭着这种欲望，人会只在理性的驱使下去竭力帮助他人，并在他和这些人之间建立友谊关系。”在这一点上，慷慨和坚定或勇敢（animositas）在表现魅力的两种场合中各擅胜场：“我把那些只瞄着行为主体好处的行为归结为坚定”，斯宾诺莎解释说，“而把也顾及他人利益的行为归结为慷慨。”可见，在上述两种情况下都有功利，而在这两种情况下也都有行为主体本人的功利。我们没有摆脱自我，或者说，我们只在首先保证自身需要的条件下才能摆脱自我。这个需要就是尽可能地、尽可能好地维护自己的生命，换句话说，就是“既要行动也要生存”。不见得总能做得到，有时候会差点死掉，甚至不可避免地差点死掉，因为宇宙是最强大的，这是每个人都知道而斯宾诺莎也不否认的。但是，宁死也不背叛、宁死也不放弃、宁死也不抛弃的人张扬的还是他的生命，张扬的是自己的生命，是他用以对抗死亡或无耻行径的生命力，只要活着他就是胜者，只要战斗或反抗就是有益的。斯宾诺莎一直在反复强调，美德就是自我肯定，就是对个人利益的追求；甚至连十字架上的基督都是这方面的显例。自身利益不是安逸舒适，也不是长命百岁；自身利益是最自由的生活，是最真实的生活。不是说要永生，因为谁也不能永生，而是要生活得好。如果没有勇气和慷慨，怎么能做到这一点呢？

我们会注意到，慷慨被定义为欲望而不是快乐，这就足以把慷慨和爱区别开了，或者也像斯宾诺莎所说的，和仁慈区别开了。很明显，快乐可以另外产生，甚至是被刻意追求的，因为友谊（慷慨倾向于友谊）不是别的，只是分享的快乐。而快乐或爱恰恰可以由慷慨而 生，不能把快乐或爱归结为慷慨或与慷慨混为一谈。为所爱的人做好事，无需“理智的命令”，所以也不需要慷慨：有爱就够了，有快乐就够了！可是，在爱阙如的时候，在快乐阙如或太少（而能使我们变得善良的同情心也没起作用）的时候，没有私心并因此使我们摆脱利己主义的理智还在，它会让我们明白，“对人来说，没有什么比人更有益的了”，任何恨都是不好的，“任何一个受理智引导的人，都会希望别人也得到他自己想得到的东西”。行为主体的利益和他人的利益在这里相遇了，而欲望在这里也变得慷慨了：要克服恨、怒、蔑视或羡慕——这些都只是悲伤或悲伤的起因——，有爱的时候用爱来克服，没有爱的时候用慷慨来克服。我可能在此处（涉及的是爱和慷慨之间的区别）曲解了这段模棱两可的文字，但没有曲解这段文字的精神，精神清楚明白：“恨应该用爱来克服”，悲伤应该用快乐来克服，而慷慨的功能——作为欲望，作为美德——就在于以此为目标，朝这个方向努力。慷慨是爱的欲望，快乐的欲望，分享的欲望，是快乐本身，因为慷慨的人为这种欲望高兴，至少喜欢他身上的这种爱中之爱。我们还记得斯宾诺莎的这个重要定义：“爱是一种由外因形成的观念伴随着的快乐。”因此，喜欢爱就是为想到爱存在或将要存在而高兴；但也是竭力使爱突然发生，也是慷慨本身：我通常都这么说，做慷慨的人，就是竭力去爱，并相应地行动。这样，慷慨就和怨恨（也和轻蔑、羡慕、愤怒，无疑地也和漠不关心……）对立起来了，犹如勇敢和恐惧对立，或者从总体上说，犹如魄力和意志薄弱对立，自由和奴隶状态对立。这还不是灵魂得救，因为这既没给我们至福，也没给我们永生；不过，这些美德却并不因此而不是我们的“首要事物”。它们属于斯宾诺莎所说的“生活的正直行为”，“生活准则”，“理性格言”，或简而言之，属于“道德观念”。因为，必须生活在善恶之外不是真的，我们做不到。说不苟言笑的人和检察官的道德伦理能够适合我们也不是真的。在这里，起作用的是通向爱的伦理学的慷慨这项道德。斯宾诺莎说过："积德行善，保持快乐"：爱是目的，慷慨是通往目的的道路。

休谟说过，如果慷慨是绝对的和普遍的，我们就可以不要正义了；我们已经看到，这样说确实是可以理解的。不过同样浅显的是，相反，即使正义已经很完善，也不能使我们丢掉慷慨：因此，我觉得，慷慨从社会的角度来说越不那么必需，从人性的角度来说就越珍贵。

有人会问，既然我们做到公正和慷慨的可能性极小，为什么还要做这样的比较呢？这是因为，尽管*极小*，却并非绝无，极小让我们感受到了它的微不足道，有时会让我们想去增加它……哪一种美德在开始的时候不是——尽管只是一点点——美德的欲望呢？

至于要搞清楚慷慨是像休谟所想的那样，来自最初的天生情感，抑或像斯宾诺莎或弗洛伊德曾经认为的那样，来自欲望和自爱的形成过程（特别是通过对爱的模仿和各种冲动的升华），这要由人类学家来定。不过，从道德伦理的角度来说，这一点并不重要。把美德的价值建立在美德的来源上，是对美德认识上的失误，犹如想凭美德的来源宣布美德无效一样。美德统统来自兽性，因而是从最低处来的（至少是从我们认为的最低处来的：很显然，万物所自的物质和虚无，包括兽性，在哪里都没有高低之分），我个人对此确信不疑。但这也意味着是这些美德提升了我们，所以和一切美德相反的东西无疑就是一种低级形式了。

可以这么说，慷慨提升我们和其他人接近，也提升我们和作为摆脱了小我的我们自己接近。语言提醒我们，说一个人毫无慷慨之心，说的就是这个人可能很低级、怯懦、偏狭、卑劣、悭吝、贪婪、自私、龌龊……而我们大家都是这样，不过不总是这样，也不完全是这样：把我们和这类东西分开的，或者说，有时让我们摆脱这类东西的，是慷慨。

最后请注意，像所有的美德一样，慷慨也是多种含义的，在内容上有多种含义，人们赋予它或用以指称它的名称也不止一个。与勇敢结合，慷慨可以是英雄主义。与正义结合，慷慨就成了公平。与怜悯结合，慷慨是和蔼。与仁慈结合，慷慨又成了宽容。不过，慷慨最美好的名字却是它尽人皆知的秘密：与温和结合，它叫善良。

八 怜 悯

怜悯名声不佳：人几乎都不愿意成为怜悯的对象，甚至不愿意感受怜悯。这一点就使怜悯和其他美德，比如慷慨，有了非常明显的区别。怜悯是与受苦者感同身受，而所有的痛苦都是不好的。怜悯怎么会好呢？

但在这里语言又提醒我们，别把怜悯太快地扔掉。我们在词典里可以看到，怜悯的反义词是：冷酷、残忍、冷漠、冷淡、心如铁石、麻木不仁……至少通过这种不同使怜悯变得可爱了。接着，几乎可以说是怜悯的同义词的，无论如何从词源学的角度来看是怜悯的异形同源词的，是*同情*。希腊文里的同情和拉丁文里的怜悯意思刚好一样。这应该引起我们对怜悯一词的关注：在同情起了那么伟大作用的世纪里，怜悯怎么会被这样误解呢？这很可能是因为人们重感情而轻美德。可是，若真像我试图揭示的那样，怜悯是属于这两个范畴，对怜悯又当做何想呢？怜悯不就是在这种模棱两可中觉察出自己的部分弱点和重要力量吗？

不过，我们先得简略地谈谈同情。什么样的品质比同情更诱人？什么样的感情比同情更招人喜欢？两者的融合已经很独特，变成了一种魅力：同情既是一种品质（当人激起同情心的时候，*表现*出同情心的时候），也是一种情感（当人感受到同情心的时候，*有*同情心的时候）。由于这种品质和这种情感几乎根据定义就是互相呼应的，所以，同情在两个人之间、常常也是在双向上产生的效果，就像是一种机缘巧合。这是生命中的微笑，就像命运送来的一件礼物。然而同情说明不了什么，这是尽人皆知的，不过它也不能说明更多的东西。坏蛋能有同情心吗？当然能，乍一接触的时候觉得有，甚至多接触一些时候仍然觉得有。不过我们也都知道，坏蛋也可以有礼貌、忠诚、谨慎、有节制、勇敢……那他为什么不会偶尔显得慷慨、得机会时表现一下公正呢？然而这就要像亚里士多德所说的那样，在完整美德和部分美德之间进行区分了；完整美德，像正义和慷慨（坏蛋只能时不时地表现一下公正或慷慨，至少从这一点上来看就不能算是个公正或慷慨的人），足以确定一个人的价值；而部分美德，孤立地去看，都和大部分恶习与无耻行径并存。坏蛋可以忠诚而勇敢，但假如他总公正而慷慨，他就不是坏蛋了。坏蛋有同情心这种假设，已经不再是个假设了，所以它只证明同情心不是完整美德，这一点很清楚，但它不能证明同情心根本就不是美德，这一点还有待研究。

同情是什么呢？是分担他人的感情（同情就是共同感受，或者以相同的方式感受，或者彼此互相影响），以及由此产生的快乐或诱惑。因此，正如马克斯·谢莱[①]清楚地看出来的那样，同情的价值也只不过和这些感情的价值相当，如果这些感情还有点价值的话，但无论如何也不能把它们的价值颠倒过来。“分享某人看到恶时产生的快乐，……分担他的怨恨、恶毒、幸灾乐祸——所有这一切当然都毫无道德可言。”所以，这样的同情不是美德：“简单纯粹的同情完全不考虑别人感情的价值和品质，……这样的同情在其所有的表现中对价值都从原则上就是完全冷漠的。”同情别人，就是感同身受。这当然能为道德开路，因为这至少已经部分地跳出了自我的牢笼。需要了解的是*同情什么*。分担他人的怨恨，那你就成了个心怀怨恨的人。分担他人的残忍，那你就变得残忍了。因此，同情施虐者的人所分享的就是虐待狂的快乐，感受虐待狂感受的兴奋，也分担他的罪恶，或者至少要分担他的恶毒。同情恐怖，是恐怖的同情！

我们一下子就明白了，怜悯完全是另一回事。但怜悯是同情的一种形式：怜悯是对痛苦或悲伤的同情，换言之，怜悯是分担他人的痛

---

① 马克斯·谢莱（Max Scheler，1874–1923），德国哲学家。

苦。不过是这样：如果所有的痛苦不是都有价值，甚至还有恶意的痛苦（面对他人的幸福，嫉妒心强的人的痛苦就是这样），但痛苦并不因此就不是痛苦了，而所有的痛苦都值得怜悯。这里有个十分明显的不对称性。任何快乐都是善，但远非总是合乎道德的善（我们的大部分快乐在道德上都是无足轻重的），甚至在道德上是不能接受的善，这只要想想施刑人的快乐就能明白。因此，分享快乐的同情也就和所说的快乐价值相等了，或者更确切地说，假如这种同情有时还更有价值些（分享他人的快乐，即使是在道德上无足轻重的快乐，可以是值得称赞的，因为它是嫉妒的对立面），也仅仅是在一定范围内，即这种快乐在道德上不是堕落的，就是说不是受怨恨或残忍支配的。所有相反的痛苦都是恶，道德上的恶，当然不总是在道德上该受谴责的（很多痛苦是无辜的，而另一些痛苦是高尚或英勇的），不过在这一点上痛苦在道德上永远是令人遗憾的：怜悯就是这种遗憾，或者更确切地说，这种遗憾是怜悯的最低形式。

“分享A看到B倒了霉而感到的快乐，是有道德的表现吗？”马克斯·谢莱问道。当然不是。但分担B的痛苦，那就一定是！

然而，如果B的痛苦是恶意的痛苦，比如说他是因为看到C幸福才痛苦的，情况是不是还一样呢？怜悯的回答是肯定的，正是这一点使怜悯变得是那样的以慈悲为怀。分担他人的痛苦，不等于赞成他这个人，也不等于赞成他痛苦的理由，不管理由是好是坏：是拒绝把痛苦当成一件无关紧要的事，不管是什么样的痛苦；是拒绝把一个活生生的人当成一个物件，不管他是个什么样的人。因此，怜悯在原则上是普世的，由于不考虑对象的品行，怜悯就更合乎道德，正是在这一点上怜悯通向慈悲。在快乐与痛苦之间，永远都有同样的不对等性。与行刑者分享乐趣，分享他这种恶意的快乐，是赞成他的罪行。但是，对行刑者的痛苦或疯狂，对他身上太多的怨恨、太多的凄凉、太多的烦恼心生怜悯，却是无辜的，是与折磨他的那种恶无关的；起码是拒绝在怨恨上添加怨恨。耶稣怜悯杀害他的刽子手，菩萨怜悯恶人。这样的例子使我们相形见拙吗？他们的高尚可能使我们相形见拙，但这也就让我们感觉到了他们是如何高尚。怜悯是残忍的对立面，残忍以他人的痛苦为乐；怜悯也是利己主义的对立面，利己主义不关心他人的痛苦。因而残忍和利己主义肯定是两种缺点，因而怜悯肯定是一种优点。是一种美德吗？东方（尤其是信佛教的东方）回答是，可能还是各种美德中最重要的。至于西方，回答就不那么肯定了，因此必须进行一番简略的探讨。

从斯多葛派到汉娜·阿伦特[1]（包括斯宾诺莎和尼采），都一直没完没了地对怜悯——或者用贬损怜悯的人最常用的词“可怜”——提出批评。批评几乎都总是善意的，常常也是正当的。可怜是直面别人的悲伤时生出的悲伤：可怜于别人的悲伤无济于事，别人的悲伤依然存在，也不能证明自己的悲伤有道理，只是在别人的悲伤之上多加了一重悲伤。可怜只不过从量上增加了世界的痛苦，正是这一点使可怜受到了谴责。干嘛要在悲伤之上堆积悲伤、在不幸之上堆积不幸呢？斯多葛派的人说过，智者不可怜别人，因为他们没有悲伤。当然不是说他们不想救助身边的人，但救助无需可怜：“与其可怜那些人，能救助的时候为什么不去救助他们呢？我们不能在没有可怜的感觉时慷慨吗？我们没有义务把别人的悲伤当做自己的悲伤；但是，如果能够做到，我们有义务把别人从悲伤中解脱出来。”（西塞罗语）所以，重要的是行动而不是冲动，重要的是慷慨而不是可怜。是的，有慷慨的时候，慷慨足够的时候，是这样。可是，若是没有慷慨或慷慨不够的时候呢？

在这些方面，斯宾诺莎很接近于斯多葛派。不管是出于赞成还是反对，常常有人引用斯宾诺莎谴责 可怜 的这段话：“在理性引导下生活的人身上，可怜本身是坏的，无益的”，所以智者要“竭尽全力不被可怜打动”。这话说出了某种实质。可怜是悲伤（这是一种通过模仿或认同他人悲伤而生的悲伤）。而好的是快乐，正确的是理性：爱

---

① 汉娜·阿伦特（Hannah Arendt，1906–1975），原籍德国的美国理论家。

和慷慨而非可怜应该推动我们去帮助自己的同类；有爱与慷慨就足够了。至少，在智者身上是这样，就是说在斯宾诺莎经常说的“只按照理性的指引生活”的人身上是这样。智慧可能就通过这一点被辨认出来了：这是一种纯粹的直面真实，这是一种没有悲伤的爱，这是一种淡薄，这是一种从容欢快的慷慨……可是，谁是智者？对其他所有的人来说，而这是人们经常忘怀的，就是说对于我们大家（因为没有哪个人是不折不扣的智者）来说，可怜总比它的对立面好，甚至比没有可怜好。斯宾诺莎字斟句酌地说：“我这里特别强调的是在理性指引下生活的人。对于既不会受理性也不会受可怜驱使向别人伸出援手的人，人们可以恰如其分地称之为无情之人，因为他不像人。”因此，可怜虽然算不上美德，“却是好的”，可以说跟羞耻或后悔一样好，因为它是善和人道的因素。不管你怎么评论斯宾诺莎，他在这里是和尼采对立起来了：问题不在于推翻各种价值观或等级，而仅仅是学会在欢乐中——就是说通过爱或慷慨——实践有教养的人在悲伤中即通过义务或可怜实践的东西。“这里有一种使生活变得阴郁的善良”，阿兰1909年在一篇斯宾诺莎色彩极浓的文章里写道：“这种善良是悲伤，通常被称之为‘可怜’，是人类的一种灾难。”对。但这总比残忍和自私好，就像蒙田和斯宾诺莎都看见过的，就像阿兰所肯定的：“很明显，不公正、没头脑的人身上的可怜，比没教养的人身上的麻木不仁好。”这一点还没有把可怜变成美德：这只是悲伤和冲动。阿兰后来还说过：“可怜不能行之久远。”但这总比什么都没有强：这仅仅是个开始，但毕竟是个开始。在这个问题上，斯宾诺莎可能是最能使人豁然开朗的。在智者的道德伦理和普通人的道德伦理之间，说到运用感情，肯定是有重要区别的（一边是义务和可怜，另一边是爱与慷慨：悲伤或快乐）；至于行动，区别就不大了：爱摆脱了法律但没有破坏法律，而且相反，还把法律铭刻在“内心深处”。法律？什么样的法律啊？唯一被斯宾诺莎当做自己的法律的，是由正义和仁慈构成的法律。这一点在智者身上有理性和爱就足以实现；但在普通人身上，要由可怜来引导。谁要是主张不要可怜，那他就是过于自负了！

尽管如此，我还是没有十分的把握，说可怜或悲伤已经把我理解的怜悯完全涵盖了。会不会还存在着另一种怜悯呢？这种怜悯，即使不是快乐的，至少也是积极的，少些痛苦，多些亲切的无拘无束，少些悲伤，多些关怀，少些冲动，多些耐心和倾听。这可能就是斯宾诺莎所指的 *misericordiai*，即通常所译的宽恕了。这是最容易懂的译法，但我觉得这和我所理解的怜悯更为接近（因为作为宽恕实质的过错和原谅的概念在这里没有出现），我因此将把我所理解的怜悯的定义翻译为："怜悯（*misericordia*）是爱，是对人的这样一种感情：因他人的幸福而快乐，也因他人的不幸而悲伤。"确实，在通常的意义上，怜悯几乎排他性地只用在他人不幸的时候，而不用在他人幸福的时候。不过，斯宾诺莎好像有点犹豫，因为他也很奇怪地对我们说过，在 *commiseratio* 和 *misericordia* 之间，即在我们翻译的可怜和怜悯之间，"似乎没有任何区别，如果有，可能就是可怜与特别的异常心态变化有关，而怜悯与感受这种异常心态变化的习惯情绪有关。"我说了，这很奇怪，因为这等于假设可怜也应该能不仅因他人的不幸而悲伤，而且应该像怜悯那样，因他人的幸福而快乐，这就超出了这个词的通常用法，甚至超出了斯宾诺莎的用法。不过，说到底，如果大家在定义上意见一致了，习惯用法又有什么了不起呢？在可怜和怜悯的两种相似的定义中使我受到启发的，是可怜被定义为悲伤，而怜悯被定义为爱，就是说，首先被定义为快乐。这并没有去掉怜悯中的悲伤，那种每个人都能体验到的悲伤（在我们因某人的存在而高兴，就是说，在我们爱这个人的时候，看到他痛苦我们会感到悲伤），但我觉得改变了悲伤的方向，也改变了悲伤的价值。因为爱是快乐，即使悲伤在可怜中像在怜悯中那样占了上风，至少也还是伤而不怨，或者怨的只是不幸，而不是不幸的人，而悲伤更关注的是帮助这个人，而不是瞧不起他。生活太艰难了，人太不幸了，这种情感不能不成为必须和正当的。我经常说，真实的悲伤胜于虚假的快乐。还必须补充一点：带伤感的爱——这恰恰就是怜悯——胜于快乐的恨。

是不是最好有一种快乐的爱呢？当然：最好有智慧或圣明，最好有纯洁的爱，最好有仁慈！扬科列维奇写道："怜悯是一种反应性的或曰第二性的仁慈。作为爱，怜悯需要别人痛苦，它是伴随着残疾人的衣衫褴褛和悲惨景象而生的。可怜是尾随不幸而来的：作为爱，可怜只在他人可怜兮兮的时候才出现，对别人的体恤也只在别人悲惨的时候才发生！仁慈则相反，是自发的……仁慈用不着等看到他人穿得衣衫褴褛才发现他悲惨；说到底，他人可以而且应该被爱，即使他不是不幸的……"对，毫无疑问，可这太难了！从本质上说，不幸超越了嫉妒，可怜超越了怨恨：这就大大减少了爱他人的障碍，大大减少了痛苦地接近他人的障碍！正因为是反应性的，投射的，和对象是同为一体的，怜悯也许才是爱里最低级别的，但也是最容易做到的。尼采挺有意思，他想让我们对怜悯不感兴趣。就好像我们还没对怜悯不感兴趣似的！就好像摆脱怜悯不是我们最强烈最自然最自发的愿望似的！谁自身的痛苦少啊？谁不想忘记别人的痛苦或对别人的痛苦无动于衷啊？沃韦纳格[1]就比斯宾诺莎清醒："吝啬鬼私下里嘀咕：穷人不幸我有责任吗？于是他就把令他不快的恻隐之心抛得远远的。"没有恻隐之心可以生活得很好，至少那些生活得很好的人可以生活得更好。可是，生活得舒适就是目的吗？而且，这样的生活就是标准生活吗？如果像随便哪个蛊惑人心的家伙一样，为了安抚就顺着毛抚摸我们，进行哲学探讨又有何用？叔本华深刻多了，他在怜悯中看到了道德观念的卓越力量及其价值的根源，这个根源是不可逾越的，也是不能逆转的！怜悯和残忍这个最大的恶直接对立，和众人所遵循的利己主义原则直接对立，能够更稳妥地引导我们，胜过宗教某一条戒律或哲学家的某一句箴言。我们能不能使怜悯改变方向，像叔本华所希望的那样，让它直奔正义和仁慈这两种美德呢？我觉得不可能完全做到。正义和仁慈是高尚的美德，要求人类或文明有可观的发展。谁能知道，如果没有可怜，正义和仁慈最终能否实现呢？

---

① 沃韦纳格（Vauvenargues，1715-1747），法国作家、道学家。

让我们依然按照叔本华的观点顺便指出，怜悯对于动物也是有益的。我们的大部分美德针对的都只是人类，这是美德的崇高之处，也是其局限所在。怜悯则相反，是对所有遭受痛苦之物的普遍同情：如果像我想的那样，我们对动物担负着义务，这首先是出于怜悯或就在怜悯这一点上，这样一来怜悯也许就成了我们最为普遍的美德。有人会说，我们也能够爱动物，而且能对动物表现出忠诚或尊重。没错。在西方，阿西西的圣方济各为我们作出了榜样，东方的事例更多。可是，把我们对动物可能有的感情和我们对人类的感情混为一谈，总有些不妥；很明显，对人类的感情高级，要求也更严格。我们对朋友不能像对自己的狗那样忠诚，对一个人，哪怕是陌生人，也不能像尊重一只鸟或一头鹿那样尊重。可是，一涉及怜悯，这种明显的区别就变得模糊了。打孩子一记耳光或折磨一只猫，哪个更恶劣？如果像我倾向于认为的那样，折磨猫的行为更严重，那就必须从中得出结论，说在我们所考察的这个例子里，那只不幸的动物更值得怜悯。在这里，占上风的是痛苦而不是人畜分类，是怜悯而不是人道主义。这样一来怜悯就成了一种特别的美德，使我们不仅面对人类时要怜悯，面对一切有生命之物、或者至少面对那些正在遭受痛苦的有生命之物时也要怜悯。在怜悯的基础上建立或由怜悯培养起来的这种智慧，可能是各种智慧中最普遍的，就像莱维·斯特劳斯[①]认为的那样，而且也是最必不可少的。这就是佛陀的智慧，但也是蒙田的智慧，是真正的智慧。这是一切有生命之物的智慧，没有它人类的一切智慧就显得太过人类了，或者更确切地说就太少了。作为一种美德，人道几乎就是怜悯的同义词，这就道破了人道和怜悯的实质。对畜生能够人道，应该人道，是人类可以冒称具有的最明显优势，条件是要永远无愧于这种优势。怜悯完全缺失，就是不人道，而只有人可以不人道。在这里，新人道主义有了立身之地。这种新人道主义不是对与之相关的本质或权利的排他性享受，而是对另一个人——不管这个人是谁——的痛苦加

---

①莱维·斯特劳斯（Levi-Strauss，1908-2009），法国人类学家。

诸我们的要求或义务的排他性感知——直到有了相反的证明。这是宇宙人道主义：怜悯的人道主义。

叔本华大段地引用卢梭的话，而莱维·斯特劳斯，正如我们知道的那样，更是强调自己是以卢梭为依归的。事实上，不提卢梭也难，因为他是首先清楚明白地说出问题实质的人之一；另外，这种实质至少在今天已经和公众的经验或感受一致起来了。应该重读《第二次演讲》里的这个精彩段落，卢梭在其中揭示出，可怜是所有美德中的第一项美德，而且是唯一的天生美德。卢梭说，这是因为，可怜在成为美德之前是一种感情，“天然的感情”，因为这种感情可能来源于自爱（通过与他人认同），所以就显得尤其强烈，使任何人都会“因为看到同类受苦心生反感而克制住自己发财的热情”。怜悯无边无岸，或者说除了痛苦没有别的边岸，因为所有感受到痛苦的，就都在某种程度上成了我的同类。怜悯，是在痛苦中感情上的相通；这种不计其数的共同体将其法则加诸我们，或者更确切地说，将其法则推介给我们，这个法则就是温和：*“尽可能地以他人的最小损失来创造你的财富。”*（卢梭语）这样，可怜就如芒德维尔[①]所认为的那样，使我们和野蛮划清了界限，而对卢梭来说就成了美德之母，一切美德皆由此而生：

> “芒德维尔的感觉是对的，如果大自然不把支持理性的可怜赋予人类，仅凭人类的伦理，人永远都只能是些没有心肝的恶人。但他没有看到，他想从人身上夺走的一切社会美德，都是从这一仅有的品质中生发出来的。事实上，什么是慷慨、宽容和人道？不就是向弱者、罪犯或从总体上讲向人类所施的可怜吗？仁慈甚至友谊终究不过是固定在一个特定对象身上的稳定的可怜的产物：因为，想让某人不受苦，难道不就是希望他幸福吗？”

---

① 芒德维尔（Mandeville，1679–1733），英国哲学家、政治经济学家。

我不知道人能不能达到这么高的水平，其实我也不希望把所有的美德都归结为唯一的一种。干嘛非要这种唯一的优势呢？但我确信不疑的确实是这一点：和可怜对立的是残忍这种坏，是自私这种恶。和慷慨一样，这种对立也不能证明可怜本身完全摆脱了残忍和自私。相反，从亚里士多德起，认为在可怜里看到了“不幸，当我们猜想不幸可能降临我们自己或亲人身上时我们会成为目击者的那种不幸……”就已经是个老生常谈的话题了。可怜只是一种投射性的或转移的利己主义：这实际上是“我们自己所怕的东西引起了我们对正在经受这种东西磨难的人的可怜，因为我们明白，同样的磨难也可能降临到我们头上。”（亚里士多德语）为什么不能呢？可是，这又能改变什么呢？但我们感受到的可怜却并不因此而不真诚，我们还要顺便指出，可怜其实还要为不可能降临到我们身上的不幸继续存在。一个孩子的夭折，孩子父母撕心裂肺的痛苦，也会让膝下无儿的老头十分难过。这是绝对无私的情感吗？我不知道，也不在乎它是或者不是。但这是真实情感，是真正的怜悯。剩下的就是自我的小把戏了，这种小把戏和别的小把戏差不多，也没什么价值。谴责爱情或否认爱情存在也是这样，借口就是爱情可能总与某种性冲动联在一起。涉及爱情的时候，弗洛伊德没这么愚蠢，为什么在涉及怜悯的时候我们会更愚蠢呢？

至于怜悯与残忍的关系，虽然更不合常理，却也并非不可思议：首先，因为两重性无处不在，即使在我们的美德里也无处不在；其次，因为可怜本身能够引起残忍或使残忍变得可能。汉娜·阿伦特说到法国大革命时曾经指出过这一点（“从作为美德的动力这个角度来看，可怜表现出来的残忍潜能大于残忍本身所具有的潜能），如果这话不是对可怜和大革命的绝对谴责，却说明在某种程度上对可怜和大革命保持警惕是正确的：可怜把我们和最坏的东西分割开了，或对立起来了，但这并不妨碍可怜有时也会把我们引向最坏的东西。可怜不是保证书，也不是万灵药。不过，汉娜·阿伦特明确指出的是，可怜只能以其不切实际的空想为理由为它在恐怖时代[1]的暴力和残忍进行辩解：出于对那些总体上不幸的人即十八世纪所说的民众的可怜，就毫不犹豫地多制造了几个不幸的个人……对汉娜·阿伦特来说，*可怜*和*怜悯*的区别在于：和可怜相反，怜悯“只知道个别而不了解整体”；因此只能体会到单个人受的苦，也就*更谈不上*“受整个一个阶级的痛苦的感召了。”可怜是抽象的，概括的，夸夸其谈的。怜悯是具体的，个别的（就如同我们像耶稣一样“有能力对每个人表示怜悯，即不把他们集合成一个像受苦受难的人类那样的实体”，像可怜所做的那样），刻意沉默的。面对怜悯的无比仁慈，可怜的暴力，有时是可怜的残忍，就这样产生了。如果我们接受这样的区分，我们就可以说罗伯斯皮尔和圣鞠斯特[2]代表了可怜（对就整体而言的穷人），缺少了怜悯（对作为单个人的大革命的反对者或假想的反对者）。但在那个时候，这种可怜只不过是一种抽象的感情（斯宾诺莎的说法是：想象出来的感情），而怜悯才是美德。

我倒很乐意提出另一种区分，在这两个基本概念之间，对汉娜·阿伦特所建议的概念作一点补充（不是替代）：我觉得，可怜总是带有或多或少的轻蔑，至少，可怜别人的人心里总有一种优越感。可怜里有某种自得，突显可怜对象的不足。我想用*可怜的*这个形容词的的双重含义来证明我的说法。这个形容词首先指的是生性容易产生可怜的人，能够感觉到可怜的人，但也指、而且越来越指可怜的对象或值得可怜的人。而在后面这种意义上，*可怜的*这个形容词就明显地有了贬义，差不多就成了*智力差的*、*可怜兮兮的*或*令人蔑视的*同义词。而怜悯里没有一点这类东西。*怜悯的*指的只是心生怜悯的人，而没有与之相对应的任何被动形容词（比如就没有*可怜悯的*这样的形容词）。这可能是因为怜悯对怜悯的对象不作任何确定的价值判

① 指法国大革命1973年5月至1974年7月这段时间。
② 罗伯斯皮尔（Robespierre，1758–1794）和圣鞠斯特（Saint–Just1767–1794）都是法国大革命时期激进的雅各宾派的领导人，同日被捕，也都上了断头台。

断：你可以对你所欣赏的表示怜悯，也可以对你谴责的表示怜悯。相反，我觉得我们从来都是只对我们所敬重或多少有点敬重的东西感到怜悯：这是不一样的，这至少是我所提出的区分，不再是怜悯的区分，而是可怜的区分。我觉得这样的区分是忠实于语言本意的。对一个十分痛苦、比如说得了重病的人，我们可以表示怜悯或同情。我们大概不敢对他表示可怜，那会被看做蔑视或冒犯。可怜是一种居高临下的感觉。怜悯则相反，是一种平等的感情：它只在平起平坐的人之间才有意义，或者说得更确切些，怜悯实现了受苦的人和分担其痛苦的人之间的平等，后者在他身旁，因而和他处于同一水平。从这个意义上讲，没有蔑视的成分就没有可怜，没有敬重就没有怜悯。

这可能就是阿兰写这句话时要表达的意思："精神无可怜，也不能有；使精神脱离可怜的是尊重"。如果把精神理解为冷酷无情的，认为精神永远不会让步或可怜，它当然不是冷酷无情的。可是，精神怎么能可怜它所尊重或敬重的东西呢？因此，阿兰还写道："可怜是肉体的，不是精神的"：精神（尊重的精神，忠实的精神）只能感受怜悯。我们不要因此而掉进宗教的唯灵论的陷阱。严格说来，不是精神有怜悯或尊重：是尊重和怜悯*创造了*精神。因此，精神生于痛苦：因自身痛苦而生者是勇敢，因他人痛苦而生者是怜悯。

所以我们要避免把怜悯和恩赐混为一谈，要避免把怜悯和一些从讽刺意义上来理解的词，诸如善举和仁慈（用于*救济*的意思时）或施舍等混为一谈。比如我们可以像斯宾诺莎那样想，关照不幸的人，是国家的事，不是个人的事：因此，要克服贫困，*制定政策*比*搞救济*好。我是同意这种观点的。即使我把自己的东西倾其所有地都给了穷人，搞得我和他们一样穷了，又于事何补？到头来还是不能改变贫困。社会问题，要社会来解决。怜悯和慷慨一样，比如说也可以用来证明为*增加*税收和善用税款而斗争是正确的，比起给这个一点小钱给那个一点小钱来，这样做无疑更有效（对我们中间的很多人来说，这样做的代价更大，因而也更显慷慨！）。但这样做了以后，面对穷人或被社会排斥的人，我们仍然需要有一种亲如兄弟的态度，要尊重，要随时准备伸出援手，要有同情心，简而言之，要有一股怜悯之情——这种怜悯之情另外也还可以用斯宾诺莎所谓的具体善举来表达，或用团结一致的具体行动来表达，因为政策不足以解决一切问题。在这里，每个人都要根据自己的能力和能够表现出来的那一点点慷慨，尽其所能，或者更确切地说，尽其所愿。自我起主导作用，起决定作用。但又不全靠自我，而这就是怜悯的意义所在。

怜悯是一种感情：作为感情，怜悯可以感觉得到或感觉不到，但它不取决于自己的意志。因此，正如康德提醒我们的那样，怜悯不可能成为一种义务。但感情并不是只能忍受的宿命。爱不受控制，但可以培养。怜悯也一样：感受怜悯不是义务，康德解释说，但培养自身感受怜悯的能力是义务。在这一点上，怜悯也是一种美德，就是说，是一种努力、能力和优秀品德。不管怜悯是什么——感情还是美德，悲伤还是力量——都能解释卢梭和叔本华在怜悯中看到的优点，不管他们看的对不对（可能是对又不对）：怜悯是那种可以使人由此及彼的东西：从情感范畴向伦理范畴过渡，从感觉到的向希望的过渡，从自己现在的样子向应该是的样子过渡。有人会说，爱也能完成这种过渡。有这个可能。但爱不是我们所能企及的，而怜悯我们能够企及。

我说过，怜悯是佛教东方的大德。我们知道，仁慈——这一次取的是就这个词的褒意即仁慈——是基督教西方的大德，至少在口头上是这样。需要选择吗？既然两者不互相排斥，为什么还要选择呢？如果必须选择，那我觉得可以这样说：如果我们能够做得到，仁慈肯定更好；但怜悯和仁慈相似（在喜悦这一点上），更容易接近，而且能把我们引向仁慈。谁能肯定自己真正有过仁慈的冲动？而怜悯的冲动，谁会怀疑自己有过？应该从最容易的开始，可叹的是，我们在天赋上都是易于悲伤而难于快乐的……把勇气给所有的人，也把怜悯留给自己。

或者换一种说法：基督的启示是爱，更振奋人心；而佛陀的教导是怜悯，更有现实意义。

“去爱吧，做你想做的事”（圣奥古斯丁），那么——或者也可以说：去怜悯吧，做你该做的事。

九 仁慈

我是把仁慈这个词当做宽恕的美德来使用的，——或者更准确地说，是当做宽恕这种美德的本质来用的。

事实上宽恕是什么呢？如果像某种传统要求我们做的那样，把宽恕理解为抹掉错误，对错误视而不见，像不曾犯过错误一样，这是一种我们所不具备的能力，或者说是一种最好去避免的愚蠢。过去是不能改变的，所有的事实都是永恒的：笛卡尔指出过，即使是上帝也不能把已经做过的事搞得像没做过的一样。我们就更不行了，不能强人所难。至于忘记错误，除了这常常是对受害者缺乏忠诚（应该忘记纳粹的罪行吗？应该忘记奥斯维辛集中营和奥拉杜尔村[①]吗?），也几乎总是一种愚蠢行为，因此是不明智的。朋友出卖了你，你依然对他信任有加，这明智吗？你的一个供应商欺骗了你，换个供应商就不道德吗？主张这么做的人是在说空话，是在炫耀一种十分盲目或十分幼稚的美德。斯宾诺莎有句名言：当心！他说这话不是鼓吹反对仁慈。他的传记里说，在被一个宗教狂热分子用匕首刺伤之后，他把刺出洞来的衣服终生保存了下来，为的是不把这件事忘记，也可能是要把这件事当做教训记取。这并不意味着他没有宽恕（后面我们会讲到，在某种意义上说，宽恕是教义要求的组成部分），而只是表明宽恕不是把事情抹掉，宽恕不等于忘记。那么，宽恕是什么呢？是不再记恨，而事实上这就是仁慈的定义：仁慈是战胜怨恨、正当的仇恨（因此仁慈比正义走得更远）、遗恨、复仇或惩罚的愿望的美德。所以这种主张

---

① 1944年6月10日，纳粹党卫军对法国奥拉杜尔村居民实行大屠杀，共杀害村民642人。

宽恕的美德，不是通过把错误或冒犯抹掉来宽恕，这是我们做不到的，而是像人们所说的那样，通过终止恨冒犯或伤害过我们的那个人来宽恕。这不是宽大，宽大只是放弃惩罚（人能够恨而不罚，就像罚而无恨一样）；不是怜悯，怜悯只同情受苦的人（人可以有罪而无痛苦，就像痛苦而无罪一样）；最后，也不是赦免，如果把赦免理解为一种将罪行或错误一笔勾销的能力的话——这种能力只能是超自然的。仁慈是一种独特而有局限性的美德，难能可贵，所以值得称赞。我们大家都犯了太多的错误，我们也太悲惨，太软弱，太卑劣，这项美德不能不成为必需的。

让我们再回过头来简略地说说仁慈与怜悯的区别。我们已经看到，怜悯是痛苦引起的，而大部分痛苦都是无害的；仁慈涉及的是过错，而很多过错都是不会引起痛苦的。所以，仁慈和怜悯完全是两种不同的美德，所涉及的对象彼此也不怎么重合。确实，痛苦的人更容易得到宽恕，哪怕他的痛苦和他的过错无关（尤其是他不后悔）。仁慈是怨恨的对立面，而怨恨也是一种恨。可是，谈怜悯的时候我们已经看到，对正感受着撕心裂肺痛苦的人，几乎不可能恨得起来：我说过，可怜超越了恨，而在这一点上，怜悯没有和可怜混混为一谈，确实可以把人引向仁慈。有时反过来可能也是真的（一旦不再恨，怜悯就很容易产生）；但怜悯更感性、更自然、更自发，几乎总是先出现的冲动。仁慈来得比怜悯难，也更稀少。

这是因为仁慈需要反省，而可怜根本用不着反省。仁者思考的是什么呢？是在反省有过很多罪恶的自身吗？有这个可能，照《圣经》上说的，罪恶使他打消了投掷第一块石头的念头[①]……但这种由认同而生的仁慈，只在认同成为可能的时候才起作用，即只在有共同过错、或过错可能变为共同的时候才起作用。所以我可以宽恕小偷，因

---

① 《约翰福音》里说，法利赛人带来一个犯了通奸罪的妇女……耶稣说："你们之中，谁没犯过罪，就可以第一个拿石头砸她。"

为我也偷过（年轻时偷过书）。我可以宽恕撒谎的人，因为我也可能撒谎。我可以宽恕自私的人，因为我也自私。我可以宽恕胆小鬼，因为我也可能成为胆小鬼。可是，能宽恕强奸儿童的人吗？能宽恕施酷刑的人吗？过错一旦超越一般限度，认同就失去了力量，甚至是无法接受的了。原来，呼唤仁慈的，主要是这类罪恶，而且是其中最令人毛骨悚然的罪恶。如果只涉及吵架，还要宽恕干什么？如果只是为了宽恕无需仁慈也可以宽恕的，还要仁慈何用？

所以一定还需要认同以外的东西，但那又是什么呢？爱？当爱存在的时候，当过错被发现之后爱依然存在的时候，爱显然会带来仁慈，但爱也会使仁慈失去意义。宽恕是不再恨，是放弃复仇。因此，爱甚至没有什么要宽恕的，爱总是已经宽恕了，总是会宽恕的，爱只在这种条件下存在。不恨的时候，怎么终止恨？心里没有一点点怨恨需要克服的时候，宽恕什么？爱是仁慈的，很自然，本身算不得一种特殊美德。“只要爱就会宽恕”，拉罗什富科[①]就是这样说的。可是，当我们爱的时候，我们用来爱的不是仁慈，是爱。为人父母的都知道这一点，孩子有时也知道。无限的爱？不是，因为做不到。但可以是无条件的爱，好像不受任何可能的过失的影响，不受任何可能的冒犯的影响。“你不宽恕我什么呀？”小家伙问父亲。而父亲竟找不出孩子身上有什么不能宽恕的。没有，即使是最坏的事也不是不可宽恕的。父母对孩子没有什么是需要宽恕的：在他们身上，爱代替了仁慈。孩子要宽恕的是父母，如果孩子现在或将来能够宽恕他们的话。宽恕什么呢？太多的爱和自私，太多的爱和愚蠢，太多的操心和烦恼……或者爱得太少，爱得太少同样需要宽恕。这不就是长大成人了么？我很喜欢奥斯卡·王尔德[②]《道连·格雷的肖像》里的警句：“孩子从爱父母开始；长大以后，就要对父母评头品足了；有的时候，他们会宽恕父母。”能宽恕父母的孩子是幸福的，因为仁慈的人是幸福的！

---

① 拉罗什富科（La Rochefoucauld，1613–1680），法国作家，《箴言录》的作者。
② 奥斯卡·王尔德（Oscar Wiilde，1854–1900），英国作家、诗人。

我还想说的是，在家庭之外，我们是非常不会爱的，尤其是在面对坏人的时候，所以也就不可能有由爱而生的仁慈。不先宽恕敌人，我们怎么能爱他们呢？甚至连容忍他们都谈不上。只因为没有爱才出现的问题，爱如何能解决得了呢？因为我们不会爱，更不会爱坏人，所以我们才急需仁慈！不是因为有爱，而是因为没有爱，因为只有恨，因为只有恼怒！人怎么才能爱混蛋呢？至于好人，他们无需我们仁慈，我们对他们也用不着仁慈。欣赏就行了，而且那样显得更得体。

再说一遍，因此必须有一种别的东西。这东西首先不是感情，因为仁慈比怜悯更难由感情而生。去感同身受地体验别人的痛苦，希望减轻那个人的痛苦，这就是可怜。但人的身体想要的是惩罚，人的身体想要的是复仇，因为有满腔的愤怒、积怨与仇恨。如果对手处于痛苦之中，如果可怜前来助仁慈一臂之力，身体也许会放弃惩罚和复仇的想法。但若是相反呢？那就必须或多或少有些感觉才行，就必须或多或少有些感情才行，这就是思想。仁慈和明智一样，也是一种理性美德，至少在开始的时候和长时间里都是理性的。这就关乎到要了解某些东西了。了解什么东西呢？那就是，一个人如果坏，那是因为他脾气不好；如果他错了，那是因为他搞错了；如果他发了狂或被激情控制住了，那是因为激情或思想把他控制住了；最后，他可能处境困难，无论如何难以采取与他实际采取的行动相反的行动（那得有什么样的奇迹啊?），或难于突然变得善良、温和、讲理、宽容……宽恕即接受。当然不是为了停止斗争，而是为了停止怨恨。“对德国人民我至死无恨……”[①]对杀害他的刽子手也死而无恨吗？这就更难了，故事里没这么说。可是，谁会看不出这个人比伤害他的那些刽子手更自由呢？是的，他更自由，即使被捆绑着，也比杀害他的那些刽子手更自由，那些人是奴隶！这就是宽恕所记住或表述的，这样一来宽恕就和慷慨结合到一起了（*宽恕* 这个词里包含着一个意思为 *捐献* 的词）：

---

① 法国作家阿拉贡在自己写的诗里转引的一句话，是1944年2月被纳粹行刑队枪杀的23个人中的一个人在临刑前说的。

这就像一种过剩的自由，看到罪犯太没有自由了，就不再绝对地怨恨他们，并对他们宽宏大量地表示理解，原谅他们，宽恕他们的存在和他们的所作所为……哪个混蛋是自由地选择当混蛋的？那么他是无辜的？还是这么说吧：如果他成了罪犯，那不是他自己的错；他成了自己怨恨、愚蠢和盲目的俘虏；他成为那个样子不是他自己选择的，他的身体和所作所为都不是他自己选择的，谁也不会自由地选择他那样的地位，像他那么坏、那么凶残；所有这一切都事出有因；把这个混蛋想象为自由的或不可理解的（话既然说到这儿了：他为什么不可能是不可思议的呢?），那是抬举了他，而仇恨他却是伤害自己；如果能够做到，只要和他斗争或者静静地泰然自若地高高兴兴地和他对抗就够了，如果做不到，就宽恕他，是的，宽恕他。这样做虽然不能克服他身上的怨恨，至少可以克服我们自身的怨恨，不能控制他，至少可以自我控制，这至少是对恶和怨恨的胜利，是不在恶上加恶，不在成为牺牲品的同时也成了同谋犯；这是站在紧靠着善这边，那是爱，站在紧靠着爱这边，那是仁慈，站在紧靠着仁慈这边，那是怜悯。这就像爱比克泰德说的：“人啊，如果别人身上的恶必定得在你身上引起一种和天性相反的感情，那就最好是可怜而不是怨恨。”或者，像马克·奥雷尔[1]说的：“教导他们，或者忍受他们。”要不然就像基督说的：“天父，饶恕他们吧！他们不知道自己干了什么。”

引用过这最后一段话的扬科列维奇觉得这段话的“苏格拉底色彩”太重了点儿，不合他的口味。如果他们不知道自己干了什么，他们犯下的过失就是错误，而不是罪行：那还有什么甚至需要宽恕的动机吗？任何错误都是无心之过：错误需要的是改正而不是惩罚，是原谅而不是宽恕。可是，这样一来仁慈还有什么用呢？苏格拉底说过，谁也不是故意成为恶人的：这就是所谓的苏格拉底式的理性至上，认为恶只是一种错误。但这无疑是一种关于恶的错误。恶生于意念，不是生于无知；生于内心，不是生于智力或精神；生于仇恨，不是生于

① 马克·奥雷尔（Marc Aurele，121-180），古罗马皇帝。

愚蠢。恶不是错误，错误不算什么，恶是自私、冷酷、残忍……因此恶才呼唤宽恕，而错误用不着宽恕。“*原谅*无知的人，*宽恕*恶人”（扬科列维奇语）。只有意念是有罪的，只有意念可以成为有罪的：意念是唯一应该怨恨的对象，因而也就成了仁慈的对象。下雨打雷没人抱怨，所以对雷雨也就没有什么可宽恕的。没有谁是无心为恶的，只有恶人才能属于该宽恕的。宽恕靠的只有自由，一如它只能生于自由：对自由的错误，给以自由的宽恕。

是的，但这是什么样的自由呢？行动的自由，那是当然的：有罪的是意念，一种行为只在故意那么做的条件下才是有罪的。舞伴无意中踩了您的脚：这不是恶，这是笨拙。他向您道歉，您欣然接受：这不是宽恕，这是礼貌。宽恕只对故意那么做的人才有必要，就像常说的那样，只对为所欲为的人才有必要宽恕，换言之，只对*自由地*行事的人有宽恕的必要。行动的自由：在这个意义上说，自由就是做他想做的事。至于要判定一个人是不是不仅是自由地做了那件事，而且还是自由地想那么做的，因而判定他有没有可能想做的是另一件事，这就是个真伪难判的问题了，关乎的已经不再是每个人都可以证实的行动自由，而是意志自由了（自由意志），这是无法证实的，而且也是无法验证的（因为这只能在他做的不是他所想做这个条件下才能检验出来）。这种自由，除了柏拉图偶尔谈及，古圣先贤都没怎么关注过，因为他们不想寻找绝对有罪的人进行永久的惩罚。但这并不妨碍他们用可怜对抗愤怒，用正义对抗复仇，用仁慈对抗怨恨，这一点我在谈及斯多葛派的时候提到过。难道我们要以更加关注犯罪为借口让自己变得不能宽恕吗？怎么能够对一个真伪难辨的问题作出决定呢？

说到慷慨，情况也是一样。我不想在这里论述自由意志的问题，美德不能受制于这种或那种形而上学的论断。我要说的只是这一点：不管恶人是自由地选择做恶人的，抑或他（由于身体、童年、教育、经历……）必然会变成恶人，他都不会因此而不那么恶，起码不会因此而对他的行为少负些责任，因为他是有意那么做的。因此，在必要的时候可以惩罚他，如果愿意，还可以恨他。不过这是两件截然不同的事情。惩罚可以被对社会或个人有益证明是对的，甚至可以被某种基于正义形成的理念证明是对的（“杀人偿命，天经地义……”）。可是，怨恨呢？怨恨是外加的悲伤，不是有罪的人的悲伤，是感到了悲伤的人的悲伤。那又何必呢？尤其是，如果那个人就是恶人，不管他是不是自由地成为恶人的，他的恶本身就是一种辩解方式：如果他的恶是无可救药的，就是用使他变恶的原因来辩解；如果他的恶是自由的，就是用对恶的沉迷，用内在的恶意来辩解；简言之，就是用他的恶本身来辩解。如果他恶，那是他的过错吗？有人会说是，因为他是自己选择当恶人的！可是，如果他不是已经成了恶人，他会选择当恶人吗？因为，假定他是在向善的时候选择恶的，就是假定他疯了，这就等于说他是无辜的。总之，每个人都是因为自己的行为成为罪犯的，即便他也是因自身而获罪的（自由地选择了作恶），也只能证明他恶，如果他是为了作恶而作恶；或者证明他心坏，像康德说的，如果他是出于自私（为了他自身的利益）而作恶。仁慈抵消不了这种恶念，也不放弃和它进行的斗争：仁慈拒绝认同这种恶念，拒绝在它的怨恨上添加怨恨，在它的利己主义上添加利己主义，在它的暴烈上添加愤怒。仁慈把怨恨留给心怀怨恨的人，把恶留给恶人，把不满留给坏人。不是因为这些人不可能真心怀怨恨、恶毒或坏（即使他们是像我以为的那样，是因为这种或那种决定论才心怀怨恨、恶毒或坏的，却没有任何一种决定论能够把它所制造的这些东西清除掉），而是 因为他们就是心怀怨恨、恶毒或坏。扬科列维奇细心观察所得的就是：“他们是恶人，但这恰恰是必须宽恕他们的理由——因为他们不幸甚于恶毒。或者更确切地说，他们的恶毒本身就是他们的不幸；做恶人是了无穷期的不幸。”

无论如何，当我们意识到一种行为、特别是一种人格的成因时，我们反而会更容易宽恕。还有什么比虐待儿童更残忍、更不可饶恕的吗？可是，当我们明白了，某个虐待儿童的父亲小时候被虐待过（这种情况常常发生），我们对这个人的看法就会发生某种变化：这并不能排除这种过错的卑劣，但有助于我们对过错的理解，因此也就有助于我们对这种过错的宽恕。我们怎么会知道，如果我们也像那个人一样是在恐惧和暴力的环境下成长起来的，我们就不会变得跟他一样呢？即使情况不是这样，而是因为我们和这个人不同（假设环境是一样的），可是，他这样是自己选择的吗？而我们没有这样，也是我们自己选择的吗？另外，既然所有的选择都是以我们是什么为前提并受其制约，我们还怎么能选择为善还是作恶呢？本质可能是什么都不存在，因而就可能只是不存在，那么，存在又如何先于本质呢？这样的自由只能是一种虚无，使萨特占了理的是这种虚无，驳倒萨特的也是这种虚无。

我不由自主地谈起了这个我本想略过去的自由意志。说说也好。依照相信或不相信罪犯的自由意志，可以有两种宽恕方式：相信自由意志，就用纯粹的赦免，如同扬科列维奇所说的那样；不相信自由意志，就用真正的认识，如同斯宾诺莎所说的那样。但这两者在仁慈本身这一点上会合了，于是怨恨消失，过错既没有被忘记也没有被说成是对的，却就那样被接受了：有需要克服的卑劣，需要怜悯的不幸，需要承担的现实，最后，如果能做得到，还有一个需要爱的人。看过我以前出版的几本书的读者知道，我从来都无法相信自由意志，但这里不是对此进行阐释的场合。斯宾诺莎有个重要思想，每个人都会作出不同的诠释，于我只要提提这一思想就够了：人互相憎恨，越是以为自己是自由的时候越互相憎恨，知道自己是受必然制约或是被前因后果限定的了，反而不那么互相憎恨了。理性借此才使人平和，知识借此才变得仁慈。马尔罗[①]说过："进行判断，很明显是没有理解；因为如果你理解了，就不会再去进行判断了。"我们不如这么说：我们不会再去恨了，而这就是仁慈的全部要求——或者不如说，这就是仁慈所提出的全部建议。

斯宾诺莎的一个著名说法就是这个意思："不要嘲笑，不要哭泣，不要憎恶，而要理解。"这是仁慈本身，这里除了真实的恩惠之

①马尔罗（Malraux，1901—1976），法国小说家、评论家、政治家。

外没有别的恩惠。这还是宽恕吗？不完全是，因为在有了理解的地方就不再有什么真要宽恕的了（理解像爱一样，使宽恕既成为必须的又成为多余的）。是原谅吗？我不想在文字上纠缠。如果愿意，这么说也行：一切都可以原谅，因为一切都事出有因。但是，只知道这一点还不够：宽恕把这种思想*具体化*了，如果没有宽恕，这种思想就是一种抽象之物。我前面说过，我们不会去抱怨打雷下雨，所以也就根本不存在宽恕雷和雨的问题。最终对恶人也像对雷雨一样，这难道不是仁慈的真正奇迹——而不是奇迹之一——吗？宽恕在宽恕的瞬间化为乌有了？怨恨在真相中化解了？人不是自然界里的王中王：一切都是现实的，一切都是真实的，恶与善都如此，所以除了我们置之其中的爱与恨，既没有善，也没有恶。就像斯宾诺莎说的，在这一点上，上帝的仁慈真是无边无际：因为仁慈即真理本身，它不做判断。在智者、神秘主义者和圣徒接近的这些领域，任何人都不能久居。但仁慈却倾向于这些领域，仁慈把人朝这些领域引导。你也可以说，这是存于人心中的上帝的观点：真理的无边和谐，爱与宽恕的无比温馨！但是，爱压倒了宽恕，或者说宽恕在爱的这种奉献中被带走了。宽恕就是终止怨恨，因此也就终止了宽恕的能力：当宽恕圆满完成而只剩下真相和爱的时候，就没有要终止的怨恨了，而宽恕也就在仁慈之中消失了。为此我一开始就说，仁慈与其说是宽恕的美德，不如说是它的真实。仁慈实现了宽恕，但在消除宽恕对象（不是过错，是怨恨）的同时，也把宽恕完成了，不过是用使宽恕消失的办法完成的。在一定意义上说，斯宾诺莎式的哲人无需宽恕。不是因为他不会碰到不公正或侵害，而是因为他从来不被恶的思想引领，从来不被自由意志的幻想欺骗。但他的智慧却并不因此而稍显不仁慈，甚至更加仁慈：因为怨恨消失得干干净净，把所有绝对的罪恶思想（不是行为的责任，而是心的责任）都带走了，因为爱甚至又成为可能的了。因此，在另一种意义上说，他宽恕一切。所有的人都是无辜的吗？所有的人都是可爱的吗？当然不完全一样！斯宾诺莎解释说，如果善人的所作所为和恶人的所作所为同样构成大自然的组成部分，同样出自大自然的法则，其所作所为却并不因此而无区别。“两者不仅有程度上的区别，而且有本质上的不同：虽然老鼠和天使、悲伤和高兴都取决于上帝（就是说取决于大自然），老鼠却不能成为一种天使，悲伤也不能成为一种喜悦。”仁慈既不会带走过错，过错依然存在，也不会带走它设想和表达的价值观的差异，更不会——这一点必须重申——带走斗争的必要性。但在消除怨恨的同时，仁慈没有为怨恨寻找辩护的理由。在平息愤怒和复仇欲望的同时，仁慈允许正义存在，并允许在必要的时候进行不偏不倚的惩罚。最后，仁慈还使人预期，作为现实组成部分的恶人，也能为我们所认识和理解，也能为我们所爱——这最后一点至少是仁慈让我们望见的远景。当然，并非一切都价值相等，但混蛋和仁人君子，一切又都是真实存在。仁慈属于所有的人：宁静属于所有的人，即使在斗争中也是如此！

记忆在抵制，怨恨也在抵制。人会为比这再小的事进行抵制。罗贝尔·米斯拉伊[①]强调说：“如果斯宾诺莎是大屠杀时代的人，可能就不会有斯宾诺莎学说了。从奥斯维辛集中营死里逃生的斯宾诺莎不可能说出这样的话：‘人类的行为不是嘲笑，不是悲伤，不是厌恶，而是理解。’从这里开始，理解不再是宽恕了。或者更准确地说，人不再能理解了；再没有什么需要理解的了。因为，那些纯属恶意的深渊是无法理解的。”可是，就这么肯定么？把坏蛋设想为无法解释无法理解的人，是不是高看他们了？什么？爱因斯坦、莫扎特或让·穆兰可以解释，而纳粹冲锋队队员无法解释？生活可能有理性，而怨恨没有理性？爱可以理解，而残忍无法理解？在集中营里看到的绝对无理性的事看得太多了，就认为建造或准备那些集中营的非理性主义者是对的（当然仅仅是在这一点上，但这一点是不是就已经太过分了呢?）。如果理性只能理解那些追随理性或服膺理性的人，理性还有什么价值？纳粹主义*不讲道理*，这一点很清楚，但这并不妨碍纳粹主义像所有真实存在的事物一样，也是*合理的*：理性不能赞成纳粹主义，

---

① 罗贝尔·米斯拉伊（Robert Misrahi，1926- ），土耳其裔法国哲学家。

但不妨碍它能够认识和解释纳粹主义。我们的史学家们不干这个干什么？不这么做又如何与纳粹主义进行斗争？

这里特别重要的是要把遗忘和仁慈区别开。我们可以宽恕一切，这是传统证实了的，也是现代派甚至最忠实的现代派准备接受的：

> “宽恕不问罪行是否值得宽恕，不问赎罪是否赎够了，不问积怨持续的时间是否已经够长……没有什么过错是严重到了不能宽恕的地步的。对无所不能的宽恕来说，没有什么是不可能的！从这个意义上讲，宽恕无所不能。圣保罗[①]说，罪恶多的地方宽恕更多……如果罪行到了十恶不赦的程度，甚至连犯下罪行的罪犯都不能抵罪，也还总有办法宽恕他们，因为宽恕正是为这种绝境而设的。”（扬科列维奇语）

这显然不是可以让人忘记罪行，也不是让我们忘记自己对受害者应尽的忠实义务，更不是让我们忘记战斗的要求，不去反对今日的罪犯或昔日罪犯的狂热拥护者。关于这一点，扬科列维奇解释得很好，或者不如说解释得太好了，用不着再多说什么。但还有一个问题没解决，像个没封口的伤疤似地留在那里：对从未要求过宽恕的人，能宽恕吗？必须宽恕吗？扬科列维奇回答说，不能：

> “只有罪犯后悔了，尤其是悔恨了，才会使宽恕有意义，就像只有绝望才使赦免有意义一样……宽恕针对的不是问心无愧心安理得的人，也不是毫无悔意的罪犯……宽恕不是为公猪和母猪而设的。在成为宽恕的对象之前，罪犯首先得认罪，而不是否认自己的罪行，别为自己辩解，别强调减罪情节，尤其不能指责受过他迫害的人：这些都是起码要做的！为了得到我们的宽恕，不

① 圣保罗（Saint paul），相传他本是犹太人，耶稣为他洗礼使他眼睛复明后便皈依基督教，成了耶稣的忠实信徒，对早期基督教的建立作出了重要贡献。

是首先得要求我们宽恕吗？……我们为什么要宽恕那些对自己的滔天罪行了无悔意的人呢？……因为，如果没有赎清的罪恶正是需要宽恕的罪恶，毫无悔意的罪犯就正是那些不需要宽恕的罪犯。”

这样的人无疑不能宽恕。可是我们呢？怨恨总是悲伤的，快乐才是好的。当然不是非得和那些畜生和解，也不是非得容忍他们横行霸道。可是，跟他们作斗争就需要恨他们吗？当然也不是非得忘记过去。可是，记住过去就需要恨吗？不是要把罪恶撂在一边，再说一遍，这是不可能的，而且也是不应该的（只有受害者有权这样想，但受害者在这里缺位，因为他们已经被杀害了）。问题在于要尽可能地消除怨恨，有了快乐以后再满心欢喜地去斗争；或者，在不可能欢喜或欢喜会显得不得体的时候，就慈悲为怀地去斗争：问题在于如果可能就要爱自己的敌人；如果不能爱，就宽恕他们。

如果我们相信传说，在没有前提也无条件地宽恕这方面，基督和圣艾蒂安[①]已经给我们做出了各种榜样：不是等恶人变得不那么恶（因为他已经后悔那么恶了）了的时候才给予的宽恕；真正是奉献而不是交换（我以宽恕换你的悔过）的宽恕；无条件的宽恕；纯损失的宽恕，如果你愿意也可以这么说，不过这却是宽恕对怨恨的最大胜利，而且也许是唯一的胜利；不忘记但能理解、不抹掉什么但能接受什么的宽恕；既不放弃斗争也不放弃宁静、既不放弃自己也不放弃别人、既不放弃清醒也不放弃仁慈的宽恕！说这样一些榜样不可企及，我百分之百同意。可是，我们就不能从中得到些启发吗？

倒不是说《圣经》可以取代智慧，不是说《圣经》回答了所有的问题，也不是说我本人（即使把宗教放在一边）对《圣经》完全赞成。我不准备把另一边脸伸过去让人打，对付暴力我喜欢用剑，而不是示弱。爱你的敌人，就意味着你有敌人（不存在的东西怎么去

---

① 圣艾蒂安（Etienne），基督教的第一个殉道者，公元31–36年间死于耶路撒冷。他是被人用石块砸死的。

爱?)。可是，有敌人并不意味着必定得恨。爱是快乐，不是无能或者放弃：爱敌人，不是不再同他们斗争了，而是高高兴兴地去同他们进行斗争。

仁慈是宽恕的美德，是宽恕的奥秘与真髓。仁慈要消除的，不是过错而是积怨，不是记忆而是愤怒，不是斗争而是怨恨。仁慈还不是爱，而是在爱尚不可能时代替爱的东西，或者是在爱尚为时过早时为爱作准备的东西。也可以说仁慈是二流美德，但有一等一的迫切性，因此是绝对必须的！仁慈的格言是：在你不能爱的时候，至少别再恨了。

有人会注意到，仁慈可以适用于过错，同样也可以适用于冒犯。这样的犹豫充分地暴露了我们的狭隘，我们的狭隘总是在对谴责我们的东西进行谴责；对狭隘来说，任何冒犯都是过错，任何顶撞都是有罪的。就是这样，而这却是个问题。仁慈属于所有的人，也属于仁慈自身。

因为怨恨是悲伤，于是仁慈（就像送葬，仁慈很像送葬，而且可能还仰仗于此：宽恕就是为自己的怨恨送葬）就是快乐这边的了：尚未成为快乐时是宽恕，已经成为快乐时就是爱了。仁慈是一种中介性或曰过渡性的美德。然而说到底，对于能够达到这个境界的人来说，就不再有什么要宽恕的了：仁慈在这种平和中（告别了怨恨！告别了愤怒！）获得了胜利，宽恕也在这时达到顶点并消失了。像恶一样，仁慈是无边无际的，或者说应该是无边无际的。因此，它有可能是我们不能企及的。不过，朝着这个方向努力就已经是一种美德了：仁慈是一条大道，它把这条大道上所有的人包括停下脚的人都容纳进来了。灵魂啊，宽恕你的怨恨和愤怒吧！

人能够宽恕自己吗？当然能。因为人能够恨自己，也能够不再恨自己。如果不能，那还叫什么智慧？还哪里会有幸福？还哪里会有平和？必须宽恕自己只混到眼前这个样子……在能够公正地做到的时候，也还必须宽恕自己有时因为怨恨太深、痛苦或愤怒，而未能宽恕自己这个或那个敌人……能够不心怀怨恨地进行斗争或无内疚地去恨的人是仁慈的，而仁慈的人是幸福的！

十 感激

感激是美德中最讨人喜欢的，但不是最容易做到的。为什么会这样呢？有些快乐难得或罕见，却不因此而不让人心旷神怡。可能还更让人心旷神怡呢！可是，就感激而言，令人惊讶的不是它怎么讨人喜欢，而是难于做到。谁不想得到的是礼物而不是一记耳光啊？谁不宁要感谢而不要宽恕呢？感激是次生的快乐，它把原生的快乐延长了：就像喜悦对感受到的喜悦发出的回声，就像幸福之上的又多了一重幸福。还有什么比这个更单纯的吗？得到了什么的快乐，令人喜悦的喜悦：这就是感激。说这是一种美德，就足以说明它不能自动起作用，人不能缺少它，因而——不管有没有快乐，或者也许正因为有快乐——感受它就具有了某种价值。可是，为什么呢？感激很神秘，这种神秘不是由我们在感激中体验到的快乐造成的，而是由我们在感激中克服的障碍造成的。这是美德中最讨人喜欢的美德，也是快乐中最高尚的快乐。

有人会用慷慨来反驳我，会说慷慨才是奉献的快乐……这是一种宣传说辞，但应该让我们警惕。如果给予是这么讨人喜欢，我们还需要广而告之地来提醒吗？如果仁慈是一种快乐，或者更确切地说，如果仁慈只是一种快乐，或主要是快乐，这种快乐我们就缺乏到这种程度了吗？给予不可能没有损失，慷慨反对利己主义并战而胜之，凭的就是这个。可是，收受呢？感激没从我们身上带走任何东西：这是回报，但没有损失，也几乎没有对象。除了因收受而得到的快乐，感激没有什么要给予的。还有什么比这种美德更轻盈灿烂的吗？我想说的是，还有什么比这个更莫扎特式的吗？不仅仅是因为莫扎特启发了我们这种美德，而且还因为他歌颂了这种美德，因为他成了这种美德的化身，因为他身上有这种喜悦，有这种不知为什么或为了一切而生的狂热的感激，有这种感激的慷慨之情。是啊，还有什么比只是在微笑中或舞步里、歌声里或幸福中表达一下*感谢*更幸福或谦卑的美德、更容易和必须的优雅吗？感激的慷慨……最后这个表达方式是我从莫扎特那里借用的，他启发了我：如果我们这么经常缺少感激之情，不还是因为没有给予的能力而不是没有收受的能力吗？不还是因为利己主义而不是麻木不仁吗？感谢，是给予；回谢，是分享。我因你而得到的快乐，不是只为我自己的。这种快乐，是我们两个人的快乐。这种幸福，是我们两个人的幸福。利己主义者能够从收受中享受快乐。但他的快乐就是他的财产，是留给他自己一个人的。或者，如果他展示快乐，也主要是为了让人羡慕而不是让人分享：他炫耀快乐，但那是*他的*快乐。至于别人为这种快乐做过什么，他已经忘记了。别人为他做过什么？他不记得了。所以说利己主义者是忘恩负义的：不是因为他不喜欢收受，而是因为他不喜欢承认自己欠他人的东西，而感激就承认自己欠他人的；因为他不喜欢礼尚往来，而感激实际上就是回礼；因为他不喜欢与人分享，因为他不喜欢给予。感激奉献什么呢？感激奉献的是自身：就像一声快乐的回声，我说过，这样感激就成了爱，就成了分享，就成了赠与。这是快乐之上的快乐，幸福之上的幸福，慷慨之上的慷慨……这是利己主义者做不到的，利己主义者只知道自己的满足，自己的幸福，像守财奴盯着钱箱子似地盯着自己的满足和幸福。忘恩负义的人不是不能收受，而是没有回敬的能力，不能以快乐和爱的形式将自己得到或感觉到的快乐反馈一点回去。因此，忘恩负义是很常见的。我们吸收快乐就像他们吸收光：利己主义是个黑洞。

感激是赠与，感激是分享，感激是爱。正如斯宾诺莎所说，当快乐的起因是别人的慷慨、勇敢或爱的时候，感激就是由快乐的起因这个念头伴随着的一种快乐。是反馈的快乐，是反馈的爱。因此，就其本意而言，感激关系到的只能是活着的人。然而我们有理由思考，所得的一切快乐，不管原因是什么，是不是不能都成为反馈的快乐即感激的目标呢？对高悬在天空的太阳怎么能不知道感激呢？对生命、花、鸟，怎么能不知道感激呢？没有宇宙万物，我不可能有任何快乐（因为没有宇宙万物我就不会存在）。正是在这一点上，任何快乐，即使是纯内心的或因反省而生的快乐（斯宾诺莎所说的“自我满足”），也都有来自宇宙的外因，即上帝或大自然：上帝或大自然就是一切。谁都不是自己的起因，因此（归根结底）谁也就都不是自己快乐的起因。起因无穷无尽，起因的链条也无穷无尽：万物互相依存，也依存我们、穿越我们。因此，极而言之，任何的爱都应该爱一切：任何的爱都应该是一切的爱（斯宾诺莎可能会说，我们越是爱个别事物，我们就越爱上帝），而这就可能造成一种类似普遍的感激，当然不是没有区别的（我们对鸟雀的感激怎么能和对蛇的感激一样，对莫扎特的感激怎么能和对希特勒的感激一样呢?），但感激是全面的，至少在感激是对一切的这一点上是这样，感激不排除任何东西，不拒绝任何东西，哪怕是最坏的东西（即尼采所谓的*悲剧性的*感激），因为现实不容讨价还价，因为现实的全部是唯一的真实。

人不会要求感激支付什么，或为感激支付什么，就此而言，感激是免费的。卢梭指出，感谢也许是一种义务，但无论如何是一种美德，不过不可能成为权利，不能要求人感谢或以感谢的名义要求任何东西。不要把感激和以眼还眼混为一谈。无论如何，爱愿意被爱的人好，这几乎是必然的，至少如果爱的是他人而非自己、爱是仁慈而非贪欲的时候是这样。这一点我们在最后一章里还会谈到。现在我们只想说，轮到感激行动的时候，它会因此而易于采取对引发感激的人有利的行动，当然不是为了交换服务（那就不是感激而是物物交换了），而是因为爱愿意把快乐给使自己快乐的人。就这样，哺育感激的慷慨几乎总在受着感激的哺育。正如斯宾诺莎所说，由此就产生了“相互的爱”和也是感激特征的“爱的热情”：“*感谢*或*感激*是一种欲望或爱的热忱，我们以这种欲望和爱的热忱努力为由于对我们有相似的爱的感情而为我们做了好事的人去做好事。”就像康德后来说的那样，我们由此就从仅仅是感情上的感激过渡到行动上的感激了：从反馈快乐到反馈行动了。虽然斯宾诺莎这样说了，我在这里看到的却不是定义（比如说，人因此可以对一个不可能报答了的死人表示感激），而是结果，但这并不重要。可以肯定的是，因为感激与忘恩负义相区别的一点恰恰在于感激能在别人身上（而不是像自爱那样只在自己身上）看到自己快乐的原因：忘恩负义不好就不好在这里，而感激好也就好在这里，而且使人向善。

自尊心力量大，这也就说明了感激为什么稀少或难得（“美好的东西都难得，因为稀有……”）：从所接受的爱中，每个人最想得到的都是荣誉而不是感激，因为荣誉是爱己，感激是爱人。“骄傲不愿意欠人的”，拉罗什富科写道，“而自尊不愿意付出。”如果只知道爱自己、欣赏自己、吹嘘自己，怎么能不忘恩负义呢？感激之中有谦逊，而谦逊是难能可贵的。感激之中也有悲伤么？这是斯宾诺莎说的，下一章里我们还会提到。但感激教给人的是，也存在着一种快乐的谦逊，或曰谦逊的快乐，因为感激知道自己不是快乐的原因，也不是快乐的根源，但知道自己只会因此更加快乐（说声谢谢多么快乐啊!）；因为感激是爱，但首先不是而且主要不是自爱；也可以说它知道自己是受惠者，或者不如说（既然没有任何东西需要偿还）它知足，喜出望外，得到了它还没想要得到的东西；感激是让它觉得知足的物事引起来的，对信教的人来说，可能是上帝；对不信教的人来说，可能是尘世的东西，是个朋友，或是个陌生人，也可能是个随便什么东西；因为它知道自己是施惠的对象，施惠的可能是一种存在，或者是生命，或者是万物，感激要回报，不知道回报给谁，也不知道怎么回报，但是要回报，因为知恩图报是好事，享受施惠者所给的快乐和爱是好事；快乐和爱的原因令我们惊讶，平息我们的愤怒，让我们生活着，支配着我们。巴赫[①]的谦逊和莫扎特的谦逊绝然不同（巴赫以其举世无双的天才表达感谢，莫扎特可以说就是感谢的化身……）但这两种谦逊都以其沁人心脾的感激、真正的质朴和几乎是

① 巴赫（Bach，1685–1750），德国作曲家。

超人的力量，再加上那种气定神闲，震撼人心。那是一种即使正处于焦虑和痛苦之中也能察觉到自己是结果而非根源的人的气定神闲，那结果就包含在他所歌唱的东西之中，他所歌唱的东西使他存在，引领着他……我觉得，克拉拉·哈斯姬尔[①]、迪努·利帕蒂[②]或格伦·古尔德[③]都能表达这种东西，至少在他们的巅峰时期里能，聆听他们的作品时我们所得到的那种快乐道出了感激的本质，那本质就是快乐；只要那快乐被感受到了，只要那快乐是不应得的（是的，即使对最好的人来说也是不应得的！），只要那快乐是恩宠，是总是从更高的恩宠里取得的（但是收受方）的恩宠，那本质就是快乐。这是更高的恩宠，怎么说呢，是存在，是万物存在本身，是生命本身，也是一切存在的本源，一切事物的本源，一切快乐和一切爱的本源……是这样，我们能在斯宾诺莎的《伦理学》里读到的，在音乐里也能听到。我觉得，在巴赫和莫扎特的作品里比在任何其他人的作品里能听得更清楚（在海顿[④]的作品里我们听到的更多的是礼貌和慷慨，在贝多芬的作品里我们听到的更多的是勇敢，在舒伯特[⑤]的作品里我们听到的更多的是温和，在勃拉姆斯[⑥]的作品里我们听到的更多的是忠诚……），而这就足以说明，感激达到了什么样的高度：顶级的美德，伟人达到此点的比平庸之辈多。但这不意味着我们可以不具备这种美德：让我们为所得到的恩宠心存感激，首先感激那些通过赞赏揭示感激的人！

没有哪个人是他自身的成因：克洛德·布吕埃尔[⑦]说过，精神“欠其存在的”。然而并非如此，因为谁也*没有要求过*存在（借才欠，赠非债）；另外，还因为谁也不知道这笔债怎么还。生命不是欠债：生

---

① 克拉拉·哈斯姬尔（Klara Haskil，1895–1960），罗马尼亚钢琴家，有“钢琴圣女”之称。

② 迪努·利帕蒂（Dinu Lipatti，1917–1950），罗马尼亚钢琴家。

③ 格伦·古尔德（Glenn Gould，1932–1982），加拿大钢琴家。

④ 海顿（Haydn，1732–1809），奥地利作曲家。

⑤ 舒伯特（Schubert，1797–1828），奥地利作曲家。

⑥ 勃拉姆斯（Brahms，1833–1897），德国作曲家。

⑦ 克洛德·布吕埃尔（Claude Bruaire，1932–1986），法国天主教哲学家。

命是一种恩宠，存在是一种恩宠，而这就是感激的最高寓意。

感激为已经发生、或存在着的一切感到高兴。这样，它就和遗憾或怀旧（怀旧是为已经不存在或不再存在的过去而痛苦）相反了，就像也和期望或焦虑相反一样，希望或惧怕（希望*和*惧怕!）尚未实现、也许永远不会实现的未来，而这个未来却以其阙如折磨着它们……不是感激，就是不安。要用对现存或曾经有过的一切感到的快乐来对付对可能存在的东西产生的焦虑。伊壁鸠鲁说过："精神失常者的生活是令人扫兴和不安的：把一切都投向了未来。"因此他们就白活了，永远得不到满足，永远不会感到满意，永远不会感到幸福。神经失常的人不是在生活，而是像塞内克[①]所说的那样，他们是在准备生活，或者像帕斯卡说过的那样，他们是在希望生活，然后他们就会对自己经历过、或者常常是没有经历过的生活感到遗憾……过去和未来一样，都和他们擦肩而过了。智者则相反，当然为活着而高兴，但也为生活过而高兴。感激是记忆的快乐，是对过去的爱——既不是对已经不存在了的东西感到的痛苦，也不是对未能实现的东西感到的遗憾，而是对逝去了的东西的愉快回忆。如果你愿意，也可以说这是重温逝水年华（用伊壁鸠鲁的话说，是"对曾经存在过的事物的感激"）。人由此明白了，正如普鲁斯特所说的，流逝的时间把关于死亡的观念淡化了，因为甚至将要把我们带走的死亡也不能带走我们所经历过的一切：伊壁鸠鲁说，这是不朽的财产，不是因为人不会死，而是因为死亡也不能抹掉人所经历的一切，不能抹掉人短暂但实实在在地经历的一切。死亡只能剥夺我们尚未变为现实的未来。感激以对过去一切快乐的感知把我们从中解脱出来了。感激是一种认知（而希望只是一种幻想）；正是靠这种认知，感激接触到了永恒的真理，并栖居其中。感激是永恒的快乐。

反驳伊壁鸠鲁的人会说，这并不能把过去还给我们，也不能把已

---

① 塞内克（法文为Sènèque，约公元前4–65），古罗马斯多葛学派哲学家。

经失去的还给我们……无疑是这样，但这一点又有谁能做得到呢？感激不能抹掉悲伤，是结束悲伤：“要以对已经失去的东西充满感激的回忆，以对无法把已经出现的东西当成没有出现的认知来解除痛苦。”（伊壁鸠鲁语）还有什么比葬礼更完美的表达痛苦的方式吗？问题在于，接受现存的，所以也就接受不再存在的；问题在于要像他那个样子爱他，在真实中爱，在永恒中爱：要从失去所造成的撕心裂肺的痛苦转向温馨的回忆，要从表达悲伤转向结束悲伤（“心怀感激地回忆所失去的”），从切肤之痛转向接受，从痛苦向欢乐过渡，从痛彻心脾的爱向平和的爱过渡。伊壁鸠鲁说过：“对过了世的朋友的思念是温馨的”：当感激变成快乐的时候，感激就是最大的温馨。不过，开始的时候痛苦是最强烈的：“他过世了，痛何如之！”我们怎么能接受这样的事实呢？所以葬礼是必须的，所以葬礼是沉痛的，所以葬礼是痛苦的。但无论如何快乐还是会恢复的：“他度过了一生，这是多么美好啊！”葬礼起的作用也就是感激起的作用。

像康德和卢梭认为的那样，说感激是一种义务，我不相信。另外，我也不太相信义务。但是，说感激是一种美德，就是说这是一种杰出品质，这一点已由不懂感激的人的明显卑鄙所证实，而且还在被我们所有缺乏感激之情者的平庸证实着。比起爱来，怨恨的生命力是多么顽强啊！积怨比感激要强烈多少啊！感激甚至有可能转化成怨恨，因为自尊是敏感的：康德写下过这样的话，对行善的人忘恩负义，“老实说，在对随便什么人进行评判的时候，那都是一种令人极端厌恶的卑劣行径，虽然人在这方面声名狼藉，让人觉得以明显的善行树敌的可能性并非难以置信。”感激所以伟大，正因为人渺小。

感激本身有时可能遭到怀疑，这一点还没有计算在内。拉罗什富科只看到其中有改头换面的利益，而尚福尔[①]准确地指出“有一种低俗的感激”。那是一种改头换面的奴性，改头换面的利己主义，改头

① 尚福尔（Chamfort，1740-1794），法国作家。

换面的期望。感谢只是为了得到的更多（说“谢谢”的时候，想的是“再来点”!）。这不是感激，而是阿谀、巴结、撒谎。这不是美德，而是恶习。况且，即便是真诚的，感激也不能使我们不顾其他美德，也不能为任何过错进行辩解。感激如果不是次等美德，也是第二美德，一定要摆好自己的位置：正义或真诚可以允许缺失感激，但感激不能允许缺失正义或真诚。他救了我的命，我应该为此强迫自己提供对他有利的伪证、从而使一个无辜的人被判刑吗？当然不能！不因为欠某个人的情而把对所有的人和自己应尽的义务忘掉。这不是忘恩负义。斯宾诺莎写道：“轻佻女人的赠与不能把一个人变成她淫欲的驯服工具，小偷的赠与也不能使接受赠与的人为他窝赃，诸如此类的事都不行。因为刚好相反，一个人显示出他有坚定的思想，不容任何礼物的腐蚀，为了避免个人损失不会，为了避免公共损失也不会。”感激不是献殷勤。感激不是行贿。

再重复一遍，感激是快乐，感激是爱：感激要通过爱才能与仁慈相接。仁慈可能就像“一种始动的感激，无缘无故的感激，无条件的感激，一如感激是第二的或假设的仁慈。”（扬科列维奇语）快乐上加快乐，爱上加爱。友谊的奥秘就在于此，不是因为感情上欠债，因为我们不欠朋友任何东西，而是因为有太多的共同的快乐，交互的快乐，分享的快乐。伊壁鸠鲁说过：“友谊在人们周围舞动着，让我们大家振奋起来去表示感谢。”*感谢生活*，大家互相这样说着，对世人这样说着，也对宇宙这样说着。这样的感激就确实是一种美德，因为这是去爱的幸福，也是唯一的幸福。

十一　谦虚

谦虚是一种卑微的美德：它甚至怀疑自己是不是一项美德！谁要是吹嘘说自己谦虚，只表明他不谦虚。

但这证明不了什么，因为没有任何一种美德是应该拿来吹嘘的，甚至不能以之自豪，而这正是谦虚所教导的。谦虚使各种美德内敛，好像都没被它们自己发现，几乎是被否认的。这是一种无意识状态吗？不如说这是一切美德和自我的各种极限的终极意识。这种内敛是不懈的清醒和坚定的意志的标志——标志本身也是内敛的。谦虚不是轻视自己，或者说这是对自己恰如其分的不重视。谦虚并不是人对自己是什么茫然无知，倒不如说是知道或承认自己所缺少的一切是什么。这是谦虚的极限，因为谦虚是建立在微不足道上的。但也正是在这一点上谦虚是人性的："无论他想多么智慧超群，但终究是人：还有什么比人更陈腐、更可鄙和更微不足道的吗？"（蒙田语）蒙田的智慧就是谦虚的智慧。想超越人是荒唐的，是做不到的，也是不应该做的。作为美德，谦虚是清醒的，永远不以自己为满足，但越是不以自己为满足就越谦虚。谦虚是知道自己不是神的人的美德。

于是，在蒙田之外的智者有时好像缺少谦虚的时候，谦虚就成了圣徒的美德。帕斯卡批评哲学家们*傲慢*，他不全错。那是因为某些哲学家拿他们的神性当真了，而圣徒没有上这种神性的当。"*我神圣?*"说这话得不知道上帝是谁，或者不知道自己是谁。谦虚至少会拒绝这两个不知里的第二个不知，在这一点上谦虚首先就成了一种美德：谦虚属于对真理的爱，而且服从真理。为人谦虚，就是爱真理胜于爱自己。

也是在这一点上，所有配得上思想这个词的思想都以谦虚为前提：谦虚的思想，亦即思想，在这一点上和自负对立，自负不思考，而是自信。有人会说，这样的谦虚保持不住……但思想同样保持不了多长时间。那些自命不凡的体系就是这样来的。

谦虚呢，则更多的是思考，而不是自信：谦虚怀疑一切，尤其怀疑自身。谦虚是人性的，太人性了……谁知道这是不是极端傲慢所戴的一副面具？

不过我们还是先试着给谦虚下个定义吧！

“谦虚”，斯宾诺莎写道，“是从人感到自身无能或软弱中产生的一种悲哀。”这种谦虚，与其说是一种美德，不如说是一种状态：这是一种情感，斯宾诺莎说，换言之，是一种心态。无论是谁，想象着自己的无能，心“就会被搞得黯然神伤”。这是我们大家都有过的经验，所以把谦虚说成力量就有点过分了。而对斯宾诺莎来说，美德非他，是意志力，而且总是快乐的意志力！所以谦虚不是美德，智者对它也不感兴趣。

然而，这可能只是个字眼问题。不仅因为对斯宾诺莎来说，谦虚虽非美德，却“有益无损”（谦虚能够帮助谦虚的人“最终在理性指导下生活”，预言家劝人谦虚是有道理的），而且还主要因为斯宾诺莎还特意审视了另一种积极情感，与我们高尚的谦虚正好相符：“如果我们假设一个人因为认识了某种比他自身更强的力量，因而认识到了自己的无能，并根据这种认识为其自身行动力量进行了界定，这时我们想的不可能是别的，只能是认为这个人对自身有清晰的认识，就是说他行动的力量得到了帮助。”这种谦虚就确实是美德了，因为对灵魂来说，在认识另一种更大的事物的同时正确地认识自己（谦虚的对立面是傲慢，而一切傲慢都是无知），这是一种更强大的力量。没有悲伤吗？为什么不能没有悲伤呢，如果人不再只爱自己？

因此，尽管某些翻译家反对，我们还是要避免把谦虚和亚里士多德的micropsuchia混为一谈，micropsuchia还是应该译为卑劣或狭隘。这是怎么回事呢？我们还记得，对亚里士多德来说，所有的美德都是两个低谷之间的高峰。灵魂的崇高或伟大也是这样：过度偏离了，就会陷于自负；太缺了，又会陷于卑劣。甘于卑劣，就是放弃与自己相乘的一切，是低估了自己的真正价值，因为不相信自己能够做到，最终竟落到了禁止自己采取稍微高尚点的行动地步。这种狭隘和斯宾诺莎将卑劣与谦虚（*humilitas*）进行区分时所说的 *abjectio* 正好相符，*abjectio* 通常译为对自己的蔑视或自轻自贱，但贝尔纳·波特拉[①]把这个词译为低贱，我觉得更为贴切："低贱（*abjectio*）是因忧愁而把自己弄得一无是处。"说低贱可以来自谦虚，这可以理解，但这样一来就把谦虚变成有缺陷的了。不过这里没有任何的必然性：人可以因自己无能而悲伤，但不必为此夸大这种悲伤，甚至可以在悲伤中找到更多的克服无能的力量，这就是我所说的高尚的谦虚。有人会说，这样就脱离斯宾诺莎的学说了。这一点我不能肯定，而且我当然也不在乎。说悲伤有时是我们身上的力量，或者说悲伤能够调动我们所具有的力量，我认为这是经验教给我们的东西，况且斯宾诺莎也是承认的，这比那些体系重要多了。绝望时会产生勇气，谦虚时也会产生勇气。再说了，我们没有选择。真正的悲伤比虚假的快乐更有价值。

作为美德，谦虚就是这种因为自身只能是这个样子而生的真正的悲哀。人怎么才能成为别的样子呢？仁慈对自身也起作用，可以用少许的温和去缓和谦虚的程度。人应该以自己的样子为满足，这是仁慈所教导的。可是，没有点虚荣心谁能做到以自我为满足呢？仁慈与谦虚结伴而行，互相补充。接受自我——但是别往自己脸上贴金。

"以自我为满足"，斯宾诺莎写道，"其实是我们的希望的最高目标。"那么，说谦虚是它的绝望，也就一切都不言自明了。

一切？还不能这么说。甚至可能连问题的实质都没接触到。实质是什么呢？实质就是谦虚的*价值*。我说了，谦虚是美德。可是，其重要性如何呢？属于哪个等级？崇高到何种程度？

---

① 贝尔纳·波特拉（Bernard Pautrat，1944-　），法国哲学家、翻译家。

我们看到了问题之所在：如果谦虚值得敬重或赞美，它那么谦卑不就错了吗？如果它那样没错，我们又有什么理由去赞美它呢？谦虚似乎成了一种矛盾的美德，只能用自身的缺位来证明自己的正当，或只能靠损害自己才显价值。

“我很谦卑”：话一出口，立刻就显得自相矛盾。

“我不怎么谦虚”：这是走向谦虚的第一步。

可是，一个人怎么可以靠贬损自己来显示自己的价值呢？

事实上这是把康德和尼采对谦虚的评论并到一起了。让我们来看看文本。在《美德论》中，康德把他所谓的“假谦虚”（或低贱）和尊重作为伦理主体的人身上的尊严这样一种义务合情合理地对立起来了：*低贱* 是 *荣耀* 的对立面，他解释说，像荣耀是不折不扣的美德一样，低贱是不折不扣的恶习。康德很明显地又急着补充道，也存在着一种真正的谦虚（*humilitas moralis*），他为之下了个很好的定义：“*和法律相比*，意识并感觉到自己道德伦理价值不大，就是谦虚。”这样的谦虚不但远未伤害主体的尊严，还以主体的尊严为前提（没有任何理由把一个不能在内心确立谦虚意味着提高这种想法的人绳之以法），而且确认了这种尊严（服从法律是法律本身的要求：而谦虚是一种义务）。

康德无论如何都要把谦虚严格地限制在一定的范围之内，附带说一句，就是严格地限制在基督教的习惯之内（或者仅仅限制在天主教的习惯之内?），我甚至觉得是限制在某种精神状态之内，处于这种精神状态下的狂热分子——不仅仅在西方——证实着这种谦虚的普遍性和——至少对于把他们对我们说的话当真的人来说——价值。“即使为了使自己对天国事物的爱变得可以感受得到的，下跪或俯伏在地也是违反人类尊严的”，康德写道。妙极了。可是，这是真的吗？不应该卑躬屈膝，不应该吹牛拍马，这明显是对的。可是，为此——而且一反那些最高尚的已经很好地被证实了的精神传统——就必须连乞讨这样的事也要谴责吗？阿西西的圣方济各或佛陀违反过人性吗？人“在任何情况下对别人自轻自贱卑躬屈膝都是有失尊严的”，在必要的时候这一点可以接受。但是，除了谦虚不是自轻自贱也用不着自轻自贱外（自轻自贱只对傲慢无礼和没有道德观念的人有用），为此我们就必须在涉及自我时把*崇高*、像康德说的那种精神气质的崇高完全当回事吗？这不正好是缺乏谦虚，缺乏清醒，也缺乏幽默吗？康德解释说，全凭经验的人（*homo phaenomenon*，*理性动物*）没有什么重要性，但被当做人（*homo noumenon*）、即被当做伦理主体来审视时，就具有了绝对的尊严："作为*动物的人* 他没有多少价值，但这不能损害他作为*理性的人* 的尊严"。那好。但是，如果两者成为一体，他身上还剩下什么呢？唯物主义者比较谦虚，从来没忘记自己身上的兽性。作为大地（*humus*，谦虚这个词就是从这个词派生的）之子，他们永远也配不上想象中的天国。这甚至涉及"拿自我和别人做比较"：在莫扎特、卡瓦叶斯①和皮埃尔神父②面前折腰，就真的有罪或低下了吗？"人变成蚯蚓以后不应该抱怨被人家踩"，康德冷漠地写道。可是，变成了雕塑的人——即使是为了彰显人与法的荣耀——呢？如果有人怀疑他故作姿态，或者说他冷漠无情，他该不该抱怨呢？《圣经》里说的那个给罪犯洗脚的乞丐更高贵。

至于尼采，人们一直还追随着他，重提他：他在一切问题上都有道理，也在一切问题上都有错误，而他关于谦虚所说的话，依然没有逃脱在这样一个漩涡里打转转的命运。说谦虚中常常有相当一部分虚无主义或不满，这一点谁能否认？有多少人只为能更振振有词地控诉这个世界和生活才承认自己有罪——并借此为自己开脱啊？有多少人只因为不能肯定和做任何事情才否定自己啊？这样说是对的。斯宾诺莎说过："那些人们认为处处贬低自己、简直成了谦虚化身的人，通

① 卡瓦叶斯（Cavaillès，1903–1944），法国数学家、哲学家，在抽象集合论方面作出了重大贡献。第二次世界大战中卡瓦叶斯参加反法西斯抵抗运动，1944年被纳粹杀害。

② 皮埃尔神父（L'abbé Pierre，1912–2007），有"法国良心"之称，第二次世界大战时参加过抵抗运动，一生献身慈善事业。

常都是野心大嫉妒心强的人。”这样说也是对的。但所有的人都是这样吗？卡瓦叶斯谦虚，西蒙娜·魏尔[①]谦虚，伊蒂·希勒萨姆[②]谦虚——甚至帕斯卡和蒙田也都谦虚！——和这些人相比，尼采式的崇高倒显得有点膨胀了。尼采重提康德提到过的蚯蚓这个形象：“蚯蚓被人踩着了会卷缩，真是聪明无比。它用这个办法使再次被踩的可能性变小了。用伦理学的话说，这就是*谦虚*。”可是，这就是谦虚的全部内容吗？这就是谦虚的实质吗？用这类心理分析能够解释阿西西的圣方济各或十字架的圣约翰[③]的谦虚吗？“最慷慨的人都习惯于最谦卑”，笛卡尔的书里这样写着，而慷慨的人大概也用不着拿蚯蚓来比较的。人也不能在谦虚里只看到更多的我所不知道的怨恨自己的实情。不要把谦虚和内疚、谦虚和后悔、谦虚和害羞混为一谈。问题在于要评论的不是谁做了什么，而在于他是个什么样的人。可我们是这样渺小……有作评论的资格吗？后悔、内疚和害羞假设的是，原本可以换个做法，能做得更好。谦虚却是承认不能表现得更好。“可以做得更好”：老师常说的这句话是鼓励之前的责难，而这也是后悔所要表达的意思。谦虚却可能说：“这能行吗？”太谦恭了，不可能自责或请求原谅。太清醒了，不可能绝对后悔。谦虚和仁慈又一次同行——而勇敢不需要鼓励。后悔在成为过失之前是个错误（因为后悔以自由意志为前提，所以斯多葛派和斯宾诺莎摒弃了后悔）。谦虚在成为美德之前是知识。是惨兮兮的知识吗？可以这么说。不过这比懵懵懂懂的快乐于人更有利。看轻自己比不了解自己好。

不把两者混淆，我们就可以而且更有理由把斯宾诺莎说的关于羞耻的话用在谦虚上（因为谦虚不以自由意志的幻觉为前提，也不以同样痛苦的重复为前提）：“实际上，对自己的所作所为感到羞耻的人虽

---

① 西蒙娜·魏尔（Simone Weil，1909–1943），法国哲学家。

② 伊蒂·希勒萨姆（Etty Hillesum，1914–1943），荷兰犹太人，死于奥斯维辛集中营，有日记传世。

③ 十字架的圣约翰（Saint Jean de la Croix，1542–1591），加尔默罗会的改革者，圣会圣师。

然难过，却比丝毫不想体面地生活的无耻之徒完美。”就算难过，谦恭的人也比自命不凡厚颜无耻的人完美。这是谁都知道的（正人君子的谦虚比混蛋心满意足的盛气凌人好），而这就说明尼采错了。尼采说，谦虚是奴隶的美德，主人都“傲慢又骄傲”，用不着这种美德：在主人眼里，所有的谦虚都是可鄙的。就算是这样吧！可是，难道轻蔑不比谦虚更可鄙吗？贵族们很在行的“自我赞美”，与尼采所说的清醒能够相容吗？尼采把清醒当成杰出的哲学美德，他这样做是对的。谦恭的人会反驳说：“我太了解自己了，没有什么可以用来自我赞美的。我倒是需要对自己尽可能地宽恕，好勉强能承受自己……”还有什么比扮演超人更可笑的吗？如果是为了受自己欺骗到这种程度，不再信仰上帝又有什么好处呢？谦虚，是用第一人称的无神论：谦恭的人是自我的无神论者，正如不信教的人是上帝的无神论者一样。如果是为了赞美最后一座偶像（自我!），如果是为了弘扬自我崇拜，为什么要主张打碎所有的偶像呢？扬科列维奇后来说了：“谦虚等于真理”。比起尼采式的*赞美*来，这是多么真实、多么谦恭啊！真诚和谦虚是姊妹：“对真诚的人来说，严格清醒的真诚，不带幻想的真诚，是一堂上不间断的谦虚课；反之亦然，谦虚有助于真诚的自我幻视的锻炼培养。”这也是心理分析的精髓（正如弗洛伊德所说，“自我陛下”在这里失去了宝座），主要是在这一点上心理分析值得重视。必须热爱真理，或者爱自己。任何知识对恋己癖都是创伤。

必须像帕斯卡想的那样，要恨自己吗？当然不：那是缺乏仁慈，而仁慈是每个人（包括自己）都有权得到的，或者更确切地说，仁慈是除了各种权利之外给每个人的爱，有的人不配，但爱启示了他；犹如一项恩典，说不明白为什么给但是应该给，是无偿的但是必需的——一点点真正的爱，甚至关乎到我们（不过这时爱不再涉及自我：它穿越了自我），我们有时还是能够爱的！

爱人如己，爱己如人。圣奥古斯丁说过：“谦虚存在的地方，也是仁慈的所在”。这是因为谦虚引人向爱，就像扬科列维奇提醒的那样，而任何真正的爱无疑都以谦虚为前提：没有谦虚，自我就把可用的空间都占了，视人如物（贪欲而非爱的对象！），或视他人如仇雠。谦虚是一种努力：通过这种努力，自我试图把自己从对自身所作的幻想中解放出来——因为自我是由种种幻想造就出来的——，使自我解体。这就是谦恭者的崇高。他们在追寻自身狭隘、精神贫乏和空虚的根源：那里已经一无所有，只有宇宙了。就剩他们自己了，赤裸着，像普通人一样：不戴面具，暴露在爱和阳光下面。

但是。没有幻想也没有贪欲的爱——仁慈——，我们真能做得到吗？

这里不是对此事下结论的场合。不过，即使我们不能做到仁慈，还有怜悯在。怜悯是仁慈最谦恭的面孔，是日常生活里和仁慈相似的东西。

扬科列维奇在论述谦虚的那一章里提到："古希腊人几乎不知道这种美德。"他这样说是有道理的。人给自己创造了一个相当伟大的上帝，让自己显得恰如其分的渺小。人这样做也许错了？但不能因此肯定古希腊人一直以为自己伟大就是错了（我觉得扬科列维奇像帕斯卡一样，在"斯多葛派傲慢"的判断上有失误：爱比克泰德的著作里也提到了谦虚，自我通过这种谦虚才知道自己不是上帝，而且什么都不是）；但他们可能没有多少自恋癖需要克服，或者没有多少幻想需要驱散。然而，这个上帝（我们的上帝：犹太人的上帝，基督徒和穆斯林的上帝），不管你信还是不信，现在对每个人在不同程度上都是一堂了不起的谦虚课程的老师。古代人知道自己是必死的：他们以为只有死亡才能把他们和神分开。我们已经不这么想了，现在已经知道永生不能（可能为此也就是不可承担的了）把我们变成和我们不同的别的东西，这是很可惜的……为了摆脱自身，谁不曾向往过死啊？

就这一点而言，谦虚可能是美德中最具宗教色彩的。人在教堂里是多么想跪啊！干嘛不让自己跪呢？就说我自己吧：因为我必须以为是神创造了我——至少这样的想法使我得到了解脱。我们太渺小、太软弱、太平庸……人类成了如此微不足道的造物：怎么能想象上帝想要造出*这个*来呢？

来自宗教的谦虚，这样就能把人引向无神论。

信神，可能是一种傲慢罪。

十二 单纯

谦虚有时缺少单纯，因为它以从自我到自我的重复为前提。评价自己，是认真审视自己。单纯的人不对自己提那么多问题。是因为他对自己无所谓吗？这样说就太过分了。他是既不接受自己，也不拒绝自己。他不扪心自问，不自我欣赏，也不自我审视。他不自吹自擂，也不自轻自贱。他就是他，简简单单，不绕弯子，不矫饰，或者更确切地说——因为，他觉得对他这样一个小人物来说，*存在* 是个太大的字眼——，他像我们中间的每个人一样，我行我素，看不到有什么可说的，有什么可评论的，甚至看不出有什么值得思考的。他就像林中鸟，总是那么轻盈、安静，欢歌的时候那样，栖息枝头的时候还是那样。实在的东西令实在的东西感到满足，而单纯就是实实在在。因此，单纯的人是实在的人，表达上已经变得简单明了。歌？偶尔唱唱；静默，是常态；生活，一直在生活着。单纯的人生活像呼吸一样自然，不太努力，也没有更多的荣耀，不引人注目，也不感到拘束。单纯不是美德，美德可以是生存的一种补充。单纯就是生存本身，没有什么可以补充的。因此，单纯是美德中最轻松的，最透明的，也是最罕见的。单纯是文学的对立面：单纯是没有浮语虚词、没有虚言谎话、没有夸大其词、没有侃侃而谈的生活。单纯是平淡无奇的生活，因而是真实的生活。

单纯也是口是心非、繁杂暧昧和自命不凡的对立面。因此，单纯是难能可贵的。意识不总是两面性的、只会意识到某种东西吗？现实不总是很复杂、只因为因果都交织在它身上才成为现实的吗？任何人不都是一旦致力于思考就自命不凡吗？除了愚蠢、无意识和虚无，还有什么样的单纯呢？

单纯的人可以不给自己提这些问题。但这不能把这些问题取消，也不足以使我们把这些问题解决。单纯不是幼稚无知。但这些问题更不能把所有的单纯都取消，也不能取消附着在单纯上的美德。智慧不是杂乱无章、纷纭复杂和冒充高雅。当然，现实是复杂的，而且这种复杂性还可能是无穷的。一棵树，一朵花，一颗星星，一块石头……是永远描绘不尽、讲解不完的。但这并不能妨碍它们就那样单纯地存在着（是的：它们就是那样单纯、准确地存在着，没有任何错误，没有任何两面性，没有一点点自命不凡！），也不能强迫谁非得去进行这种无穷尽的描绘或讲解。一切都很复杂，一切都很单纯。“玫瑰长在那里，没有为什么的问题，开花是因为它开花，花儿无忧无虑，也没想让人观赏自己……”（德国诗人西勒修斯语）对想把玫瑰弄明白的人来说，还有什么比玫瑰更复杂的？对什么也不想弄明白的人来说，还有什么比玫瑰更简单的？思想复杂，眼光单纯。歌德说过：“一切都比我们所能想象的简单，而同时又比我们能够设想的复杂。”原因复杂，表象简单。现实复杂，存在简单。克雷芒·罗塞[①]写道：“存在的对立面不是虚无，而是一种和它酷似的东西。”单纯的对立面不是复杂，而是虚假。

人的单纯——作为美德的单纯——用不着去否认意识或思想。倒不如说单纯是通过其所具有的这种能力认识了自己。这种能力即：不取消意识和思想，而是超越它们，摆脱它们，不上它们的当，不做它们的俘虏。任何意识都是双重的，因为它是对一个对象的意识（意向性），也是从这种意识中得到的意识（自省性），这样说也可以。不过，这什么都证明不了，不能证明反对现实的单纯和生活的单纯是正确的，甚至不能证明反对纯粹的、前自省的和判断之前的意识的单纯是正确的，没有这后一种意识的单纯，任何判断、任何自省都是不可能的。单纯不是无意识，单纯不是愚蠢：思想单纯的人不是傻瓜！单纯倒是成了智慧和“自省性的解毒剂”（米歇尔·迪皮伊语），使自省

---

① 克雷芒·罗塞（Clement Rosse，1939-　），法国哲学家。

性和智慧避免过于自信，不在其中迷失或失去现实感，不过于看重自己，不过于突出自己，不至于最终反而成了所要表现或揭示的东西的障碍。单纯教人学会摆脱自己，或者不如说单纯就是摆脱一切，包括自己："放弃得到的"，博班[1]说，"接受即将到来的，已有的东西一点不要保留……"单纯是赤裸，是剥夺，是贫乏。除了万有之外没有别的财富。除了虚无之外没有别的珍宝。单纯是自由，是轻松，是透明。像空气一样普通，像空气一样自由：单纯是思想的空气，犹如一扇洞开的窗子，迎着世界的强大气流，迎着万物默默的无边无际的存在……还有什么比风更单纯的吗？还有什么比单纯更像空气一样轻盈的吗？

理性地说，单纯可能就是良知，而不是别的什么东西。当良知没被它知道或相信的东西蒙住，而是首先面向现实，面向现实的单纯，并在它每次运演时都总是像新的一样的时候，它就是公正的判断。当单纯没被自己欺骗的时候，它就是理智：清醒的理智，体现出来的理智，愿意的话，你也可以说是最低限度的理智，但它是一切理智产生的条件。在两种论证之间，两种假设之间，两种理论之间，科学家们习惯于优先考虑最简单的那种：这是把希望寄托在现实的单纯上面，而不是寄托在我们的思考能力上面。这种选择，虽然无法证明其正确性，却出自良知。我常常为科学家们、特别是当代科学家们通常都作相反的选择而感到遗憾，因为他们更喜欢复杂、隐晦、曲折……这样做保护了他们，使他们免于受到反驳，但也使他们的理论变得似是而非，令人厌倦。不是现实复杂，是思想复杂，所以这是很坏的复杂。正像蒙田说过的那样，"简单而朴素的真理"更有价值。当然，必要的时候要和现实的复杂相称，但不要把我们头脑里的杂乱无章掺进去，也不要把这些杂乱无章的东西和单纯混混为一谈。智慧是把最复杂的东西变得最简单的艺术，而不是相反。这就是伊壁鸠鲁的智慧，蒙田的智慧，笛卡尔的智慧……以及我们今天的学者的智慧。还有比

---

① 博班（Bobin，1951－　），法国作家。

$E=mc^2$更简单的吗？这是现实的单纯，即使复杂；这是思想的清晰，即使艰难。“语法学家阿里斯托芬①对此一窍不通”，蒙田写道，“所以才会指摘伊壁鸠鲁词汇单一，才会指摘他演说术的意图，那只不过是语言的明晰而已。”能够简单的时候为什么要搞得复杂呢？能够简洁的时候为什么要搞得冗长呢？能够清晰的时候为什么要搞得晦涩呢？一种思想做不到简单、简洁、清晰，还有什么价值？有人说诡辩派的晦涩是假装的，我根本不相信。他们假装的是深刻，对于晦涩来说这是必须的。浅水只有在被搅浑了的条件下才能迷惑人……如果说得更浅显点，他们的理论也许会更有说服力。可是，如果他们有说服力，还用得着隐晦吗？

这种现象非自今日始。故弄玄虚是永恒的，或者不如说每个时代有每个时代的故弄玄虚。哪一代人有哪一代人的诡辩派、喜欢玩弄辞藻的人、可笑的才子和不懂装懂的人。笛卡尔在反对他那个时代的这类人时道出了这种现象的实质，他的话对今天的这类人也适用：“对资质平庸之辈来说，他们探讨哲学问题的方式非常方便；因为，他们把各种差别和原理搞得很晦涩，使他们能够肆无忌惮地谈论各种事物，就像他们什么都知道似的，而且坚持他们所说的一切，反驳最有洞察力和学问最渊博的人，而又让人没办法说服他们。”晦涩起了保护作用。复杂起了保护作用。笛卡尔针锋相对地提出的是他自己所遵循的“简单明了”的原则，这使他的哲学著作能为大家所理解，能让大家讨论。人不是为了保护自己才思索的。单纯也是一种智力美德。

不过这首先还是一种伦理美德，甚至是心灵美德。目光的清澈，心灵的纯洁，话语的诚恳，人格或行为的正直……好像我们只能通过别的东西间接地接近这种美德。因为，单纯不是纯洁，不是诚恳，不是正直……比如，费奈隆②就指出过，“我们见过很多诚恳的人，但他们不单纯：他们不说一句自己不真信的话，只希望自己是什么就被看

① 阿里斯托芬（Aristophane，约公元前257–180），古希腊学者、语法学家。
② 费奈隆（Fénelon，1651–1715），法国作家、教育家。

成什么，但又总害怕被误解；他们总在琢磨自己，推敲（就像在用卡尺测量）自己的一切话语和思想，回想他们所做过的事，生怕做得太多或说得太多。”简言之，即使理由充足，他们也是太过于专注自身了，而这一点恰恰是与单纯对立的。当然也不是非要他们不去想自己。“因为要成为单纯的人”，费奈隆写道，“结果反而离单纯更远了。”问题在于丝毫不要假装，甚至连单纯也不要假装。坦率的自私都比装出来的慷慨好。坦率的朝三暮四都比装出来的忠诚好。再说一遍，单纯不是仅限于真诚、没有丝毫的虚伪和谎言；倒不如说是仅限于没有算计、诡计和装模作样。一般的谎言都比精心算计的真诚好。“这些人真诚”，费奈隆接着写道，“但不单纯；他们与人相处时一点都不自在，别人和他们相处时也一点都不自在；在他们身上找不到一点自在，找不到一点自由，找不到一点坦率，找不到一点自然的东西；人更喜欢不那么规规矩矩、比较不完美的人，因为他们不怎么装模作样。这就是人的品味，而神的品味也是这样：神想要的是不太关注自己的人，不是那种整天对着镜子装模作样的人。”单纯是自发的，是和自我即时重合的（包括和自我身上我们没意识到的东西的重合），是一种快乐的即兴之作，是无私，是超脱，是不屑于证明什么。不屑于争强好胜，不屑于出风头……因此就给人留下了自由、轻松、坦率的印象。“单纯”，费奈隆写道，“是灵魂的正直，不作无益的反躬自省，也不去检讨自己的行为……单纯自由得像行云流水，因为它不怎么停下来刻意装扮自己。”单纯无忧无虑，但并不粗心：它关注现实，而不是关注自身。这与自爱相反。费奈隆还写道：“由于刻意地不去反躬自省，人便从内心里舍弃了自我，行起事来就更自然……这种真正的单纯有时会显得有点漫不经心，也不太合乎规矩，但它有一种憨厚和率直的味道，能让人感觉到一种说不出的坦率、温馨、天真、愉快和宁静，当人用纯洁的双眼在近处不停地看它的时候，它就会令人陶醉。”单纯是忘我，正是在这一点上它成了美德：不是像慷慨那样与自私相反，而是与自我欣赏、自命不凡和自鸣得意相反。有人会说，慷慨更有价值。是这样，只要自我存在并占据统治地位，就是这样。不过，当绝对的单纯总是慷慨的时候（阿西西的圣方济各是多么慷慨啊!），并非所有的慷慨都单纯（在笛卡尔的著作里，慷慨是多么自鸣得意啊!）。这是因为自我不是别的，只不过是它关于自身所作的全部幻想：自我欣赏不是自我造成的结果，而是它的原则。慷慨克制住了自我；单纯使自我解体了。慷慨是一种努力，单纯是一种休息；慷慨是胜利，单纯是和平；慷慨是力量，单纯是禀赋。

扬科列维奇看得很清楚，没有单纯，任何美德都会缺少实质性的东西。装出来的感激、刻意的谦卑和只是为了显示的勇敢，有什么价值？这不会是感激，不会是谦卑，也不会是勇敢。不单纯的谦虚，是假谦虚。不单纯的诚恳，是表现癖或算计。单纯是美德的真谛：各种美德只在不把自我表现、甚至自身存在（是的：摆脱自我!）放在心上的条件下，因而亦即只在没有企图、心计和奢望的条件下，才成其为美德。只在大庭广众面前表现得勇敢、仁慈和道德高尚的人，不是真勇敢，不是真仁慈，也不是真高尚。只在公众面前表现单纯的人（有这样的事：有些人见着谁都以你相称，而对着镜子却以您称自己）只不过是在装腔作势。拉罗什富科说过："装出来的单纯，是一种巧妙的欺骗。"因此，没有单纯，任何美德都是被歪曲的，美德被抽空了，只剩下了自我。相反，真正的单纯，不能把缺点取消，但能使缺点变得容易被接受：有点自私，有点懦弱，有点不忠实，从来都不会妨碍一个人成为有吸引力和同情心的人。而自命不凡的蠢货，伪善的自私鬼，硬充好汉的胆小鬼，却是令人难以容忍的，就像摆出一副风流倜傥模样自炫其美或夸富的男人一样讨厌。单纯是美德的真谛，它使过失得到谅解。这是圣徒的魅力所在，也是罪犯招人宽恕的地方。

然而，单纯不能成为一切过失的托词，这一点也是相当清楚的。实际上，与其说是一种托词，毋宁说是一种魅力。但是，把单纯当魅力使用的人会缺少单纯。

单纯的人是那种不做作的人，他不注意（自己与自己的形象和声誉），不算计，没诡计，没秘密，没有隐秘的思想，没有纲领，没有计划……童年的美德？我不这么认为。倒不如说是像美德一样的童年，但这是寻找回来的童年，重新得到的童年，好像摆脱了童年自身，摆脱了对成年人的模仿和长大成人的焦急，摆脱了生活这个十分严肃的大题目和成为自我这个绝大的秘密……单纯只能一点一点学。看看演奏莫扎特或舒曼作品的克拉拉·哈斯姬吧！没有一个孩子能像这位老夫人演奏《小星星变奏曲》（“啊！妈妈，我要对您说”）和《童年情景》时那样优雅，那么富有诗意，那么轻松，那么单纯……这是精神的童年，是孩子们常常很难达到的境界。

同一个词也能指称一种愚蠢，这就相当清楚地说明了我们对智慧的看法，也说明了我们对智慧的通常用法。但这并不能掩盖问题的实质，实质就是作为美德和作为禀赋的单纯自身。这里弥漫着《福音书》精神。“看看天空中飞翔的鸟吧：它们不耕种也不收获，也不到粮仓里去采集：你们的天父在喂养它们！……看看田野里的百合花吧，生长得多么茂盛：它们既不吐丝也不酿蜜……”（《马太福音》）我们不能总这样活着，明智这样提醒我们。这是智力美德在和精神美德对抗。谁会看不出来，明智是必须的，而单纯是更为高尚的？天父喂养孩子喂养得很不好，明智的作法是不要像鸟儿一样活着。但不把智慧完全遗忘也是聪明的，这种智慧就是单纯。诗人的智慧：“我们到处流浪，寻找快乐时光，点滴快乐处处有，而麻雀的跳跃是我们仅有的机会，来把分布在大地上的上帝恩惠品尝。”对神来说，一切都很单纯；对单纯的人来说，一切都很神圣。连劳作和努力都是神圣的。“不必为明天担忧：明天自己会为自己担忧。今日愁来今日愁就够了……”播种和收获都没被禁止。可是，干嘛要在播种的时候担心收获呢？收获的时候干嘛要为播种感到遗憾呢？单纯是现时美德，当下的美德，正是在这一点上，任何美德都只有在单纯的条件下才能成为真正的美德。作计划，订纲领，进行计算……都没被禁止。但是单纯，亦即美德，是远离这一切的。什么都没有未来重要，什么都没有未来复杂。什么都没有现在简单。

单纯是忘我，是忘记它的骄傲和恐惧：这是用安宁对担心，用快乐对忧愁，用轻松对严肃，用灵机一动对深思熟虑，用爱对自爱，用实在对自负……自我当然还存在其中，但那是作为变得轻松、被净化和解放（*“从自我中解脱出来了”*，正像博班所说的，*“被整个王国抛弃了”*）了的自我而存在着。很久以前，自我甚至放弃了追求自救，如今不再操心自己的消失了。对自我来说，宗教过于复杂了，甚至道德伦理对它都太复杂了。没完没了的反躬自省有什么用？总是没完没了地剖析自己、评判自己、谴责自己……使我们的高尚行为受到怀疑，使我们的高尚感情变得暧昧。单纯的人知道这一点，但是完全不拿这一点当回事。他对自己没那么大兴趣，不去评判自己。对单纯的人来说，仁慈代替了纯洁，或者说，也许是纯洁代替了仁慈。单纯的人既不以为自己了不起，也不悲观。他不慌不忙地走着，心境平和，漫无目的，没有憧憬，不躁不急。世界是他的王国，够用了。现时是他的永恒，令他满足。他无需证明什么，因为他不想成为什么。也无需寻找什么，因为一切都在眼前。还有什么比单纯更简单的吗？还有什么比单纯更轻松的吗？单纯是智者的美德，也是圣徒的智慧。

十三 宽容

这是中学会考时出过几次的作文题："认为有不可宽容之事，就总要表现得不宽容吗?"或者，换一种方式："为人宽容，就要容忍一切吗?"对这样两个问题，回答显然都是否定的，至少在人希望宽容成为一种美德时是这样。容忍强奸、酷刑、谋杀的人，还能说是道德高尚的人吗？在这种对最坏的事情的容忍里，哪里还有一丝值得敬重的情感？不过，如果回答只能是否定的（作为作文题，那就成了缺点了），这样的立论就不能不带来若干问题，比如如何定义，如何界定，等等。我想，在四个小时的考试时间里，这些问题就足够考生们忙活的了……作文不是民意测验。当然必须回答，但只有经过论证的答案才有价值。哲学探讨是思考，无需证据（如果有 证据，那可能就不是哲学了），但又不是思考随便什么东西（其实，思考随便什么东西可能就不再是思想了），也不是随便怎么思考。理性是主导，如同在各个科学门类里一样，但不可能检验，也不可能反驳。那么，为什么不以科学为满足呢？因为不能：科学没有对我们提出的任何实质问题作出回答，甚至没有回答科学自身向我们提出的问题。"非得学数学吗?"这个问题，得不到数学的答案。"科学是否真实?"这个问题，也得不到科学的答案。不言而喻，涉及生活的意义、上帝是否存在或我们的价值观的价值的等等问题，也都同样如此……那么，怎么才能不再想这些问题呢？问题在于活着就得思考，亦即能思考的时候就得思考，亦即不知道要思考到什么时候为止。形而上学是哲学的真谛，在认识论方面如此，在伦理哲学或政治哲学方面也是如此。一切都是互相依存的，也都与我们有关联。一种哲学是一整套的合理意见：这东西比我们想象得更困难，更有必要。

有人会说我离题太远了。这是因为我不是在写作文。人不能老是在学校里，而这是再好不过的事。另外，也不能肯定我就是离容忍这个题目太远了。我说过，哲学探讨是无证据的思考。宽容也是在这里出现的。当事实确实被认识到了的时候，宽容也就没有了对象。账房先生算错了账，他拒绝改正，是我们不能容忍的。实验证明物理学家错了，拒绝纠正，同样不能容忍。犯错误的权利只在*事前*有；错误一旦显露，就不再是权利，也不能再赋予任何权利：*事后*坚持错误，那就不再是错误，而是过失了。因此，数学家用不着容忍，验算证明就足以使他们心平气和。至于那些想阻止科学家工作或发表意见的人（比如教会反对伽利略），他们所缺的首先不是宽容，而是智慧，而是对真理的热爱。首先要有知识。真实是第一位的，是大家都不能不承认的，它没有强加什么。科学家需要的不是宽容，而是自由。

宽容和自由是两种不同的东西，这是经验已经足够地证实了的。错误一旦为人所知，没有任何一位科学家会要求、甚至会接受我们宽容他的错误；科学家一旦显示出在属于他的那个专业里不称职，他也不会要求人们宽容他的不称职。但也没有任何一位科学家会接受人家指示他该怎么思考。除了实验和理性，没有别的东西能够限制他：除了至少是可能的真理之外，没有别的东西能限制他，而这就是所谓的思想自由。和宽容的区别何在呢？在于后者（宽容）只出现在缺乏认识的时候，而前者（思想自由），只要能使我们摆脱一切并摆脱我们自身，就毋宁说是认识本身。阿兰说过，真理不服从，正是在这一点上，真理是自由的，尽管它是必然的（或者说 因为 它是必然的），而且使人自由。“地球围绕着太阳转”：接受或不接受这种说法，从科学的角度来说，与宽容毫不相干。科学只在纠正自己的错误中前进，所以没人会要求科学宽容错误。

一遇到观点问题，宽容的问题就提出来了。所以宽容才一再成为问题，几乎永无休止。我们不知道的比知道的多，而我们所知道的一切又都直接或间接地取决于某种我们不知道的东西。谁能够绝对地证明地球存在？太阳存在？如果地球和太阳都不存在，肯定地球围绕着太阳转还有什么意义？同一种主张，从科学的角度着眼，不属于宽容的范畴，而从哲学、伦理学或宗教的角度着眼，又属于宽容的范畴。达尔文的进化论就是这样：要求宽容它的人（更不必说 要求禁止它的人了）没搞明白进化论在哪一点上是科学的；而那些想断然将进化论作为人类及其起源的绝对真理强加于人的人，却表现出了高度的不宽容。《圣经》不能论证，也不能反驳：因此必须相信，或容忍别人相信。

在这里又碰到了我们的老问题。如果必须容忍《圣经》，为什么不容忍《我的奋斗》？而如果我们容忍《我的奋斗》，为什么不容忍纳粹主义、酷刑和集中营？

对这些东西统统宽容，在道义上肯定要受到谴责：因为这种宽容把受害者遗忘了，因为它把受害者抛弃不管了，因为它要让他们的苦难永无穷期地延续下去。宽容是接受我们可以谴责的东西，是让人随便去干那些我们可以阻止或反对的事情。所以宽容是放弃我们的部分权利、力量和愤怒……我们宽容孩子的任性或对手的立场时就是这样。但是，这只在我们自己把一切都担待起来的时候，像大家常说的那样，为此要超越自己的利益、克服自己的痛苦和焦躁，只有在这种时候，这样做才是道德高尚的。宽容只在克己为人时才有价值。在不受任何损失的时候，不存在宽容问题；在只是承受即什么都不用做还能得到好处的时候，就更不存在宽容问题了。拉罗什富科说过："我们都有足够的力量去承受他人的不幸。"可能是这样。但是，这其中却没有丝毫的宽容。据说萨拉热窝曾经是一座宽容的城市；如今（1993年12月）成了一座围城，忍饥挨饿，遭受屠戮。丢弃萨拉热窝不管，任其受命运的折磨，这对欧洲来说只能是耻辱。宽容是克己，让他人承担的宽容不再是宽容。容忍别人的痛苦，容忍我们没有身受其害的不公平，容忍我们没有遭受的恐怖，这就不再是宽容：这是自私、冷漠或者更坏的东西了。宽容希特勒，那是让自己成为他的同谋，至少是犯了对良心来说是无为罪的同谋，因遗弃而成了同谋，而这样的宽容已经是同流合污了。怨恨、愤怒、暴力都比在恐怖面前的这种消极无为好，都比可耻地接受这种最坏的东西好！不问青红皂白的宽容是容忍残酷：是残酷的宽容！

而且这种普遍的宽容也可能是矛盾的，至少在实践中是矛盾的。因此，它不仅在道义上是应该受到谴责的，就像我们上面所说的那样，而且还在政治上受到了谴责。这就是卡尔·波佩尔[①]和弗拉基米尔·扬科列维奇在不同的问题体系中所揭示的。宽容被推到极致，“最终会以自我否认告终”（扬科列维奇语），因为它一直让那些想消灭它的东西行动自由。所以，宽容要在某种界限之内才有价值，这就是它自我保护的界限，保持宽容可能存在的条件的界限。这就是卡尔·波佩尔所说的“宽容的悖论”：“如果你是个主张绝对宽容的人，即使对不宽容的人也宽容，而且不保卫被攻击的宽容社会，宽容的人就一定会被消灭，宽容也会和他们一起消失。”宽容只在人类所处的现状下，即在人类冲突不断、为情欲所驱使、四分五裂的情况下才有价值，也正因为如此才有价值。一个能够存在普遍宽容的社会，可能不再是人类社会，因而也不再需要宽容了。

爱或慷慨没有固有的界限，也没有除了我们的有限性之外的其他有限性。与爱或慷慨相反，宽容在本质上是有限的：无限的宽容可能就是宽容终结！不给自由的敌人以自由吗？事情不这么简单。美德不能局限于美德的相互给予：只对正直的人正直，只对慷慨的人慷慨，只对仁慈的人仁慈等等，这样的人不正直，不慷慨，不仁慈。只对宽容的人宽容，也不是宽容 。如果宽容是一种美德，就像我认为的那样，就像大家一般都接受的那样，它也是凭其自身而有价值，包括对那些不以宽容为行为准则的人也宽容。道德理论不是市场，也不是镜子。当然，不宽容的人没有任何理由抱怨，说别人对他们不宽容。可是，你在什么地方见过美德是要根据缺乏美德者的看法来下定义的？正直的人应该靠“正义的原则来指引，而不是以不正直的人不抱怨为

---

① 卡尔·波佩尔（Karl Popper，1902–1994），奥地利哲学家。

原则”。（罗尔斯语）同样，宽容的人应该靠宽容的原则来指引。如果因为宽容一切会把宽容葬送因而不能一切都宽容，面对那些不尊重宽容的人也不能放弃一切宽容。禁止一切不民主的政党活动的民主国家太缺少民主，如同任政党为所欲为的民主国家民主太滥一样，或者更糟，因而要受到谴责：因为在必须靠武力维护权利、用强制手段维护自由的时候，它没有这么做。在这里，标准不是伦理的，而是政治的。藉以确定对某个人、某个团体或某种行为的宽容程度的，不应该是某个人、某个团体或某种行为所表现出来的宽容（因为那样就必须禁止我们的年轻人的所有极端组织的存在，并因此反而认为某个人、某个团体或某种行为是有道理的），而是其实际的危险性：不宽容的行动，不宽容的组织，等等，应该被禁止，如果——而且只是如果——它们真正威胁到自由，或者从总体上威胁到宽容可能存在的条件。在一个强大稳固的共和国里，反对民主，反对宽容或反对自由的游行示威，不足以使民主、宽容或自由陷入危险境地，所以也就没有理由禁止，想要禁止就是缺乏宽容。但在变得虚弱了的国家、面临内战威胁或已经爆发内战的国家、面临叛乱组织夺权威胁的国家里，这样的游行示威可能变成真正的危险，所以就有必要禁止、甚至用武力阻止，而不考虑采取这种行动就是缺乏果断或明智。简言之，这一切都取决于实际情况，而“在宽容问题上钻牛角尖”，像扬科列维奇所说的，是我们民主国家的一个大问题。卡尔·波佩尔在提到宽容的悖论即因为要把宽容扩大到无限而弱化了宽容之后，又作了如下补充：

“我的意思不是想说必须永远阻止不宽容理论的表达。在可以用合乎逻辑的说法反驳不宽容理论的时候，在可以借助公众舆论的帮助对其进行钳制的时候，禁止它们就是错误的。但是，必须要求有禁止它们的*权利*，需要的时候甚至要使用武力；因为坚持不宽容理论的人极有可能拒绝进行合乎逻辑的讨论，而只用暴力来回答争论。此时就必须认为，他们这样做就使自己不受法律保护了，而煽动不宽容是和煽动其他事情比如杀人，是同样有罪的。”

民主不是软弱。宽容不是消极无为。

因此，在道德伦理上应该受谴责而在政治上已经受到谴责的普遍宽容，可能既是不道德的，也是行不通的。或者换一种说法：甚至而且尤其是对宽容的人来说，有相当多的不可容忍的事物！在道德伦理上：不可容忍的是他人的痛苦，是非正义，是压迫，这时还能用较小的损失阻止或战胜它们。在政治上：不可容忍的是一切确实威胁到自由、和平或社会生存的事物（以对危险总是难以确定的估计为前提），因此也就是一切威胁宽容的事物，从这个时候起，这种威胁已经不仅仅是思想立场的表达（思想立场的表达是可以容忍的），而是实实在在的危险的显示了（实实在在的危险应该被制止，必要的时候使用武力）。这样，在最好的情况下给钻牛角尖留了余地，在最坏的情况下给恶意留下了可乘之机——这样也就给民主留了余地，给民主的不确定性和种种风险留了余地。不过，民主的不确定性和种种风险也比极权政体的安逸和确定性更有价值。

什么是极权政体呢？这是对（社会的）一切的全权（政党的或国家的）。不过，如果要对极权政体和单纯的独裁或专制政体加以区别，那区别也主要是意识形态方面的。极权政体从来不只是一个人或一个政党的权力，也是、可能还首先是一种理论的权力，一种（常常自诩为科学的）意识形态的权力，一种“真理”的权力，或者自称是这样的权力。孟德斯鸠[①]说过，各种类型的政府都有自己的原则：如同君主政体靠荣誉、共和政体靠道德、专制政体靠恐惧运行一样。汉娜·阿伦特补充说，极权政体靠意识形态或（从内政着眼）“真理”运行。在这一点上，所有的极权政体都是不宽容的：因为真理不容讨论，不靠投票表决，无需每个人喜欢或发表意见。这就像一种真正的

① 孟德斯鸠（Montesquieu，1689–1755），法国启蒙思想家。

专制。也是在这一点上，所有的不宽容都倾向于极权政体；或者，在宗教问题上倾向于完整保存传统主义：它只能以其假定的真理的名义把自己的观点强加于人，或者更确切地说，这种强加于人只有在这样的条件下才能宣称自己是合法的。靠武力强加于人的专制是独裁，如果这种专制是靠意识形态强加于人的，就是极权政体。大家明白，大多数极权政体都会变成独裁（需要的时候，武力必须来支持思想……）；大家也明白，在我们的现代社会即信息社会中，大多数独裁政体正向极权政体靠拢（思想必须来证明武力的正确）。宣传说教与警察制度并行。宽容问题，尽管在很长一段时间里一直只是个宗教问题，如今却有侵入社会生活各个方面的趋势；或者不如说，因为当然必须说说相反的情况，到了二十世纪，开始时是教士问题的宗派主义变得以多种形式出现且无处不在了，这一次起主导作用的主要是政治而不是宗教：这样一来，宗派主义团体在野的时候，表现为恐怖主义，或者在它当政的时候表现为极权政体。这曾经是我们的历史，我们可能就要从这段历史中走出来了。相反，我们不能从其中走出来的是不宽容，是盲从，是教条主义。这些东西总是一次次随着新“真理”的出现死而复生。何为宽容？阿兰的回答是：“一种能够克服盲从这种令人生畏的对真理的热爱的智慧。”

那就不必再热爱真理了吗？不再热爱真理等于送给极权政体一份厚礼，也几乎就是禁止自己和极权政体作斗争了！汉娜·阿伦特指出过：“极权制度下的理想臣民既不是心悦诚服的纳粹分子，也不是信仰坚定的共产党员，而是这样一种人，对他来说事实与假象（即经验的真实）之间的区别、真和假（即思想的标准）之间的区别已经不复存在的人。”诡辩学派帮了极权政体的忙：如果什么都不是真的，用什么反对它的谎言？如果没有事实，怎么去责备它掩盖、歪曲了事实？用什么反对它的宣传？因为，极权政体虽然自诩为真理，但每当真理令它失望的时候，它又不能不让自己再次发明一个新的、更加驯服的真理。这个问题我不想多说，因为事实俱在，广为人知。极权政体自教条主义始（它宣称真理证明它正确，证明其权力合法），以诡辩术终（它把证明其权力合法的东西称之为“真理”，同时宣称真理证明它正确）……首先是“科学”，然后是填鸭式的欺骗宣传。很清楚，这其实是伪真理或伪科学（纳粹的生物学说或斯大林的历史主义就是这样），但实际上关键不在这里。建立在真正的科学基础上的制度——比如我们不妨设想一下医生的专横——，一旦宣称以其所掌握的真理的名义进行统治，在极权方面也不遑多让：因为真理从来不统治，也不说什么是必须做的，什么是必须禁止的。我在阿兰之后提醒过，真理不服从什么，因此是自由的。但真理也不下命令，所以我们也是自由的。确实，我们都得死：但并不因此就否定生，也不证明杀人犯是对的。确实，我们说谎、自私、不忠诚、忘恩负义……但不能说我们这样是对的，更不能说那些有时很诚实、慷慨或心存感激的人错了。要把不是同一范畴的东西区分开来：真不是善，善不是真。因此知识不能替代意志，无论是对民众（没有任何科学能取代民主，即使是真正的科学也不行），还是对个人（没有任何科学能取代道德伦理，即使是真正的科学也不行），都是如此。极权政体就失败在这里，至少在理论上失败了：因为和极权政体所鼓吹的相反，真理既不能证明它正确，也不能证明它的权力合法。然而，真理确实不能靠投票决定，但真理也不统治：因此任何统治都可以是服从票决的，而且应该服从票决。

为了宽容，不仅完全无需放弃对真理的热爱，而且相反，正是这种爱——不过是幻灭的——本身为我们提供了让自己宽容的主要理由。这些理由中的第一项就是，热爱真理，尤其是在这些领域里，就等于承认我们对真理的认识从来不是绝对的，也不是十分有把握的。我们已经看到，宽容的问题只在涉及观点的问题时才提出。那么，观点又是什么呢？还不就是一种不肯定的信念？充其量也只是一种主观上肯定的信念。天主教徒可以主观上确信天主教教义的真理。不过，如果他在理智上是诚实的（如果他热爱真理胜于肯定的信念），他就应该承认自己不能用信念去说服新教教徒、无神论者或穆斯林，哪怕他们都受过教育、天资聪明而又心地善良。因此，任何人，不管他多么坚信自己有理，都应该承认他不能证明自己有理，这样一来他也就和他的某个对手处于同一水平上了，对手跟他一样信仰坚定，也一样说服不了他……宽容作为一种习惯力量（作为美德），就是这样建立在我们的理论弱点之上的，即建立在我们没有达到绝对存在的能力之上的。这一点，蒙田、培尔[①]和伏尔泰都看到了。蒙田说过："靠臆想把一个活生生的人煮了，是把他的臆想估价得太高了。"培尔说的是："明确是一种相对的品质"；而伏尔泰的话就像管风琴曲谱上的延长号："宽容是什么？是人类固有的特性。我们所有的人都满身是弱点和错误；那就让我们相互原谅彼此的愚蠢吧！这是大自然第一条法则。"宽容在这里触及了谦虚，或者更准确地说，宽容来自谦虚，一如谦虚来自诚实：爱真理爱到底，对人来说也是接受真理引向的怀疑。伏尔泰还说过："我们应该互相宽容，因为我们大家都有弱点，不总是前后一致，有可能变化无常，会犯错误。一根被风吹倒在泥塘里的芦苇会对旁边那根朝另一个方向倒的芦苇说：'混蛋，像我这样倒否则我会让人把你拔走烧掉'吗？"谦虚和仁慈结伴而行，这种结伴而行涉及思想时，导致的就是宽容。

第二项理由和政治的关联大于和道德伦理的关联，和国家限制的关联多于和知识限制的关联。君主即便接近了绝对存在，他也不能把它强加给任何人：因为谁也不能强使一个人用另一种方式去思索，不能强使一个人认为他觉得虚假的东西是真实的。这是斯宾诺莎和洛克[②]早就看到了的，也已经被二十世纪中几个不同的极权政体的历史所证实。你可以阻止一个人发表自己的真实看法，但不能阻止他思考。要不然就必须把思想消灭，而这样一来也就必然使国家衰落……没有判断的自由就不会有智慧，没有智慧就不会有繁荣的社会。因此，对于极权政体的国家来说，不忍受愚昧就得忍受分裂，不忍受贫困就得忍受批评……东方国家最近的历史表明，这些暗礁——长时间

---

① 培尔（Bayle，1647–1706），法国哲学家。
② 洛克（Locke，1632–1704），英国哲学家。

在暗礁之间行驶当然还是可能的——却注定要使极权政体陷入灭顶之灾，以什么样的形式出现难以预见，时间或长或短，但想避免同样也是困难的……不宽容把人变蠢，一如愚蠢把人变得不宽容。对我们这些民主国家来说，这是个幸运，也许能部分地说明这些国家何以有已经使不止一个极权政体国家吃惊的力量，或者还可以说明极权政体国家最终何以会衰落。无论是民主国家的有力量还是极权政体的衰落，都不会令斯宾诺莎感到吃惊，他对极权政体早已作出这样的描述："我们来作个假设"，他写道，"假设（判断的）自由可以被压制，假设能够把人置于一种不能自主的境地，使谁都不敢不按照统治者的指示说话；然而统治者却又永远不可能使所有的人都只拥有他想要的思想；这样，日久天长，人们的真实见解和他们嘴上说的就不一样了；于是，作为国家的第一需要的诚实，腐化了；对令人厌恶的阿谀奉承和背信弃义的鼓励，使社会变得乌烟瘴气，尔诈我虞，导致各种社会关系的腐败……"简而言之，国家的不宽容（也就是我们所说的极权政体）最终只能使这个国家变得衰弱，由社会联系的弱化和每个人心智的弱化造成的衰弱。相反，在一个宽容的社会里，国家的力量造就了社会成员的自由，社会成员的自由造就了国家的强盛。"国家安全首先要求的"，斯宾诺莎总结道，当然是每个社会成员都要使自己的行动合乎统治者（在民主国家就是人民）的法律，但也要"在其他方面给每个人以自由，想他愿意想的，说他想说的。"这不是世俗性又是什么呢？若非体制所确立的宽容，世俗性又是什么呢？

第三项理由，是我开头曾经提到过的那项；不过，在我们的精神领域里，作为一项最不为大家普遍接受的理由，它可能是最新的：事关真理和价值观之间、真与善之间的分离（或者毋宁说是彼此的独立）。如果像柏拉图、斯大林或约翰·保罗二世[①]所认为的那样，是真

---

① 约翰·保罗二世（Jean-Paul II，1920–2005），波兰人，1978年当选为第26任教皇。

理在主导一切，那么除了服从真理以外也就没有其他美德了。既然真理对所有的人是同一个真理，所有的人也就都应该服从相同的价值观、相同的条例和相同的命令：既然对所有的人来说真理是同一个真理，那么对所有的人来说，道德、政治和宗教也就是同一的了！真理之外，没有灵魂救赎；教会或政党之外，没有真理……就这样，把价值观当做真理的实用教条主义心安理得了，满足了，拒绝或蔑视他人了——不宽容了。例如，约翰·保罗二世就写过这样的话："关于道德的善与恶的真理"是"由'神的法则'确立的真理，是*道德的普遍而客观的准则*"。他说，所有那些不服从这一真理的人都正生活在罪恶之中，如果确实必须同情他们，爱他们，也不能承认他们有对真理作出别样判断的权利：那样就陷入客观主义、相对主义或怀疑论了，并会因此而忘记"真理之外没有自由，反对真理没有自由"。由于真理不取决于我们，道德更不取决于我们，所以"道德的真理"，就像约翰·保罗二世所说的，是所有的人都必须遵守的，它既不能受制于文化，不能受制于历史，也不能受制于人或理性的某种意志自律。这是什么样的真理呢？当然是"已经揭示出来的真理"，就是教会独家传播的那种真理！所有服避孕药丸或使用避孕套的天主教徒夫妻都是白费力气，所有的同性恋都是白费力气，所有的现代主义的神学家都是白费力气，他们所做的一切不会使真理有丝毫改变："某些信徒行事不遵循教皇的教导，或者错误地认为牧师们已经宣布为违反上帝法则的行为在道德上是正确的，这样的事实不能成为反驳由教会教导的道德标准是真理的口实。"个人或集体的意识就更不能成为口实了："*在教会的回答里听到的，是耶稣-基督的声音，是关于善与恶的真理的声音*。"（约翰·保罗二世语）所有的人都必须遵守真理，因此也必须信教（因为那是*真正*的宗教），因此也必须遵守道德（因为这种道德是"建立在真理的基础之上的"）。这是俄罗斯的玩偶哲学：必须服从真理，所以必须服从上帝，所以必须服从教会，所以必须服从教皇……例如，无神论或弃教都是死罪，就是说若不忏悔就会招来"永世责罚"的死罪。这样，你的仆人就已经受罚两次了，还没算他那些数也数不完的其他错误……这就是约翰·保罗二世所说的“基督信仰令人宽慰的确定性”。*真正的恐怖啊*（原文为拉丁文）！

关于罗马教皇给各地主教的这份通谕，没有多大的重要性。我不想多说什么。由于历史环境已经消除了回到宗教裁判所或道德秩序[①]时代的一切可能性（至少在西方、在可以预见的未来），教会的立场，即使是不宽容的立场，当然也应该受到宽容的对待。我们已经看到，只有立场的危险性（而不是这种立场表现出来的宽容或不宽容），才应该成为我们对这种立场应不应该宽容的决定性因素：我们所处的是个幸福的时代，我们所在的是个幸福的国度，连教会都不再是危险的了！烧死布鲁诺[②]、对加拉[③]施酷刑或砍掉拉巴尔骑士（才十九岁！）[④]脑袋的时代，一去不复返了……另外，我举教皇通谕只是当个例子，为的是说明，实用教条主义，即使以和缓的形式出现，最终也会导致不宽容。如果那些价值观是真的，是被大家认识了的，就用不着讨论，也用不着选择，而那些不同意我们的价值观的人就错了：因此，他们也就不配得到别的宽容，只能是我们间或有的对无知的人或傻瓜的那种宽容。可是，那还是宽容吗？

对认为价值观和真理是两个不同范畴（真理属于认识范畴，价值观属于欲望范畴）的人来说，在这种分离中反而还多了个应该宽容的附加理由：即使我们能够接近绝对真理，这在实际上也不能强迫所有的人尊重相同的价值观，因此也就不能强迫所有的人都以同样的方式生活。认识涉及的是存在，对应该如何存在却什么都没说：认识不作判断，认识不发号施令！真理当然大家都要服从，但真理并不强加给

---

① 道德秩序是拿破仑三世时代成立的以保护个人财产和社会秩序为宗旨的右翼政党。

② 布鲁诺（Giordano Bruno，1548–1600），意大利文艺复兴运动思想家、哲学家，被教廷以异端罪处死。

③ 加拉（Calas，1698–1762），法国图鲁兹商人，信奉新教。1762年当地天主教会以加拉杀子以阻止其改信天主教为由将加拉车裂、焚尸。伏尔泰声讨这一暴行，引发大规模抗议活动，终于使加拉得到平反昭雪。

④ 拉巴尔（La Barre，1746–1766），被仇家陷害，以破坏圣像罪被处死。

人什么。就算有上帝，干嘛非得一天到晚地赞赏它呢？不管上帝存在与否，我有什么理由要把自己的欲望、意志或价值观强加给不赞成这些东西的人呢？非得有共同的法律吗？也许吧，但那只是在我们共同涉足的领域里！某人的性癖好，如果是成年人之间的你情我愿，跟我有什么关系？至于共同法律，如果确有必要（为了防止坏事，为了保护弱者……），那也是政治和文化——政治和文化总是相对的、有冲突、发展变化的——该管的事，而不是先强加于我们、再由我们强加给他人的什么莫名其妙的绝对真理该管的。真理对所有的人都是同一的，但欲望不是，意志不是。这并不是说，我们的欲望和意志永远不可能使我们相互接近：那就太让人吃惊了，因为我们毕竟都是血肉之躯，本质上都有相同的理性（理性如果不是道德的全部内容，也肯定在其中起着重要作用），而且，渐渐地也会有相同的文化……欲望的这种融合，意志的这种相通，文明的这种接近，一旦发生，也不是认识的结果；它们是一种历史的现象，是欲望造成的，是文明造成的。基督教在这里起了重要作用，这一点尽人皆知，但这当然不能使宗教裁判所得到原谅，不过宗教裁判所的存在也不能将这种作用抹杀。"去爱吧，然后再去做你想做的事！……"这种没有感悟的教条主义的爱的道德，我们能够保持得住吗？为什么不能呢？为了爱真理，绝对需要认识真理吗？为了爱他人，需要上帝吗？*真理的爱，人道的爱*……和真理的光辉（真理为什么一定是光辉的?）相对的，和教义与教会的压迫感相对的，是宽容的温和……

最后，可能有人会问，宽容 这个词是不是个最恰当的词：这个词含有某种高傲的东西，甚至是轻视人的东西，让人觉得不爽。我们还都记得克洛代尔说的那句玩笑话："宽容？不是还有'宽容之家'吗?"[①]关于克洛代尔和宽容，说起来话就长了。宽容他人的见解，不

---

① 克洛代尔（Claudel，1868-1955），法国诗人、剧作家。他拿"宽容"打趣，是因为法语中的"妓院"（从字面上看是"宽容之家"）中含有"宽容"这个词。

就是已经认为这个人的见解低下或有缺陷吗？严格地说，人只能宽容他有权阻止的事，如果各种意见都像它们应该是的那样自由的，也就不属于宽容的范围了！从这里又生发出一个宽容的新悖论，似乎使宽容这个概念变得没有意义了。如果信仰、发表意见、言论和信教的自由都是一种权利，就没有理由要被宽容，只要受到尊重、保护和赞赏就行了。孔多塞[①]已经注意到，只有“傲慢的、占统治地位的信仰”可以“提宽容，即一些人许可另一些人干什么”，我们倒是应该把这个视为对共同自由的尊重。一百年后，到了二十世纪初，拉朗德[②]的《哲学词典》证实，还有很多的保留。勒努维耶[③]就说过，把对宗教信仰自由的尊重“称之为宽容是很糟糕的，因为这种尊重是最起码的公正，是不折不扣的义务。”路易·普拉也有保留：“不要说宽容，要说尊重；否则，道德的尊严会被玷污……宽容这个词在我们的语言里总让人想到礼貌，有时让人想到可怜，有时让人想到冷漠；光明正大的思想自由应得的尊重在大多数人头脑里走了样，原因可能就在这里。”持保留意见的还有埃米尔·布特鲁[④]：“我不喜欢*宽容*这个词，说尊重、同情和爱吧……”所有这些意见都被证明是正确的，但对于这个词的习惯用法却没起到任何作用。另外，我发现法文里*尊敬的*这个形容词引不起对他人自由的尊重，甚至引不起对他人尊严的尊重，引起的不过是一种常常被人觉得可疑的顾念或重视，在论述美德的著作里几乎没有它的位置……相反，宽容的在日常用语和哲学用语中倒成了必须的，用以指称美德，指称与狂热、宗派主义、专制……一言以蔽之，与不宽容相对立的美德。这种用法我觉得不无道理：它反映出的是每个人的不宽容，在克服不宽容的美德里的不宽容。我说过，严格说来，我们只能宽容我们有权阻止、谴责和禁止的事。可是，这个我们没有的权利，我们却几乎总觉得有。我们思考

① 孔多塞（Condorcet，1743–1794），法国哲学家、政治家。
② 拉朗德（Lalande，1867–1963），法国哲学家。
③ 勒努维耶（Renouvier，1815–1903），法国哲学家。
④ 埃米尔·布特鲁（Emile Boutroux，1845–1921），法国哲学家。

自己所思考的对吗？如果我们这样做对，别人怎么可能没错呢？真理又怎么能容许——如果不是确实靠*宽容*——错误的存在和继续呢？教条主义总是再生，那只不过是对真理的一种虚幻而自私的爱。因此，如果我们更清醒些，更慷慨些，更公正些，就把确实应该叫做尊重或同情、或爱……的那种东西称之为*宽容*吧！因为缺乏爱，因为缺乏同情，因为缺乏尊重，所以这个就是很合适的词了。*宽容*一词所以使我们感到难堪，只因为——就这一次——这个词对我们的现状来说没有超前，或不太超前。用扬科列维奇的话说这是“低层次的美德”。因为这项美德与我们相似。阿波齐特[1]已经指出过：“宽容显然不是一种理想，不是最大值，而是最小值。”当然是这样，但总比什么都没有好，总比宽容的反面好！尊重或爱更好，这话没错。如果说*宽容*这个词其实是强加给人的，那也是因为爱或尊重这样的词在遇到对手的时候可能都极少感到自己有这种能力——正是面对对手的时候，宽容才首先起作用……“在期待宽容于某一天变得可亲的当下”，扬科列维奇总结道，“我们或许应该说，宽容，缺乏诗意的宽容，是我们能够做到的最好的事！”宽容——不管这个词如何不令人兴奋——终究是一种解决办法；在期待着最好的情况时，就是说，在期待着人能够相亲相爱，或者仅仅是互相承认互相理解的时候，我们得承认，人们开始相互担待就已经是很幸运的了。因此，宽容就时间而言是暂时的。”这个暂时要继续很长时间，这一点相当清楚：暂时阶段结束时，还得担心代之而来的是野蛮还是爱！宽容也是小美德，在集体生活中起的作用和礼貌在人际关系中起的作用是一样的：这仅仅是个开端，但毕竟已经是个开端。

且不提有时还必须宽容既不愿意尊重也不愿意爱的人。不尊重并非总是个错误，远非如此，因为某些恨和美德是非常接近的。我们已经看到，有不能容忍的，必须与之斗争。但也有可以容忍的，却又是可鄙和讨厌的。宽容所指的就是这一切，或者至少它容忍这一切。这

---

① 阿波齐特（Abauzit，1679–1767），法国作家。

个小小的美德适合我们：我们能够企及，这种情况并不多见，而我们的某些对手，似乎也不值得我们更……

如同单纯是智者的美德、智慧是圣徒的美德一样，宽容是众生的智慧和美德；我们这些人既不是智者，也不是圣徒，是芸芸众生。

美德虽小，实属必需。智慧虽小，却可企及。

十四 纯洁

在所有的美德里，如果有一种美德是最难领会、最难把握的，那可能就是纯洁了。可是，我们必得有纯洁的体验：不然，我们怎么能知道什么是不纯洁呢？但这种体验一开始就既是奇怪又可疑的。少女的纯洁，或少女中某些人的纯洁，从来都令我感动。怎么才能知道这种纯洁是真的还是假装的呢？或者更确切地说，怎么才能知道这种纯洁就不是和我的不纯洁不同的另一种不纯洁呢？就像两种颜色随着对比而变得更加鲜艳一样，我的不纯洁没有只凭自己的不同就把她们的不纯洁搅乱，当然也不会因此而不再各是一种颜色。我这个人，喜爱纯洁胜于一切，想要不纯洁也胜于一切，我能不知道纯洁是什么或纯洁和不纯洁是什么吗？可为什么又不能呢？按照圣奥古斯丁的说法，纯洁和时间类似，如果没人问我纯洁是什么，我知道它是什么；但如果有人问到我而我又想解释的时候，我就不知道它是什么了。纯洁显而易见，但又是一种奥秘。

我说到了少女。事实是，至少在我们这个时代，纯洁首先表现在性记录上。有差别吗？这要看情况。我想到的少女，其中有几位曾经使我青春焕发，她们在性感方面当然不比其他少女差，在撩起情欲方面也不比其他少女差（有时还有过之），在怀春方面甚至可能更不比其他少女差。但是——在这里我们就进入正问题了——，她们就有这种美德，或者好像有这种美德。这种美德清晰地萦绕在她们性感的肉体凡胎上，像光芒中的光芒，好像无论是爱情还是血都不能玷污她们。其实，爱和血怎么能玷污她们呢？这是生命的纯洁，是生命本身，在血管里欢乐地跳动着。

另外一些少女——谁都能料想得到，别人，也许所有的人都有过这样的体会——反而以一种我不明所以但让人想入非非的不纯洁吸引我。她们好像生活在夜里而不是生活在白天：她们把光挡住了，就像某些男人所做的那样，或者不如说反射着光（这一点男人不太会做），却又能把她们自己和您都看得清清楚楚。她们对男人的欲望这种粗暴、粗俗和对淫秽或神秘的痴迷，好像有相同的体验，对恰到好处的腐化玩乐和吸引男人或让男人感到踏实的那一点点庸俗，好像有相同的体验……

然后她们一个个人老珠黄，彼此的差别也就不大了。或者只在她们还能够爱的量上有些差别：爱不需要纯洁，或者不如说爱是唯一有价值的纯洁。这一点，妇人比少女知道得清楚，因此她们也让我们觉得更可怕。

还是回到纯洁的话题上来吧！这个词，在拉丁文里和在法文里一样，首先具有一层物质含义：纯洁的东西，是干净的东西，是没有瑕疵或污点的东西。纯净水，是不含杂质的水，是只是水的水。我们会发现，这其实是死水，对生命和某种洁癖来说，这一点是意味深长的。一切活物都会弄脏东西，一切清洁都是杀害。因此我们才在游泳池里放漂白粉。纯洁是不可能的：我们只能在不同种类的不纯洁之间作出选择，这就是所谓的卫生。怎么能把纯洁变成一种道德呢？在塞尔维亚共和国，有人在谈论人种的净化：这种可耻行为足可以使人对提出这种主张的人进行谴责。没有一个民族是纯洁的，也没有一个民族是不纯洁的。所有的民族都是混合体，所有的机体和生命也都是混合体。纯洁——至少是那种净化——属于死亡或虚无。没有微生物、没有氯、没有石灰质、没有矿物盐、没有水以外的任何物质的水，才是纯水。但这是一种从来未曾存在过的水，或者只在实验室里存在过的水。死水，坏死的水（无臭无味!），如果只喝这种水，人就会死去。而且这种纯水也只是纯到它那个水平。氢原子能够反抗强加给它们的这种混合，反抗这种氧的不纯……那么，每个氢原子里的原子核怎么就不会反抗电子的不纯呢？只有虚无是纯洁的，而虚无是空无一物：存在是无限空虚中的一个疵点，一切的存在物都是不纯洁的。

是的。反正所有的宗教，或者说差不多所有的宗教，都以进行这种区别为己任：在法律强制或允许的纯洁事物和法律禁止或惩处的不纯洁事物之间作出区别。神圣的事物起初是那些也可以成为俗事的东西，而且可能只是那类东西。相反，纯洁是一种状态，一种可以接近但不会玷污神圣的东西、而自身也不会在神圣的东西里化为乌有的状态。所有禁止做的事，所有的禁忌，所有的净礼仪式，都是从这里产生的……这是表象，是开始。把这些都归结为卫生、谨慎和防疫手段，那就眼光太短浅了。有些饮食禁忌，比如犹太教的禁食就有此功效，可以这么说。可是，如果仅仅有此功效，我们欠犹太人的债可就不是现在这个样子了——要大得多、有决定性意义、永远抹不掉的——，而营养学也就更可以像尼采主张的那样代替道德了。这话会有人相信吗？难道这就是我们从一神教里保留下来的一切？难道我们仅有的忧虑和唯一的要求，就是维持我们微不足道的健康、洁净和不足挂齿的贞洁？多了不起的事情啊！多了不起的理想啊！显然，真正的大师说的总是相反的东西。实质不在仪式里，而在仪式所启示和酿生的东西里。吃的是不是符合犹太教教规的肉类食品，当然是件大事！但健康的人不是圣徒。干净的人也不是纯洁的人。绝不能把宗教仪式说成保健课程，应该在宗教仪式上和保健课程里分清超越两者、从根本上证实两者的必要性的东西。事实上，这是在现存的宗教里都会遇到的事。人们很快就学会了赋予这些外在的规定一种主要是——甚至只是——象征性的或道德的意义。宗教仪式的教育功能大于保健功能，精神教育的功能又大于卫生教育的功能：正像人们所说的那样，文化的纯洁是迈向道德纯洁的第一步，甚至是迈向另一种纯洁的第一步，那种纯洁完全是内心的，与之相比，道德本身都显得有点画蛇添足自惭形秽了。道德只对罪人有价值；纯洁在纯洁的人身上可以代替或免除道德。

有人会说，所以道德才是更需要的，而我会同意这种说法；即使说纯洁只是一种奥秘，我当然也不能证明它不是。但也不能说帕斯卡和与他相似的人大部分说法都对，不能说那些想逼着我们堕落或犯罪的人大部分说法都对。纯洁不是超凡入圣。有身体的清洁，有身体的清白，甚至在享乐中也还有*pura voluptas*（纯洁的享乐），卢克莱修就这样说过。和这种纯洁的享乐相比，淫秽的倒是道德说教了。我不知道忏悔的人是如何自圆其说的。也许他们放弃了追问、评判和谴责。他们清楚地知道，不纯洁几乎总是在他们一边，而情人无需他们有道德。

但我们不要走得太快，也别走得太远。所有被强暴过的妇女，在她们敢于述说的时候，都提到了那种被玷污、被糟蹋和被侮辱的感觉。而已为人妻的女子，如果她们实话实说，又有多少人会承认自己只是违心地屈从了自己男人令人讨厌或粗暴的淫欲的？违心地：这就把一切都说明白了。只有心是纯洁的，或者可以是纯洁的；只有心可以使人纯洁。没有任何东西自身是纯洁或不纯洁的。同样的唾液，可以吐口水，也可以接吻；同样的性欲，可以强奸，也可以做爱。不纯洁的不是性，是暴力，是强迫（西蒙娜·魏尔："不施加暴力的爱，不遭受暴力的爱，这才是唯一纯洁的爱"），是所有羞辱人或玷污人的东西，是所有粗俗、下流、不温柔、不尊不敬的东西。反之，纯洁不是在什么说不清道不明的对欲望的无知或无欲（无欲是病，不是什么美德）之中，纯洁是在正常而无暴力的欲念里，在被接受、被分享的欲念里，在使人升华和愉悦的欲念里！我清楚地知道，欲念在反抗、暴力和犯罪中也会被激发出来，往往还会变得更为狂热。问题就在这里：纯洁是和这种激情相反的东西。纯洁是欲念的温馨、欲念的平和、欲念的贞洁。想想我们做完了爱有多么端庄，想想我们在肉体享乐中常常是多么纯洁。没有哪个人是绝对无辜或有罪的：这就说出了"轻视身体的人"的错处，正如尼采说的那样，也说出了对身体过分热衷或过分满足的人的错误所在。纯洁不是一种本质。纯洁不是一个人或有或无的属性。纯洁不是绝对的，纯洁不是纯粹：纯洁是看问题的某种方式，即在实际上没有恶的地方看不到恶。不纯洁的人看到的是无处无恶，并因此而高兴。纯洁的人在哪里都看不到恶，或者更确切地说只在存在恶的地方看到恶，只在他为恶所苦的地方看到恶：恶在利己主义里，在残酷里，在凶残里……出自坏心眼或由心眼坏的人所做的一切都是不纯洁的。所以我们才几乎总是不纯洁的，所以纯洁才是一种美德：自我只在将自己纯洁化了以后才是纯洁的。自我把它触摸过的一切都玷污了。西蒙娜·魏尔写道："掌握控制权，是玷污；占有，是玷污。"相反，"纯洁地爱，就是同意保持距离"，换句话说，是同意不占有，不控制，是同意愉快而无私地接受。帕韦斯[1]在《日记》里是这样对自己说的："到了你可以暴露自己的软弱而对方不会用以证明其力量的那一天，你就是被爱的了。"这是想被纯洁地爱，换句话说是被爱。

有一种爱是索取，那是不纯洁的。有一种爱是给予或欣赏，那是纯洁。

爱，真正地爱，纯洁地爱，不是索取：爱是凝视，是接受，是给予和失去，是以不能占有的东西为乐，是以我们所缺少（或当我们想占有时就会缺少）的东西为乐，是以能把我们变成赤贫的东西为乐，而这是仅有的财产，这是唯一的财富。孩子床旁的母亲绝对贫穷：她没占有任何东西，因为孩子就是一切，因为她不占有孩子。"我的宝贝"，母亲喃喃地说……可她感觉到的却是像以往一样地一无所有。情人的贫困，圣徒的贫困：他们把自己拥有的一切财产都投入到自己不能占有、不能消耗的东西中去了，为了一个不现身的神，他们成了一个王国，成了一片沙漠。正如人们所说的那样，他们纯粹亏本地爱着，而这才是最高的爱，或者说是唯一纯洁的爱。谁会仅仅为了希望得到好处、利益和方便才去爱呢？当然，利己主义还属于爱，但不是纯洁的爱，而且是康德所说的"万恶之源"：没有人会为作恶而作恶，而只是为了一己的快乐而作恶，一己的快乐也属于善。使"动机的纯洁"——这仍然是康德的话——变质腐化的，不是身体，也不是我所不知道的什么居心不良（为作恶而作恶），而是"珍贵的自我"，

---

① 帕韦斯（Pavese，1908–1950），意大利作家。

是我们一直都没断碰到的那个自我。当然不是说人不能爱自己。不爱自己，又怎么能够（假设为能够）去爱人 如己 呢？自我并不可恨，或者说自我只在自私时才可恨。爱自己不是恶，只爱自己 才是恶，对他人的痛苦、欲望和自由无动于衷才是恶，为了自己的利益而准备损害他人才是恶，为了找乐子而羞辱他人才是恶，不是爱他人而是玩弄他人才是恶，玩弄他人而又不以玩弄为乐才是恶，或者，只以自己之乐为乐才是恶，而这又是只爱自己了……这是最初的不纯洁，而且可能又是仅有的不纯洁。不是爱太多了，是没有爱。性被视为这种不纯洁的特定场合，既非偶然，也不仅仅是出于过分害羞。在性爱中占主导地位的是苏格拉底学派所说的色欲之爱（为了自己的利益而爱别人），他们把这种爱和善意的爱或友谊的爱（爱别人是为了这个人的利益）对立起来了。爱别人如物，所以就要占有他，消受他，享受他，就像爱酒肉一样，换句话说，只为了自己才爱这个人：这是厄罗斯[①]，是索取或吞噬的爱，而厄罗斯是个自私的神。或者爱这个人，真爱，把他当作一个主体，当成人，尊重他，保护他，哪怕为此要抑制自己对他的欲望：这是菲利亚或阿加贝[①]，是给予的爱，是保护的爱，是友谊的爱，是善意的爱，是仁慈的爱，也可以说是纯粹的爱，对，就是这个词：纯粹的爱，这才是唯一的纯洁，唯一的神。

什么是纯粹的爱？费奈隆说得清楚明白：那是无私的爱，就像我们对朋友有的或应该有的那种爱（费奈隆看得明白，很多友谊“只不过是伪装得十分巧妙的自爱”，但我们并不因此而不认为那是“纯洁的友谊”，而且只有这种友谊能使我们满足，这些费奈隆都看得很清楚：只因为利害而被爱或爱人，谁接受得了?）；就像费奈隆也说过的那样，是“不抱任何希冀的爱”，是摆脱了自我的爱（因而就忘我，就不为自己做任何打算，以便全身心地属于那个人），简而言之，即

---

① 关于厄罗斯、菲利亚和阿加贝，请参阅本书第十八章。这里只提醒一下，这三个词在希腊文意思都是爱，但含义各不相同：厄罗斯指爱的缺失或性爱，菲利亚指友谊，阿加贝指对他人无私的爱（法文译为仁慈）。——作者注。

圣伯纳德[①]所谓的“没有瑕疵、不掺杂个人追求的爱”：这是最高的爱，是纯洁心灵的纯洁。

现在到了提醒这一点的时候了：纯洁不仅仅表现在性方面。艺术家、社会活动家和学者，在各自的领域里也都可以是纯洁的人。但在上述三个领域里，不管他们有什么区别，纯洁的人都是表现出无私的人，全身心地投入一项事业不从中谋取名利的人，像费奈隆说的那种“忘我，不为自己做任何打算”的人。这就表明，在任何情况下，纯洁都是利益、自私和贪婪的对立面，是自我的一切卑鄙龌龊的对立面。我们由此可能还会注意到，人不可能纯洁地爱钱，而这就把金钱和纯洁的实质道破了。人能够占有的东西没有什么是纯洁的。纯洁是贫穷、剥夺和放弃。纯洁从自我止步的地方出发，从自我迷路不能前行了的地方出发。用一句话概括就是：纯洁的爱，是自爱的反面。如果说在性行为中有“纯洁的快乐”，像卢克莱修所希望的那样，像我们有时体验到的那样，那也往往是因为性欲摆脱了、也使我们摆脱了自我陶醉、自私和占有欲的牢笼：快乐也是如此，只有在无私并摆脱了自我的时候，它才是纯洁的。因此卢克莱修才解释说，情欲中的快乐从来不是纯洁的；所以“流浪的维纳斯”（性自由）或“同居的维纳斯”（一对）才常常比我们疯狂的、排他性的和贪婪的情欲更纯洁……嫉妒相当清楚地表明，快乐给爱情带来了怨恨与利己主义的东西。我们明白了，任何智者都永远不会（即使他抵挡不住情欲！）在这一点上搞错：这不是爱的全部，如果说这往往是爱最强烈的表现形式，就像我们每个人都能体验到的那样，却不能说这是它最纯洁的和最高尚的表现形式。看看柏拉图在《斐德罗篇》里通过宗教使斐德罗得到拯救之前为斐德罗描绘的肖像吧！正如皮埃尔·德·芒迪亚尔格[②]所说的，厄洛斯是一尊恶神，厄洛斯是嫉妒的神，是有占有欲的、自

---

① 圣伯纳德（saint Bernard，1089–1153），法国十二世纪极负盛名的灵修神学家。

② 皮埃尔·德·芒迪亚尔格（Pieyre de Mandiargues，1909–1991），法国超现实主义作家。

私的、贪婪的神：厄洛斯是不纯洁的神。

纯洁地爱朋友或自己的孩子比较容易，因为我们不希望从他们那里得到什么，因为我们爱他们爱得深切，不希望回报；或者说，在任何情况下我们也不会让这种爱屈从于我们所期待和希冀于他们的东西。这就是西蒙娜·魏尔所谓的纯洁的爱："一切享乐的欲望都寄托于未来，寄托于幻想。只要你希望一个人存在，他就存在，那你还想要什么呢？那个被爱的人这时是赤裸的，真实的，没有被想象的未来所遮掩……这样，爱里有贞洁还是缺乏贞洁，就要看欲望是不是被引向未来了。"西蒙娜·魏尔不想取悦于人，她补充的这一点还可能使某些容易受骗的人感到不自在，但这话发人深思："从这个意义上讲，在不是被引向依据未来模型设想的虚假的长生不老的条件下，人们对逝者奉献的爱是完全纯洁的。因为，这是对已经完结、不能再给予任何新东西的生命的向往。人们希望死者曾经存在过，而他确实存在过。"在只剩下温馨和愉快的回忆、只剩下曾经发生过的事情的永恒真实时，在只剩下爱和感激时，悼念是完全成功的。不过，现在也完全是永恒的；从这个意义上说，在现在并非被引向依据未来模型设想的虚假消耗的条件下，还可以加上一句，人们奉献给肉体的爱，奉献给有生命的肉体的爱，有时也可以是非常纯洁的：这是对现世的完美生命的向往。希望这肉体存在，而它存在着。还要求什么呢？我知道得很清楚，通常并非如此简单：爱里混入了缺失，还有暴力，还有贪婪（只希望得到性高潮时的男人，有几个相信自己爱的是个女人呢？），欲望的整体阴暗，以违规和亵渎（我说过，神圣是可以被亵渎的东西：人体是神圣的）为中心进行的这一整套混乱撩人的游戏，这种——只有人类才有的！——对自身和他人身上的兽性的迷恋，这种在生与死、快乐与痛苦、高尚与卑劣之间进行的游戏，一言以蔽之，这是一种在两具互相碰撞或相互追求的肉体里的纯粹色情的东西，不是相互吸引的东西（不是阿加贝式的东西！）……但只是在参照别的事物时这才是不纯洁的，或者才像不纯洁的：兽性只让人类产生梦想，性欲倒错只是由于违反了规律才引人注意，卑劣只是由于轻视高尚才引人注意……没有菲利亚或阿加贝（可能就只会有完全是兽性的冲动了，那该多么无聊！），就不可能有厄洛斯，或者说厄洛斯在任何情况下都不会有一点点色情的东西，我乐于相信弗洛伊德的观点，即相反的情况也是真实的。没有欲望，我们对爱情还知道什么？没有爱情的欲望有什么价值？没有厄洛斯，就没有菲利亚，就没有阿加贝。可是，没有菲利亚或阿加贝，厄洛斯也就没有任何价值了。因此，必须习惯于让这三者共居一处，或者习惯于处在把三者分开的深渊中。这是栖息于既非天使亦非野兽的人身上，但两者之间的会合是不可能的，又是必须的。尼采说过："脐下三寸是男人难以把自己视为神的症结所在。"说得太好了：只是在这种条件下男人才成其为人，才有人性。性行为也是一堂谦虚的课程，是需要不厌其烦地深入研究的课程。相比之下，哲学倒显得喋喋不休并自以为是了！而宗教又显得何其幼稚啊！身体教给我们的东西比书本多，而书本只在说到身体时不撒谎的条件下才有价值。纯洁不是假装害羞。"极端的纯洁"，西蒙娜·魏尔写道，"可以凝视纯洁的人和不纯洁的人；不纯洁不能凝视纯洁的人，也不能凝视不纯洁的人：纯洁的人令不纯洁害怕，不纯洁的人会把不纯洁吸收。"纯洁的人无所畏惧，因为他知道"任何事物本身都不是不纯洁的"，或者说（但这是一而二二而一的事）"对纯洁的人来说，一切都是纯洁的"。正如西蒙娜·魏尔再次强调的，正因为如此，"纯洁是一种凝视污秽的力量"。这是把污秽溶解（因为任何事物本身都不是不纯洁的）在眼光的纯洁之中：情人在光天化日之下做爱，而最淫秽的是太阳。

让我们来归纳一下。纯洁就是没有杂质，因此纯洁并不存在，或不属于人类。不过，不纯洁在我们身上也不是绝对的，数量也不是同等的，也不是决定性的：知道自己不纯洁至少要以某种纯洁的观念或理想为前提，这一点艺术有时会告诉我们（看看演奏莫扎特或巴赫时的迪努·利帕蒂，看看弗美尔[1]的绘画，看看艾吕雅[2]的诗……），我们的生活有时也会接近这个（看看您对自己的孩子、朋友和失去了的亲人的爱……）。这种纯洁不是一种永恒的本质；这是净化——即后来弗洛伊德说的升华——作用的结果，通过升华，爱在摆脱自我的同时突然萌生了：身体是坩埚，欲念是火焰（费奈隆说过，火焰“把所有非纯金的物质都烧光了”），剩下来的东西——如果还有什么东西剩下——，有时就是摆脱了一切希冀的“纯粹而完全无私的爱的行为”。纯洁不是物，甚至不是一种真实的属性：纯洁是爱的某种方式，或者什么都不是。

是美德？可能，或者是能使爱成为美德的东西，使爱能替代一切美德的东西。因此，不能把纯洁和禁欲、假装害羞和贞洁混为一谈。爱一旦不“混杂着利益”，就是纯洁的，或者是比较纯洁的（因为纯洁从来都不是绝对的）。这一切都仅仅视爱所表现出来的无私程度而定：人可以纯洁地爱真理、正义和美，也可以——为什么不呢？——爱一个正在那里献身的男人或女人，那个人的存在（远胜于占有！）就足以让我感到心满意足。纯洁是不带贪婪的爱。我们爱美丽的风景，稚嫩的儿童，孤独的朋友，就是这样爱的，有时直到对我们的整个肉体却还在垂涎着的人都是这样爱的。没有绝对的纯洁，但也没有完全的或决然的不纯洁。有的时候，爱情、享受或快乐会在一定程度上把我们从自我、贪婪和利己主义中解脱出来，甚至有这种可能（我们有时似乎体验或预感到了）：爱在净化着爱，甚至能达到这种程度，当只有快乐的时候，当只有爱（爱“摆脱了一切属性”，这话是克里斯蒂安·博班说的）的时候，当只有整体和整体的纯洁的时候，主体就消失了，退场了。斯宾诺莎说过：“至福不是美德发的奖品，而是美德自身；这种快乐不是靠减少我们的性欲得到的，相反，是这种快乐使我们得以减少性欲。”这是《伦理学》中的最后一个主张，

---

① 弗美尔（Vermeer，1632–1675），荷兰画家。
② 艾吕雅（Eluard，1895–1952），法国诗人。

把我们要走多长的路才能得到至福，说得相当清楚了。

但是，不管这条路有多么污秽，它在纯洁的人的眼里已经是纯洁的了。

十五　温　和

温和是女性的美德，所以这项美德可能特别令男人喜欢。

会有人反驳我，说美德没有性别，这样说是对的。但这不等于说我们就不能有一项有性别区分的美德，能区别我们的一切行为，一切感情，直至美德。男子气概，尽管从词源学的角度看有启发性，却不能成为一项美德，也不能成为任何美德的元素。不过，有一种可以让人变得高尚的行为方式，既多少带点男人的阳刚之气，或者也可以说多少带点女子的阴柔。男人的勇敢和女人的勇敢不一样，男人的慷慨，男人的爱情，也都和女人的不一样。看看西蒙娜·魏尔或伊蒂·希勒萨姆是怎么说的吧：任何男人都永远不会这样写作，这样生活，这样爱……只有真理是绝对普遍的，因而是无性别的。可是，真理没有道德，没有感情，也没有意志……真理怎么能是高尚的呢？有欲望才有美德，可哪种欲望是没有性别的？狄德罗说过："在我们最高尚的推理和至纯的温情深处，都有一点睾丸素。"*睾丸*所表达的意思，也能用卵巢来表达，但用哪种表达都不能抹杀两者的种种区别……如果只对欲望有价值，像我认为的那样，而且只有通过欲望才有价值，我们的所有价值观都有性别就很正常了。当然不是这个意思，不是说各种价值都是为两性分别保留的，但愿不会是这样；确切地说是这个意思：每一个人，根据自己是男是女，将以不同的方式，阳刚地或阴柔地（在这里，只有生物学的性别是不够的）去展示自己有没有这些价值……托多罗夫[①]指出："如果所有的人都依照男性价值观行事"，将

---

① 托多罗夫（Todolov），法国思想家、哲学家，2007年来过中国，曾在北京大学做过演讲。

是什么样的灾难啊！那可能就是战争的胜利，即使战争是正义的；那可能就是思想观念的胜利，即使思想观念是仁慈的。这其间缺失了根本，那就是爱（没有人能打破我这个想法，即不论就个体还是就种族来说，爱都是从母亲开始的），就是生活，就是温和。行行好，别反驳我说女人也有思想观念：我不是没有注意到这一点。不过我相信自己也注意到了，女人往往不像男人那样上思想的当，这对她们当然有利。依我看，女人中没有几个肯写《纯粹理性批判》或黑格尔的伟大的《逻辑学》。我觉得理由就在于使这些书成为天才著作的东西，也使这些书变得那么艰涩，那么令人厌倦：这类著述有个前提，得是个严肃的知识分子，得有思想信仰，得崇拜概念，即使男人身上的一点点女人气都能使这些东西变为不可能，使这些东西几乎变成滑稽可笑的，假如还没到致命程度的话。还有什么比抽象更贫乏的？还有什么比把抽象的东西完全当真更死气沉沉更滑稽可笑的？

至于女性暴力，还是那句话，我也并非不曾碰到过。可是，几乎全部血案都是男人做的，玩打仗游戏的几乎都是小男孩，打仗并时而从中得到乐趣的也几乎都是男人，若说这些都仅仅是出于偶然，谁会相信呢？有人会对我说，这和文化有关，也和甚至更和天性有关。也许是吧，但对我来说这又有什么要紧？我从来没说过，女性特征或男性特征仅仅是生理方面的。性别的不同太重要了，太普遍了，不能不总是用身体和教育来解释，不能不同时用文化和天性来解释。但文化也来自现实。“人不是生而为女人的，是变成女人的”？显然没这么简单。人是生而为女，或生而为男的，然后才变成他（她）现在的样子。男子汉气概既非美德，也不是瑕疵，而是一种力量，就像女人味是一笔财富（包括男人身上的），也是一种力量一样，不过是不同的力量。我们身上的一切都是有性别的——除了真理，这一点我坚持——，而这是一件非常好的事。还有什么比这种区别更丰富多彩更令人向往的吗？

还是回到温和的话题上来吧！温和所具有的女性特征、或者说好像是女性特征的东西，是无暴力的勇敢，不强硬的力量，不带愠怒的爱，就是我们在舒伯特的琴声里清晰地听到、在伊蒂·希勒萨姆的作品里明白地读到的那种东西。温和首先是和平，真正的或人们所希冀的和平：是战争、残忍、暴虐、敌意和暴力……的对立面。内心的平和是唯一能成为美德的平和。内心的平和经常被焦虑和痛苦打破（舒伯特），有时又被快乐和感激照亮（伊蒂·希勒萨姆），但从来没有过怨恨、冷酷、麻木……伊蒂·希勒萨姆在1942年就指出过："经受战争锻炼和变得冷酷无情是两码事"。温和就是它们的区别所在。这是处于和平状态的爱，甚至是战争中的爱，越锻炼越有力量、越温和。敌意是软弱，愤怒是软弱，连不能自制的暴力都是软弱。除了温和，还有什么东西能够控制暴力、愤怒和敌意呢？温和是一种力量，所以它是美德：这是处于和平状态的力量，温和而和缓、充满着耐心和宽容的力量。看看母亲怎么待孩子就明白了（"温和是她的全部信念"）。看看基督或佛陀如何对待众生就明白了。温和与爱极为相似，是的，比慷慨和同情与爱还相似。何况温和虽然经常伴随着慷慨与同情，却又不和这两者混同。同情是以他人的痛苦为痛苦，温和则拒绝产生或增加这种痛苦。慷慨是想为他人谋利益，温和却是拒绝损害别人。这有点像慷慨的红利，可能就是。有多少不得体的慷慨，有多少粗暴、不知趣、令人难以忍受的善行，是只要温和一点就能使它们变得更轻松更亲切啊？温和使人慷慨这一点还没计算在内，因为不为他人做他所要求的或我们可以为他做的好事，就是对他人的损害。温和超越了同情这一点也没计算在内，因为它把同情提前了，因为它不需要这种由痛苦引起的痛苦……温和与完全是肯定的慷慨相比也许有点消极，但它也比完全是反应性的同情积极，它介乎两者之间，没有任何有压力或做作的东西，没有任何强迫或咄咄逼人的东西。在探讨纯洁的那一章里，我引用过帕韦斯《日记》里的一句话，十分精彩："到了你可以暴露自己的软弱而对方不用以证明其力量的那一天，你就是被爱的了。"我说过，这是想被纯洁地爱；这也是想被温柔地爱，就是说被爱。温和与纯洁几乎总是不可分的，因为暴力是首恶，猥亵是首恶；因为恶造成伤害，因为利己主义败坏一切，它贪婪、不文雅、粗暴……相反，情妇的爱抚是何等细腻、温柔和纯洁啊！男人的所有暴力，男人的所有粗暴，男人的所有下流，都消失在其中了……“我温柔的……”，男人说，而这是爱的字眼，可能是最真实的，最温柔的……

托多罗夫指出，如果价值观都是有性别之分的，任何个人就必然都是怪诞的、不完美的、不完全的：我们只能在两性畸形人或夫妻身上找到比较完美的人性之路，并经由此路变得更具有人性。男人从逆境中得救，几乎总是靠自己身上的那点女性成分。看看缺乏这种成分的男人吧，看看一队队的士兵吧，他们之间充斥着男人的恐怖、暴力和粗俗……如果女人以同样的理由需要一些男性成分，我不知道能不能对她们也说同样的话。里尔克[①]说过：“女人比男人更近人性……”在女人身上也一样，两性畸形可以成为一笔财产，一种魅力，一种力量，这是肯定的。不过，这是必要的吗？是一种美德吗？我们总是把女性特征和歇斯底里混为一谈，歇斯底里只是（即使在男人身上也是一样）女性特征的病态。歇斯底里症患者想引诱人，想被人爱，想出风头……这不是温柔，这不是爱，而是自我陶醉，是做作，是隐含的敌意，是夺取权力（拉康[②]说过：“歇斯底里症患者寻求的是一个由他驾驭的主人”），是诱惑，确实是诱惑，不过是把人带坏或骗人意义上的诱惑……这是爱的战争，所以是爱的对立面。这是征服的手段，所以是天赋的对立面。这是炫耀的手法，所以是真理的对立面。温和正好相反：是欢迎，是尊重，是开诚布公。这是消极的、屈从的、逆来顺受的美德吗？可能，而且因此还可能是最本质的。什么样的智慧没有被动性？什么样的爱没有被动性？甚至，什么样的行动没有被动性？这会让西方人感到吃惊或不自在，但在东方却是显而易见的事实。就像莱维-施特劳斯[③]在什么地方说过的，这可

---

① 里尔克（Rilke，1875-1926），二十世纪德国最伟大的诗人。
② 拉康（Lacan，1901-1981），法国医生，精神分析学家。
③ 莱维-施特劳斯（Levi-Strauss，1909-2009），法国人类学家。

能因为东方是女性，或者在任何情况下都没怎么上男子汉价值观的当。行动不是过激主义，不是骚乱，不是急躁。反过来说，消极也不是不行动或懒惰。普拉日南帕德[1]说，要顺流而下，随波逐流，在水流中游，而不要逆流而上搞得筋疲力尽或被水流卷走……温和服从现实，服从生活，顺应变化，服从日常生活里的“差不多”：这是灵活的美德，是耐心、献身和适应性的美德……是里尔克所说的“自命不凡急躁不安阳刚气十足的男人”的对立面，是严峻、急促的对立面，是倔强或固执的对立面。凡事不是只努力就够了，不是只行动就够了。修昔底德[2] 说过：“天性使然，一切有生命之物都总在运用自身所具有的一切权力”。温和是证实这条规律的例外：它是作用于自身的权力，必要的时候，会成为反抗自身的权力。西蒙娜·魏尔指出过，爱是放弃、拒绝行使自己的力量、能力和暴力：爱是温和，是天赋。爱与强奸相反，与谋杀相反，与夺取权力和进行控制相反。这是厄洛斯，是摆脱了死神塔纳托斯和自我的厄洛斯。西蒙娜·魏尔说过，这是超自然的美德，不过这话我根本就不相信：看看和小猫在一起的母猫，看看和小孩子在一起玩耍的狗……就都明白了。温和不是人类创造出来的。但人类培育了温和，但人类从温和中吸取了养料，而正是这一点使人类变得更有人性。

斯宾诺莎说过，智者行事，“人道，温和”。这种温和就是蒙田所说的*厚道*。按照蒙田的说法，即使对畜生，甚至对花草树木，这种厚道我们也是必须给的。这就是拒绝制造痛苦，拒绝破坏（在不是非破坏不可的时候），拒绝劫掠。这就是尊重、保护、行善。这还不是仁慈，还不是爱人如己的仁慈，就像卢梭早已看到的那样，这样做是要以我们接受这句“高尚的格言”为前提的：“己所欲，当施人”。温和却没有把目标定得这么高。温和是一种天然的或自发的善，其格言“比前面那句格言的完美性差得远但可能更为实用”，应该是：“利己

---

① 普拉日南帕德（Prajnanpad，1891–1974），印度灵修大师。
② 修昔底德（Thucydide，约公元前455–公元前400），古希腊历史学家。

时尽量少损人”。温和的格言肯定没有仁慈的格言高尚，要求比较低，也不令人振奋，但更容易达到，因此在事实上也更实用，更需要。没有仁慈，人能活下去，这一点已为人类的全部历史所证明。但没有起码的温和，不行。

古代希腊人，特别是雅典人，一向以为这个世界带来了温和而沾沾自喜。因为他们在这个世界上看到了和野蛮相反的东西，于是就出现了温和这个词，它几乎就是文明的同义词。种族中心主义并非自昨日始。然而，不管怎么说，我们的文明确实是希腊文明，所以我们的温和里也确实必然有希腊人的温和里的某种东西。可是，在一个古希腊人眼里，温和是什么呢？跟我们眼里的东西一样：和战争相反的东西（第一批被证实的是意思为*使平息*这个动词的几个例子），和愤怒相反的东西，和暴力或强硬相反的东西。起初，这与其说是一种美德，毋宁说是几种美德的汇合，或几种美德的共同来源：

> “温和最起码指的是待人接物要彬彬有礼，和蔼可亲。不过，温和在更高雅的环境里也能起作用。针对不幸的人表现出来的温和，接近于慷慨或善良；针对有罪的人，温和就变成了宽大与理解；针对陌生人，通常指男性陌生人，温和就变成了人道，几乎可以说是仁慈了。在政治生活中也一样，温和可以是宽容，或者还可以是宽大，这要看针对的是什么人：公民，下属，还是被征服者。在这几种不同价值观的源头，却有着一种相同的心态，即把他人都当做我们希望他好的那个人来对待——只要这样做不影响我们应尽的其他义务，就要尽量这样做。事实上，古代希腊人有这种一致感，因为所有这些各不相同的价值观在可能的时候都能用paros（*温和*）这个词来指称。”

亚里士多德后来把温和变成了一种名副其实的美德，它在愤怒时居中，处于性情暴躁和优柔寡断这两种缺点之间：温和的人持中，居于“易怒难缠野蛮的人”和由于无动于衷或极端冷漠而造成的“奴性十足而且呆傻的”人之间。因为，有正当和必须的愤怒，犹如有正义的战争与合乎情理的暴力：温和在其间起决定作用，起支配作用。但亚里士多德也感到为难了，他看得很清楚，他这个*温和*美德“朝缺失的方向危险地倾斜着”。如果说温和的人就是“为了必须发怒的事情发怒，反对应该反对的人，而且发怒的方式恰当，时机恰到好处，持续的时间也属必须”，而并非经常发怒，亦非长时间发怒，更不是怒气越发越大的人，这也解决不了标准和界限的问题。温和的人所以被说成温和，不就是因为他比别人更温和而且知道该在什么地方止步吗？谁来判断愤怒的对象、范围和持续的时间都是合理的呢？温和在这里可能而且事实上就要和大度对立了，就像希腊的骄傲和犹太基督教的谦恭对立一样：“忍受别人的嘲笑，或无动于衷地任由人家侮辱自己的朋友，是灵魂卑劣者的行为”，亚里士多德写道。亚历山大的老师[①]和自己的学生一样，都不愿意把另一边的脸也伸过去[②]……有一种极端的温和主张，带有福音教义倾向，你可以说它可鄙，也可以说它高尚，这完全取决于你所持的观点。是怯懦吗？不是，因为温和只在没有丝毫恐惧的条件下才能算是温和。只是这里必须在两种必然结果之间作出选择，一种结果是荣誉，一种结果是仁慈，没人不知道温和倾向于哪一边……

那么，就必须用温和来鼓吹非暴力吗？没这么简单，因为被推到极致的非暴力会禁止我们和罪恶或野蛮的暴力进行有效的斗争；不仅在暴力针对我们时会如此，针对我们的暴力，仁慈还可以允许或为之辩解；在暴力针对他人时也会这样，例如在暴力威胁或压迫手无寸铁的无辜者的时候，而这是仁慈和正义都不能容忍的。为了救一个小孩，谁会不出手？不出手谁能不感到羞耻？西蒙娜·魏尔写得非常好：“非暴力只在它有效力的时候才是好的”。这就是说，选择非暴力

---

① 即亚里士多德，亚历山大大帝还是王子时，亚里士多德当过他的老师。

② 《马太福音》里说：“不要与恶人作对。有人打你的右脸，就把左脸也伸过去……”

不是原则，而是要视情况而定。在效力同等或更大的时候，非暴力当然是上选，温和让人想起的就是这个，印度的甘地所理解的也是这个。不过，估计这种或那种方法各自的效力是一件慎重的事，在事关他人利益的时候，不慎重计算就是违反仁慈。例如，有个女人在我面前受到攻击，你该怎么办？西蒙娜·魏尔的回答是："使用暴力，除非不使用暴力你也有可能一样成功地保护她"。这当然要取决于个人的情况，也取决于情势。西蒙娜·魏尔还补充说："这也取决于对手"。用非暴力反抗英国军队，可以。但是，用非暴力反抗希特勒和他的*装甲师团*呢？面对恐怖，使用暴力比充当帮凶好，比示弱好；面对坏人坏事，使用暴力比麻木不仁或殷勤讨好强。

所以不能把爱好和平的人与和平主义者混为一谈。爱好和平的人爱和平，并时刻准备保卫和平，包括使用暴力；和平主义者拒绝一切战争，不管是什么样的战争，也不管是反对什么人的战争。这是把温和升格为制度了，或者说绝对化了，这至少在某些情况下是束缚了自己的手脚，不能真正地去保卫自己一直主张的和平。马克斯·韦伯会说，这就是信念伦理学，但有时会因为信仰坚定而成为不负责任的了……没有绝对的价值观，或者说，没有伦理体系，没有足够的美德。温和在任何情况下都不能成为一种绝对的价值观。连爱都不能为一切作出辩解，也不能使一切都得到原谅：爱不能代替明智，不能代替正义！更何况，温和只在不牺牲正义和爱的要求的条件下才是好的。应该提醒的是，正义和爱的要求首先是为弱者的，是为受害者而不是为刽子手的。

那么，从道义上讲，我们在什么情况下才有权（甚至是有义务）奋起斗争、特别是杀人呢？只在为制止更大的灾难是必须的时候，比如说，要死更多的人，要造成更多的痛苦，或者将发生更大规模的暴力行动……有人会说，每个人对这一切会以自己的方式作出判断，所以这样的原则什么也不能保证。可是，怎么才能有保障呢？情况都是具体的、特殊的，谁也不能替我们作决定。比如，能说死刑就是合乎情理的吗？如果死刑有效，为什么不能这样说呢？在这些领域里，问题不是伦理方面的，而主要是技术和政治方面的。如果对杀害儿童的人实施死刑能够拯救的儿童比被执行死刑的犯罪分子多（通过可能产生的威慑作用，再者，被执行死刑的人不可能再犯罪），或者被拯救的儿童和被执行死刑的杀人犯一样多，甚或被拯救的儿童略少，还会有人对此说三道四吗？或者必须把对人的生命的敬重当成一个绝对原则，就像大家说的那样，可为什么从另一个角度来看就不行了呢？但这样一来也必须谴责堕胎，各种堕胎都在谴责之列：为什么保护戕害儿童的杀人犯要胜于保护胎儿呢？而那样我们就无权处决二战时期的纳粹分子了，判处戈林、里宾特洛甫和那几个跟他们相似的人死刑的纽伦堡军事法庭的法官就是犯罪了。绝对就是绝对，从定义上讲，绝对不受个别情况和个别人的左右。对我这样一个不相信任何绝对（还有什么比生命、比生命的价值更相对的呢？）的人来说，这完全是个时机问题、分寸问题、效用问题，这一点我已经说过，而这一次涉及的主要是明智而不是温和——或者更确切地说，涉及的是受明智和仁慈控制的温和。问题首先不在于惩罚：在于阻止。关于普通法的案件里的死刑问题，我没什么意见，也没把死刑看得有多重要：终身监禁甚或二十年三十年有期徒刑就能好得了哪儿去？马塞尔·孔什就这个问题上提出的解决办法[①]有道理，让我感到高兴。这个问题我以后还会谈到。但是，这不会让我说，在任何情况下都永远不能处决一个人，连希特勒都不能处决，如果把希特勒或是某个继承他衣钵的人活捉了，也只能让他在监狱里度过余生。监狱看管得不严，不怎么保险，受害者——过去的和未来的——有权提出进一步的要求。

我说过，这是个政治问题，或者是个技术问题。这解决不了道德伦理问题。如果我们承认为了防止更大的不幸杀人有时是合法的，个人的行为价值却不会因此而不因人而异，从来如此，甚至在被设想为共同的处境（比如在战争中）里也是一样。对这件事如何进行判断要由每个人自己去考虑，可是怎么做呢？必须有个标准。西蒙娜·魏尔

---

① 不取消死刑，而是暂缓执行。

以其固有的一丝不苟提出了一个，充满了温情和严格要求：

> “战争。维持自身对生活的热爱不变；自己不接受死亡，就永远不要把死加诸别人。
>
> 当某人的生死和他的生死紧密相连……到了死则同死的地步，他还希望某人死吗？如果一个人全身心地渴望生活，而又能够问心无愧地回答说是，那这个人就有权杀人了。”

能有这种温和情怀的人极少，只有他们有时能够完全无恶意地使用暴力。对我们这些尚未达到、而且离那个境界还很远的人来说，这并不是意味着暴力从来都是不合情理的（在不使用暴力情况会更糟的时候，使用暴力是合乎情理的），而仅仅意味着暴力并非从来都是无辜的。

温和的人幸福吗？他们不要求那么多。但是，只有他们能够清清白白地成为幸福的人，连仁慈的人都不一定能那样幸福。

对一般人来说，温和限制了暴力，能限制到什么程度就限制到什么程度，起码要达到必须和可接受的程度。

这是阴柔的美德，只有有了这种美德，人类才有人性。

十六 真 诚

我找不到一个合适的词，用以指称各项美德中那项在我们和真理的关系中起决定作用的美德。起初我想用*诚实*，然后又想用*老实*或*真实*（真实可能更好，但习惯上不怎么用），考虑了一段时间以后，又想到了*坦诚*……我最终选定了*真诚*，并非没想到这样用可能超出了这个词通常的使用范围。不过，既然找不到更好的，就只能用它了。

真诚是什么？从心理学上说，真诚是一种现象；从道德伦理上来说，真诚是一种美德。作为现象，真诚是言行和内心活动一致，或者说是从心到心。作为美德，真诚是对真理的热爱或尊重，是唯一有价值的信仰。这是真理的美德，因为它以真理本身为目标。

当然，不是说真诚就等于可靠，甚至不是说真诚就等于真实（真实性排除的是谎言而非谬误），而是说真诚在于真诚的人说的是他相信的，一如他相信自己所说的，哪怕他错了。真诚因此而成为一种信仰，这包含着这个词的双重意义，就是说既相信又忠诚。这就是忠诚的信仰，也是对其信仰的忠诚。至少在以为所相信的东西是真实的时候是这样。论述忠诚的时候我们已经看到，忠诚首先应该是对真实的忠诚：这也能成为真诚的确切定义。为人真诚，不意味着所说的永远都真实，因为谁都可能出错，但至少要说自己相信是真实的东西；即使他相信的东西是假的，他说的话也仍然是真实的。这就是人们所说的真诚（或老实，或坦诚……），是谎言、虚伪和欺骗的反面，简言之，是各种私下或公开的不真诚的反面。不过，真诚的含义比诚恳丰富，至少这是我提出的一种区别。为人诚恳是不对他人说谎，为人真诚是不对他人也不对自己说谎。岛上的孤独使鲁滨逊用不着诚恳（至少在那个叫“星期五”的人到来之前是这样），甚至使诚恳这种美德变成无的放矢了。但真诚却依然是必须的，无论如何都是值得称赞的，不可或缺的。对谁不可或缺？对他自己，而这就够了。

真诚是一种既可传递又能自反的诚恳。它解决或者说应该解决的是我们和他人以及我们和自身的关系问题。它要求的是，人与人之间和每个人心里都有最大限度的真实，最大限度的坦诚，从而将弄虚作假和掩饰隐瞒降低到最小限度。没有绝对的诚恳，不过也没有绝对的爱或绝对的正义：这并不禁止人们倾向它们，朝它们的方向努力，并时不时地稍稍接近它们……真诚就是这种努力，而这种努力就已经是一种美德了。如果愿意，可以称之为理性美德，因为这种美德涉及的是真实，但牵连的（因为，除了我们那些实实在在的错误，除了我们那些实实在在的幻想，一切都是真实的）是个人的全部：肉体与灵魂，智慧和疯狂。这是蒙田的美德，他开宗明义说的就是：“读者诸君，这是一本真诚的书……”这也是，或者说这应该是一般知识分子、特别是哲学家的高尚美德。那些过分缺乏这种美德或扬言不受这种美德约束的人，就不再配得到这个让他们沾沾自喜但被他们搞得信誉扫地的知识分子称号。思考不仅仅是一种职业，也不仅仅是一种消遣。这是一种要求：是人类的要求，而且可能还是人类的第一美德。有一点指出得不够充分：语言的发明本身没有创造出任何真理（因为发明创造和真理都是永恒的）；但是，这项发明却带来了一种新东西：可能性。不仅是狡诈或欺骗的可能性，像动物身上的那种，还有谎言的可能性。多嘴多舌者，谎话连篇（原文为拉丁文）。人是能够撒谎的动物，人撒谎。这样一来就使真诚变得从逻辑上来讲是可能的，从道德伦理上来讲是必须的了。

有人会说，真诚没证明什么，我同意这种说法。有多少诚实的坏蛋，又有多少暴行是出于真诚造成的啊？一般说来，还有什么比狂热分子更少虚伪的吗？荅尔丢夫[①]一类的人为数不少，但可能比不上萨

---

① 莫里哀所著喜剧《伪君子》的主人翁的名字，伪君子的典型。

沃诺洛拉及其门徒人多，也没有他们那么危险。真诚的纳粹分子依然是纳粹分子：他的真诚给我们造成的是什么？坦诚的坏蛋依然是坏蛋：他的坦诚给我们造成的是什么？真诚与忠诚或勇敢一样，也不是一种充分或完整的美德，不能取代正义、慷慨和爱。可是，不诚实的正义又是什么呢？不诚实的爱或慷慨又是什么呢？那就不再是正义、爱和慷慨了，或者是已经被虚伪、盲目和谎言玷污的正义、爱和慷慨。缺了这个真实的美德，任何美德都不是真的，或者不是真正高尚的。没有真诚的美德是不真诚，不是美德。

拉罗什富科说过："诚恳是心灵的一扇窗子，让我们看到了自己的本来面目；那是对真理的热爱，对伪装的厌恶，是想弥补自己的缺点、甚至想通过坦坦然然地承认来减少这些缺点的愿望。"这就是拒绝欺骗，拒绝隐瞒，拒绝美化。这种拒绝本身有时也只是骗人的把戏，也只是一种迷惑人的手法，但不总是，这一点连拉罗什富科都是承认的，热爱真理和自尊心的区别就在这里，这种拒绝确实常常使自尊心上当，但有时也能克服自尊心。问题就在于热爱真理甚于自身。真诚也像所有的美德一样，是自我陶醉的反面，是盲目的利己主义的反面，是自己对自己奴役的反面。正是在这一点上，真诚和慷慨、谦虚、勇敢、正义……有了关联。签订合同和进行交易时的公平（卖东西时欺骗买主，比如不告诉人家货物中隐藏着这样那样的瑕疵，是不真诚，也就是不公平），敢想敢说，在真理面前表现谦卑，对待他人慷慨……真理不属于我，是我属于真理，或者说真理把我包括在内了，穿越了我，溶化了我。自我总是虚假的，总是虚幻的，总是不好的。真诚摆脱了这一切，所以是好的。

那么，必须有什么说什么吗？不必，因为做不到。没有时间，礼仪禁止，温和不许。诚恳不是暴露癖。诚恳不是孤僻。我们有权保持沉默，甚至必须经常保持沉默。真诚不禁止沉默，但禁止谎言（或者只是骗人的沉默），而且还并非总是如此，这一点我们后面还会说到。老实不是幼稚。正如蒙田说过的，只有真实是"美德最重要最根本的部分”，真实制约着其他所有美德，而原则上不受任何美德制约。真实不需要成为慷慨、亲切或公正的才成其为真实，才有价值，才不可或缺，而爱、慷慨或公正却只有在首先是真实（要真像它们所显现出来的那样）的条件下、因而是在真诚的条件下，才能成为美德。真实不需要服从什么，哪怕是正义，哪怕是爱；真实不为谁服务，不付出，也不安慰谁。蒙田因此接着写道：“必须为了真实自身去爱真实”。否则就没有真诚：“一个因为不得不、因为帮别人才说真话，而在他对任何人都没用了的时候就不怕撒谎的人，不是个足够真实的人。”所以，不是把什么都说出来，而是只说——除非有更高的义务——真话，或者你认为的真话。这里就有了某种决疑论存在的一席之地。这里说的决疑论是褒义的，是那种不会把真诚的人搞得莫衷一是的决疑论。什么是决疑论呢？决疑论研究的是*良心难题*，换句话说，研究的是因为在特殊情况下遵守一般规则（例如：“不许撒谎！”）而导致或可能导致的道德伦理上的难题。这类特殊情况常常比一般规则本身复杂，模棱两可，但规则仍不失为规则。这条规则是蒙田阐释明白的，是关于真诚的规则：“无需任何时候都有什么说什么，因为那样做愚蠢；但是，你所说的必须和你想的一样，否则就是品质恶劣。”我们稍后会谈到例外的情况。但是，作为例外，它们只能通过作为其前提的法则才起作用，例外不能取消法则。真诚是这样一种美德，能把真实变成一种价值（就是说，爱、尊敬和意愿的对象自身没有价值），并服从这种价值。首先要对真实忠诚，没有这一点，任何忠诚都只是虚伪……首先要热爱真实，没有这一点，任何爱都只不过是幻象或谎言。真诚就是这种真实，真诚就是这种爱，精神上是这样，行动上也是这样。说得更准确一点：真诚是对真实的爱，只要这种爱主宰着我们的行为、话语、直至思想。这是说实话的人的美德。

说实话的人什么样？亚里士多德解释说，那是“热爱真实”的人，是因为热爱真实而拒绝撒谎的人，有一说一，不多说，不少道，不添油加醋，不疏忽遗漏。他立身“公正”，处于自吹自擂和藏而不露之间，处于招摇过市和保守秘密之间，处于虚假的荣誉和虚假的谦虚之间。这是个“没城府的人，生活里话语中都诚实，承认自己身上的种种品格，不添加什么，也不抹掉什么。”一种美德？当然：“虚假本身卑劣，应受谴责，而诚恳高尚，值得颂扬。”古希腊人是幸福的，古希腊人是高尚的，对他们来说，这个显而易见的道理不曾被超越，也是无法超越的！虽然如此，他们那里也有诡辩派，像我们这里也有诡辩派一样；正如他们所说的，这种天真会让诡辩派觉得可笑。那就让这些倒霉的家伙去笑好了。思想所包含或追求的如果不是真实，思想还有什么价值？凡是受真实以外的东西支配的思想，或使真实服从其自身以外的其他东西的思想，我一律称之为诡辩。哲学在理论上是诡辩的反面，如同真诚在实践中是诡辩的反面一样。问题是要尽可能*真实地*生活和思想，哪怕要以焦虑、幻灭或不幸为代价。首先要忠于真实：真实的悲伤胜于虚假的快乐。

真诚要对付的主要是自吹自擂，因为它和自吹自擂格格不入，这一点亚里士多德看得很清楚，他还确认真诚与自恋或自尊是相反的。与自爱对立吗？当然不，因为诚实的人可爱，因为自爱是一种义务，因为面对自我装出一副讨厌的无动于衷的样子是撒谎。但诚实的人自爱爱的是自己本来的样子，爱的是自己所认识的那个自己，而不是像他想显现或想被人看到的样子。这是区别自爱与自尊的东西，或者像亚里士多德所说的，区别高尚与虚荣的东西。宽宏大量的人“关心真实胜于关心公众舆论，说话行事光明磊落，因为不太重视别人的意见，就使他可以坦率地表达自己的想法。因此他喜欢实话实说，除非在向群众发表演讲的场合有时会说几句俏皮话。”有人会说，这种高尚缺乏仁慈，的确如此，但这不是高尚中包含着的真实性造成的。真实的崇高比虚假的谦卑有价值。还有人会说，高尚考虑荣誉考虑得太多，这也是真的，但从来不以撒谎为代价。真实的自豪胜过虚假的荣誉。

正如斯宾诺莎所说的，诚实的人服从*已知的真实思想的准则*，或者像我想要补充的那样，诚实的人服从已知*或可能的*真实思想的准则：他说的都是他知道是真的或以为是真的东西，从来不说他知道是假的或相信是假的东西。那么，真诚不就把一切谎言都排除了吗？似乎是，从定义上来说也几乎是：人怎么能真诚地撒谎呢？撒谎的前提是知道真相，或者自以为知道真相，却故意说一套和他所知道或相信知道的不一样的东西。这是真诚所禁止或拒绝的。为人真诚，就是说那些自己信以为真的东西：这是对自己信仰的忠诚（言论或行动上的忠诚），这是服从自己所是或所思的东西的真实。因此，一切谎言都是不诚实，因而应该受谴责。

这种严格，在我看来似乎是难以忍受的，却好像由斯宾诺莎和康德担承下来了。两位顶峰式人物的这种相通，至少值得进行一番研究。

"自由的人行事从不骗人"，斯宾诺莎写道，"而总是出于一片赤诚。其实，自由的人是只服膺理性的人，理性是普遍的，如果理性允许撒谎，它就得一直允许下去，人类社会就不可能成其为人类社会了。"说得非常好。可是，如果某个人正处于有生命之虞的境地呢？那也一样，斯宾诺莎安详地答道，因为理性在所有的人身上都是一样的，不能受制于每个人的利害，哪怕生命攸关。下面这段令人吃惊的注释就是这样来的：

> "有人问，在一个人能以不诚实摆脱迫在眉睫的生命危险时，生命自保的法则也不能明确地命令人不诚实吗？我的回答还是这样：如果理性命令那个人这么做了，它就得命令所有的人都这么做。这样一来，理性就是在普遍地命令所有的人都只是为了团结他们的力量、确立共同的权利才在他们之间签订一些骗人的协议，就是说，理性命令他们实际上不许有共同的权利，这是荒谬的。"

我一直没搞明白，无论如何一直没有以一种让我完全满意的方式搞明白，这段注释何以能与《伦理学》同一部分里的第20和第25两个命题协调一致，在那两个命题里，正好相反，自保的努力是"美德的首要和唯一的来源”，同时也是美德的首要和唯一的尺度和目的。不过我注意到了，斯宾诺莎并非绝对禁止撒谎，但他指出，唯一自由的理性不能命令人撒谎。这两件事是不同的，因为理性不是人的一切，甚至不是本质的东西（本质的东西是欲望，本质的东西是爱），因为任何人都不是绝对自由和理智的，也不应该是，甚至也不愿意是。斯宾诺莎的论证准确指出，作为骗子行事的人从来都不是“以自由人的身份”去做的。这样说可以。所以撒谎或欺诈本身不可能成为美德。这么说也可以。但是，只听理性的往往不理智，只爱美德可能会受谴责，只想*以自由人的身份*行事对自由可能是致命的。真诚是一种美德，但明智也是一种美德，正义也是，仁慈也是。如果为了生存、为了反抗野蛮或为了拯救自己所爱、应该爱的人必须撒谎，在没有别的办法，或所有的办法都不是好办法时，必须撒谎对我来说是毫无疑问的，而且我觉得斯宾诺莎也会同意这样做。当然，理性可能不*命令*我这样做，因为理性是普遍的，而撒谎不普遍：如果所有的人都撒谎，那撒谎还有什么必要？如果任何人都不可信，说话还有什么用？不过，如果欲望没有制服理性，没让理性活跃起来，这样的理性就只是抽象的理性。但欲望总是特殊的，总是具体的，所以人其实是可以撒谎的，正如《论政治》里所承认的，撒谎没有侵害天赋权利，也（或者说就是说）没有侵害任何人的利益，或者说甚至没有侵害所有人的利益。起支配作用的是意志而非理性，能颐指气使的是欲望而非真实。作为真诚本质的追求真实的欲望，在这一点上始终服从作为人的本质欲望的真实：忠于真理不能让人不忠于快乐、爱和同情，总之，就像斯宾诺莎说的，不能不让人不忠于正义和仁慈，而正义和仁慈是全部的法则和真正的忠诚。首先要忠于真实，这也是忠于自身欲望的真实：如果必须欺骗别人或背叛自己，必须欺骗恶人或抛弃弱者，必须食言或背弃爱情，对真实的忠诚（对人的本真、人身上所包含及其所爱的真实）有时会让人不得不撒谎。正是通过这一点，即使在第72个命题的那段不可思议的注释里，斯宾诺莎，我所理解的那个斯宾诺莎，也依然是和康德不同的。真诚当然是一种美德，谎言成不了美德，但这不等于说所有的谎言都是应该受谴责的，*尤其*不等于说我们应该永远不许自己撒谎。任何谎言都是不自由的，肯定是这样，可是谁又能够总是自由的呢？面对恶人、混人和狂热分子，当他们是最强者的时候，当对他们诚恳会成为同谋犯或等于自杀的时候，自由得了吗？当心（原文为拉丁文）……撒谎永远成不了美德，但愚蠢也永远成不了美德，自杀也永远成不了美德。很简单，有的时候必须权衡利害，两害之中取其轻，而撒谎可能就是那个轻的。

康德走得更远，也更旗帜鲜明。撒谎非但永远成不了一种美德，而且一直都是个错误，一直都是一桩罪过，一直都是一件丢人的事。因为，作为撒谎对立面的诚实是“一宗在任何情况下都起作用的绝对义务”，既然是“完全无条件的”，就不会容许有任何例外，“对一项本质上不能容忍任何例外的规则”而言，例外是不能接受的。邦雅曼·贡斯当[①]反驳他，说这就等于说，即使“追杀你朋友的杀人强盗问你，你的朋友是否藏在你家时，撒谎也是一桩罪恶”。但康德是不会为这样的小事所动的：这确实是一桩罪恶，因为人性就是在这里、在实话中表现出来的，因为诚实“是神圣的、绝对强制性的理性的命令，不受任何限制”，哪怕是为了保护他人或自己的生命也不行。在这里意向不起作用。没有虔诚的谎言，或者更确切地说，即使是虔诚的，甚至是仁慈的，撒谎也是犯罪：“撒谎的原因可能是轻率，甚至是善良，甚至还可以在撒谎的时候为自己提出一个良好的目的；可是，仅仅这种形式就使接近这种善良目的方式变成了一种罪行，变成了这个人对自己人格所犯下的罪行，成了一件丢人的事，让他自己都看不起自己。”即使真是这样，我觉得这也是太看重他自己的人格了。这种念兹在兹地担心自己，担心自己渺小的完美形象和渺小的尊严，为了自保而准备把无辜的人交给杀人犯的美德，算什么美德啊？这种不明智、无同情心、缺少仁慈的义务，算什么义务啊？撒谎是个错误吗？当然是。但硬心肠也是，而且有过之！诚实是一项义务吧？

---

① 邦雅曼·贡斯当（Benjamin Constant，1767–1830），法国作家、政治家。

那好。但向危难中的人施以援手也是义务，而且是十分迫切的。只考虑自己，罔顾他人，是要倒霉的！

正像邦雅曼·贡斯当的反驳所显示的，在十八世纪就已经激起反感的康德的立场，到本世纪中叶就变得根本站不住脚了。因为在可悲的二十世纪野蛮行为泛滥了，和这种野蛮行为相比，任何严格要求，如果只考虑良知，都是可笑的；而当这种严格要求实际上等于为刽子手帮凶时，就是可恶的了。您在谷仓里藏了一个犹太人或一个抵抗战士，搜寻这个人的盖世太保问您，您会跟他实话实说吗？您会拒绝回答（那等于实话实说）吗？当然不会！任何一个正直的人，任何一个有良心的人，甚至任何一个有义务感的人，不仅会觉得可以撒谎，而且会觉得非撒谎不可。我说得很清楚：撒谎。因为，撒谎并不能因为不得不撒谎就不是撒谎了，撒谎就是故意说瞎话。“对问我们家里是不是藏着爱国志士的德国警察撒谎”，扬科列维奇写道，“不是撒谎，是说实话；家里藏着人，而回答说没人，这是（在这种情况下）最神圣的义务。”很明显，我接受第二项主张；可是，不放弃思考，不从而禁止自己提那个人家自认为能解决的问题——因为人家已经把那个问题化解了——，怎么能接受第一项主张呢？向德国警察撒谎，明显是撒谎，而这只证明（因为在这个例子里撒谎肯定是高尚的）诚实不是绝对的义务，不管康德是怎么想的，不是无条件的义务，不是普遍的义务，也许只证明根本就没有绝对的、普遍的和无条件的义务（因此就根本没有康德所说的那种义务），而只有程度不等的价值观，只有珍贵程度、紧迫程度和需要程度不等的美德。让我们再说一次，诚实是美德之一。但诚实不像正义、同情和慷慨那么重要，明显地不像爱那么重要，或者更确切地说，作为爱真实的爱，不像爱他人的仁慈那么重要。而且他人也是真实的，是有血有肉的真实，是受苦受难的真实，比我们话语的诚实更重要——重要得多！首先要忠于真实，但对感情真实的忠诚还要胜过对我们声明真实的忠诚，但对痛苦真实的忠诚还要胜过对话语真实的忠诚。把真诚变成一种绝对的东西，就把真诚丢失了，因为真诚就不再是真诚，因为那就只不过是干瘪的、致命的、可恨的诚实了。那就不再是诚实，而是真实论了；那就不再是美德，而是狂热了。理论上的、脱离现实的、抽象的狂热：*爱真理爱到发狂* 的哲学家的狂热。但没有任何一种疯狂是好的。没有任何一种狂热是高尚的。

我们再举个不那么极端的例子。对濒临死亡的人必须实话实说吗？对，什么时候都要实话实说，康德会这样回答，至少在临死的人问的时候要实话实说，因为诚实是一项绝对的义务。不，什么时候都不能说，扬科列维奇回答道，因为这是毫无来由地让他遭受“绝望的折磨”。我觉得问题还要复杂些。在垂危病人问及实情的时候，在他承受得了的时候，对他实话实说或许也能帮助他在清醒（对垂危的人撒谎，不就像里尔克说过的那样，是“偷”了他的死亡吗?)、安详和尊严中过世，能帮助他在真实中过世，像他生活过的那种真实，像他想要生活的那种真实，而不是在幻想或否认中死去。“跟垂危病人说他快死了的人是在说谎”，扬科列维奇写道，“首先，严格说来他是在说谎，因为他对这个人的死一无所知，因为这个人的死只有上帝知道，因为任何人都无权对另一个人说他快死了”，其次“在精神上他给病人造成了伤害”。不过，说到严格，这是把诚实和肯定、诚恳和无所不知混为一谈了：阻止医生和家人坦率地说出他们所知道或相信的东西、包括在这个领域内知识和信念极限的东西是什么呢？说到精神，这是太不重视真实的价值了，太不尊重精神了。把希望置于真实之上，置于清醒之上，置于勇敢之上，这是把希望抬得太高了。如果希望要以谎言为代价，要以幻想为代价，那它还有什么价值?”“不能让那些可怜的人单独受苦”，扬科列维奇还说，“这一点比什么都重要，甚至比真实还重要。”如果那苦是难以忍受的，如果那个可怜的人单独承受不了，如果只有幻想才能让他活下去，这样说是对的。可是，情况总都是这样吗？如果哲学和诚恳都必须在死亡面前止步，如果真实只在它能让我们放心、只在它不冒使我们受苦的危险时才有价值，哲学还有什么用？甚至诚恳还有什么用？在这些方面，说*永不* 的人跟说*总是* 的人都让我怀疑。我们可以出于爱或同情而撒谎，而且有时应该撒谎，这一点我完全同意。还有什么比强使别人拿出我们自己都没把握能拿得出来的勇气更愚蠢和卑劣的吗？是的，在垂危的人能够自己作决定的时候，真相于他有多重要的决定，首先要他自己作，而在他自己不能作的时候，任何其他人都不能替他作。所以，是温和而不是暴力：在这里，同情胜于诚实，也应该胜于诚实。但真实并不因此就没有了价值，在没有很有力又十分谨慎的理由时，不能轻易剥夺他人了解真相的权利，尤其是在这个人要求了解真相的时候。惬意并非一切。舒适并非一切。当然，必须尽可能地消除病人生理上的痛苦，医生应该在这上面更加用心。可是，精神上的痛苦呢？焦虑呢？恐惧呢？此刻这些都已经成了生活的组成部分。“他是在毫无知觉的情况下死去的”，人往往会这么说。难道这真是医学的胜利吗？因为，说到底那个人还是死了，而就我所知，医生的任务是在他们能够做到的时候治愈我们，而不是向我们隐瞒他们不能治愈我们。“如果我对他说出真相，他会自杀”，有一个医生这样对我说。可是，自杀并非总是一种病（自杀也是一种权利，不能因此而被剥夺），而抑郁症是病，是能够治愈的病。医生来是为了治病，而不是替病人作决定的，不是来判断生死孰优、他还值不值得活下去的！医生朋友们要当心陷入父道主义：你们的职责所在是病人的健康，不是他们的幸福，不是他们的安详。濒死之人无权成为不幸的人吗？他没有焦虑的权利吗？那么，在这种不幸里，在这种焦虑中，有什么东西把你们吓成这样了呢？

这样的话从来都是带着同情、温和与体贴说的，或者应该带着这类感情说的……撒谎比折磨人好，撒谎比让人害怕好。真实不能代替一切。但也没有任何一种美德能代替真实，或者在绝对没有真实的情况下能起作用。从道德上、精神上和人道上来说最美好的死亡，是最清醒、最安详而清醒的死亡，而陪伴临终之人走向这个最后的真实也是我们的义务，只要有陪伴的必要，只要他们还知道陪伴。在他们的最后时刻，谁还敢向基督或佛陀撒谎？谁还敢向苏格拉底或伊壁鸠鲁撒谎？谁还敢向斯宾诺莎或西蒙娜·魏尔撒谎？有人会说这样的人物见不到了，大街上没有，病房里也没有。确实如此。那我们就更应该在我们能够和他们接近的时候帮助自己和他们接近，哪怕只接近一点点，而不是事先就打消我们和他们接近的兴味，哪怕那味道是苦涩的，也不要打消我们和他们接近的可能性，哪怕那可能性是痛苦的。所以，即使是在将死之人的床上，诚实也依然在起着作用。诚实不是在单独起作用，这一点我们还要再说一遍：同情也在起作用，爱也在起作用，而且起着更大的作用。把真相劈头盖脸地摊给没要求知道真相的人，摊给承受不了真相的人，摊给真相能将其撕裂或压垮的人，这不是真诚：这是粗暴，是麻木不仁，是暴力。因此，必须说出真相，或者尽可能地说出真相，因为真实是一种价值，因为诚恳是一种美德；但是，并非总得说，并非对谁都说，并非不计代价地说，并非想怎么说就怎么说！只要能说出真相，只要应该说出真相，就一定要说，这么说吧，只要说了不违背更高更紧要的美德，就必须说。在这一点上我们又和扬科列维奇走到一起了："把告密这种罪恶的说真话置于爱之上的人要倒霉了！那些什么时候都讲真话的冒失鬼要倒霉了！那些从来不撒谎的人要倒霉了！"

但这一点只对他人有用：因为合乎情理的是，喜欢别人对自己诚实甚于自己对别人诚实，尤其是在自己痛苦的时候，尤其是在自己是弱者的时候。但喜欢自我甚于真实就绝不是合乎情理的了。这正是真诚超过诚恳之处，也是真诚被普遍接受或起作用的原因。有的时候，对他人撒谎比对他说实话更合乎情理，甚至更合乎道德。但对自身来说，不诚实不会比诚实更有好处：因为，这样做就是把自身置于真实之上了，就是把心理上的闲适或心安理得置于他的精神之上了。这会违背真实，违背自我。当然，对任何罪行都要仁慈：每个人做自己力所能及的，而生活太困难，太残酷，使我们在这些方面不能去谴责任何人。面对最坏的情况时，谁知道自己会做出什么事来呢？承受得了摆在面前的那么多的真实吗？仁慈点吧，对所有的人仁慈吧！但这并不意味着一切都具有同等价值，也不意味着对自身不诚实在道德上永远都会被看成中性的或无所谓的。如果对恶人撒谎合乎情理，比如在生死攸关的时候对恶人撒谎，那不是因为那时我们把自己看得比真实还高，因为撒谎丝毫不妨碍我们热爱真实，尊重真实，至少不妨碍我们在内心里服从真实。甚至正是由于心里有信以为真的东西才向杀人犯或野蛮人撒谎的，所以，从这个意义上说，这是些善意的谎言。这里必须把诚恳和自省的真诚区别开来。诚恳是对他人的，允许有各式各样的例外（这是过渡性的有条件的真诚），自省的真诚是对自身的，所以是有普遍意义的。出于明智或同情，有时必须对他人撒谎，这个我们已经说过，不再重复。可是，什么东西能说明对自身撒谎也有道理呢？明智？那就是把自身的满足置于清醒之上了，把自我置于自己的精神之上了。同情？那就是缺乏勇气了。爱？可是，没有真诚，那就只能是自尊和自恋了。

让·保罗·萨特在论述一个问题时清楚地说明过，像“对自己撒谎”这类不真诚，违背（就是说表述和否认是密切地结合在一起的）人类意识的一个基本方面，永远禁止它作为一件东西或一种现象和自身绝对吻合。绝对自以为是咖啡馆里的侍者，或哲学教授，或悲，或喜，就像桌子就是桌子一样，甚至绝对自以为是诚恳的，就像自己的头发是金色的或棕色的一样，是不真诚，什么时候都是不真诚，因为这样就是忘记了，要成为我们现在这个样子（换句话说，我们并非已经或一劳永逸地成为我们现在这个样子了），尚须努力；因为这样就是否认自己的焦虑，自己的虚无，自己的自由。因此，不真诚对任何信念都是个“长期存在的危险”。不过这是一种必须面对的危险，没有不真诚就不能把这种危险说成命运或当做托词。不真诚不是一种存在，不是物，也不是命运，而是一种物化，是以必定是人为形式出现的自为存在的、是自以为是或希望是的东西的物化，这种自为的存在可能是上帝，也可能什么都不是。不真诚的反面同样不是存在（相信自己*是*真诚的，是自欺），不是物，甚至不是一种品质：那是一种努力，一种要求，一种美德。萨特的真实性是这样，任何人身上的真诚也都是这样，只要这种真诚没有与得到了满足或僵化了的信念的自我相吻合，而是在不停地和谎言分离，和假正经分离，和他所扮演或承担的各种角色分离，总之，和不真诚分离，和自我分离。

从广义上思考，真诚只不过是对真实的热爱。因此，真诚是最杰出的哲学美德，意思当然不是说真诚可能是留给随便什么人的，意思是说，就哲学家这个词最根本最普通的意义而言，凡是能把真实（至少是和他有关的真实）置于一切——荣誉或权力、幸福或体系——之上的人，甚至能把真实置于美德、甚至是爱之上的人，将成为哲学家。哲学家宁可自知不好也不愿意装好；绝情的时候，自身利己主义占上风的时候（几乎总是这样！），宁可直面现实也不愿糊弄自己，认为自己多情或慷慨。但他知道，没有仁慈的真实不是上帝。不过他也知道，或者以为知道，没有真实的仁慈只是众多谎言中的一种谎言，而不是仁慈。斯宾诺莎把这种认识的快乐称之为*上帝的理性之爱*，无论认识的对象是什么（“我们认识的个别事物越多，我们对上帝的认识就越深刻”），因为一切都在上帝那里，因为上帝就是一切。假如说任何一种真实都不是上帝，所有的真实加起来也不是上帝，假如说没有一尊神是真的，这话可能有点言过其实。但是，这也就把关键之处指出来了：对真实的爱比宗教重要，清醒比希望珍贵，真诚比信仰更有价值，也比信仰更好。

这也是精神分析学的精神（“真实，再真实！”），没有这种精神，精神分析学就只能是诡辩术，就只能是它常常表现出来的那个样子，正如弗洛伊德所说，它只是通过“对真实的热爱”才从那种常态中摆脱出来，“这可能使它把其中所有的幻觉和欺骗都排除出去了”。

在我们这个时代还有精神、还没有在失去信仰的同时也把精神丢掉的时候，这就是我们这个时代的精神。

这种永恒的和转瞬即逝的精神，正如阿兰所说过的，“拿什么都不当一回事”，包括它自身。也拿真实不当一回事吗？有时是这样，不过这仍然是热爱真实的一种方式。崇尚真实，把真实当偶像，甚至当成神，那就是撒谎了。所有的真实都具有同等价值，也什么都不值：斯宾诺莎后来说过，并非因为真实好我们才应该热爱它，而是因为我们热爱它才觉得它好，而对于热爱真实的人来说，真实也确实好。真实不是上帝：它只对热爱它的人有价值，通过热爱真实的人，真实也只对老实人有价值。老实人热爱真实，但不是发狂般地热爱，服从真实但不受它欺骗。如此说来，爱是第一位的了？是的，但只在爱是真实的时候它才是第一位的：所以它在价值观中第一，在存在中第二。

这是精神中的精神，它喜欢诚实而不喜欢撒谎，喜欢知识而不喜欢幻想，喜欢笑而不喜欢严肃。

真诚因此导致幽默，一如不诚实导致嘲讽。

十七　幽　默

说幽默是一种美德会让人觉得惊讶。不过，任何针对自身的严肃都是应该受到谴责的。幽默防止我们严肃，还能让人在幽默中体会到乐趣，所以它才被看重。

如果像扬科列维奇很俏皮地说的那样，“严肃指的是一个人的中间状态：人在中间，一边是绝望，一边是无可无不可，距离相等”，那就必须看到，幽默则相反，会义无反顾地选择两端。维昂[①]说到过“绝望的礼貌”，而无可无不可能够成为绝望的礼貌的组成部分。摆出一副了不起的样子是不礼貌的。把自己太当回事是可笑的。缺乏幽默，就是缺乏谦虚，就是缺乏清醒，就是缺乏轻松，就是太自我膨胀，就是太自欺，就是太严厉或太咄咄逼人，因此也就几乎总是缺乏慷慨、温和、仁慈……即使在美德里，过分严肃也会让人感到可疑和担心：严肃的下面大概有某种幻想或狂热……这是自命不凡的美德，因此也就缺少了美德。

但我们也不可夸大幽默的重要性。坏蛋可能很幽默，英雄可能不幽默。但这确实证明不了什么，这种情况我们在大部分美德里都见过，证明不了幽默不好，十分明显，什么也证明不了。可是，如果幽默想证明什么，那还是幽默吗？幽默是附属的美德，如果愿意，或者可以说是合成美德，轻微的美德，非本质的美德，在一定意义上说，幽默是奇怪的美德，因为它嘲笑道德伦理，因为它以滑稽有趣为满足；但它又是很重要的品质，很珍贵的品质，一个很体面的人当然可以不幽默，但是缺了它，就不能不在某种程度上有损于我们对这个人

---

① 维昂（Vian，1920—1959），法国小说家、诗人、剧作家。

的敬仰，甚至是道德伦理方面的敬仰。不幽默的圣徒是悲伤的圣徒。那么，没有幽默感的智者还能算智者吗？阿兰说过，机智就是那种嘲笑一切的东西，在这一点上幽默理所当然地是机智的组成部分。

这并不禁止严肃。在事关他人时，我们的义务、许诺和责任都是要严肃认真的，甚至在涉及我们自身生活的举止方面，也要严肃认真。不过，要禁止上严肃认真的当，或过分地以严肃认真为满足。这是虚荣里的虚荣：传道书里只缺了点幽默，要不然就说到点子上了。一点点幽默，一点点爱，也就有了一点点快乐。这没什么道理，甚至是不讲道理的。在绝望和无可无不可之间，美德所处的地位有时不在正中，不像在把两级包容到同一个目光或同一个微笑里的能力中那样居中，我们在两级之间生活着，发展着，而两级在幽默中结合。在清醒的人眼里，什么东西不令人绝望？在绝望的人眼里，又有什么东西不是无可无不可的？这不禁止我们嘲笑这些东西，嘲笑甚至可能是我们能够做的最好的事。没有欢乐，爱还有什么价值？没有幽默，欢乐又有什么价值？

凡是不悲惨的东西都是微不足道的，这就是清醒对人的教诲。而幽默则微笑着补充说，这并不悲惨……

这就是幽默的本质。情况令人失望，但并不严重。

传统把德谟克利特①的笑和赫拉克利特②的哭对立起来了。蒙田回忆说："德谟克利特和赫拉克利特是两位哲学家。前者觉得人类的生存条件既无用又可笑，在公众场合露面时总是一副嘲弄人的笑嘻嘻的样子；赫拉克利特对我们人类的生存条件怀着悲悯和同情之心，总是一脸的悲伤与凄楚，热泪盈眶……"当然这都不是差点就笑或者差点就哭的理由。可是，什么样的态度更好呢？现实不做裁决，它既不笑也不哭。这并不意味着我们可以选择，或者说至少这并不意味着这种

① 德谟克利特（Democrite，约公元前460–公元前370），古希腊哲学家。
② 赫拉克利特（Heraclite，约公元前540–公元前480），古希腊哲学家。

选择由我们决定。我宁愿说，我们是由欢笑或眼泪或欢笑和眼泪构成的，欢笑和眼泪渗透着我们，我们在这两级之间摇摆，一些人倾向于这一边，一些人倾向于另一边……忧愁反对欢乐吗？并非如此简单。蒙田也有悲伤、消沉和厌倦的时候，但他并不因此就不喜欢德谟克利特。他解释说："我更喜欢他的脾气，不是因为笑比哭快乐，而是因为那种脾气更轻蔑，对我们谴责得更厉害；我觉得，我们受到的轻蔑永远都达不到我们应该受到的程度。"为此而哭泣？那就会显得太拿自己当回事了！还是为此而笑的好："我不认为我们遭到的不幸像我们的虚荣心那样多，也不认为我们身上的狡黠像愚蠢那样多……我们自身特有的怪异条件是滑稽可笑的。"为这么点小事（为我们的微不足道）伤感有什么好处？当笑就足够了的时候，互相仇恨（恨的东西是要记在心里的）有什么用？

然而，笑是各式各样的，所以必须把幽默和嘲弄区别开来。嘲弄不是美德，是武器，是几乎总是指向他人的武器。这是恶意的、挖苦人的、具有破坏性的笑，是嘲弄人的笑，是伤害人、杀人的笑，是斯宾诺莎放弃了的那种笑（"不要笑（这里的意思是不要变成嘲笑，不要讥笑），不要哭，不要厌恶，而要理解"），这是仇恨的笑，是战斗的笑。有用吗？当然有用，必须的时候就有用！哪种武器是没用的？但任何武器都不是和平，任何讥笑都不是幽默。语言能够骗人。我们那些幽默大师，大家称之为幽默大师或自称的幽默大师，通常都只是些尖刻的人，嘲笑人的人。当然，这样的人也需要。不过，那些杰出的幽默大师都是幽默与讥讽兼具：贝多斯[①]就是这样，谈论右派的时候他主要是讥讽，说起左派来他主要是幽默，而谈到他自己和我们大家时，他是个纯粹的幽默大师。如果我们只能在反对的时候笑，那是何等悲哀啊！若是我们只会笑别人，那又是何等严酷啊！讥笑就是：一种自视过高的笑；一种嘲弄的笑，但嘲弄的不是自己；这是笑，但要表达的意思十分清楚，那是*嘲笑某人*的。嘲笑转过身来对着自我

① 贝多斯（Bedos，1934－ ），法国讽刺艺术家。

（即我们所说的自嘲）时，依然是外在的、有害的。嘲笑是轻蔑的，非难性的，谴责性的……嘲笑自视甚高，只怀疑*别人的*严肃性——正如克尔凯郭尔[①]所看到的那样，即使是“像谈论第三者一样谈论自己”。这就把不止一个天才毁了或束缚住了。谦虚？不是。因为刚好相反，为了嘲笑别人，必须自视甚高！就像即使为了蔑视自己也非要摆出一副自命不凡的姿态一样！讥讽是严峻，在它眼里，一切都是可笑的。讥讽是狭隘，在它眼里，一切都是渺小的。

里尔克开过一个药方：“到心灵深处去：讥讽下不到那里。”这可能不是真幽默，而这就是第一个区别。第二个区别，最能说明问题的区别，在于幽默的自省性，在于它的内在性，即人们所称的内在。讥讽是嘲笑别人（或者在自嘲中像嘲笑别人一样嘲笑自我）；幽默是嘲笑自己，或者像嘲笑自己那样嘲笑别人，而且在任何情况下都总是把自己包含在自己营造或揭示的无意义之中。不是幽默的人拿什么都不当回事（幽默不是轻浮）。幽默仅仅是拒绝自视过高，拒绝把它的笑或焦虑太当回事。正如克尔凯郭尔所说的那样，讥讽试图抬高身价，幽默试图让自己消失。幽默不可能长存，也不能自成体系，那样就只是一种自卫方式，也就不再是幽默了。我们这个时代对幽默赞赏有加，使幽默变了质。还有什么比为了幽默而培养幽默更可悲的吗？还有什么比把幽默变成一种引诱手段、变成颂扬自恋的纪念碑更可悲的吗？把幽默变成一种职业还能说得过去，因为必须挣钱糊口。可是，能把幽默变成宗教信仰吗？能把幽默当成一种抱负吗？那样就违背了幽默，也缺乏幽默。

在幽默忠实于自我的时候，它导致的倒是谦虚。没有不带假正经的骄傲，说到底也没有不带骄傲的假正经。幽默破除了骄傲，打到了假正经。正是在这一点上幽默本质上是自省的，或者，至少是把自己包括在它引发的嘲笑甚或苦涩的微笑里的。问题不在于内容，而是精神状态。同一种说法，或是同一个玩笑，性质可以根据说话人的情绪

---

① 克尔凯郭尔（Kierkegaard，1813–1855），丹麦哲学家。

而改变：某人说的时候把自己排除在外，就成了讥讽；另一个人说的时候把自己包括在内，就成了幽默。阿里斯托芬在《云》的剧本中嘲笑苏格拉底时用的是讥讽。但苏格拉底（那可是个讽刺人的高手）看该剧演出时所表现出来的却是幽默，他和别人一起开怀大笑。如果不看语气和上下文，这两种格调当然能够融合到不可分离不可分辨的程度。当格劳乔·马克斯[1]傲慢地说“我度过了一个极其美好的夜晚，但不是今天”时，情形就是这样。如果他这话是在一个不成功的晚会以后说给女主人听的，这就是讥讽。如果是在他的作品演出之后说给观众听的，那就是幽默。但是，在第一种情况下，如果格劳乔·马克斯承担起晚会失败中他应该负的那部分责任，这话里就多了点幽默，如同在第二种情况下，如果像常常遇到的那样观众太缺乏才智，这话里就多了点讥讽……我们可以拿任何东西开玩笑：失败、战争、死亡、爱情、疾病、酷刑……但这玩笑要给这个苦难的世界添加点欢乐、温和或轻松，而不是怨恨、痛苦或轻蔑。我们什么都可以嘲笑，但不是想怎么嘲笑就怎么嘲笑。犹太人的故事在反犹太人主义者嘴里永远不可能是幽默的。嘲笑并不是一切，也什么都宽恕不了。另外，涉及我们能够阻止或克服的不幸时，只开玩笑显然是应该受到谴责的。幽默不能代替行动，而事关他人痛苦的时候，无动于衷就是错误的。不过，不管行动与否，太看重自身的善良感情、自身的担心、自身的反感和自身的美德，也都是应该受到谴责的。有条不紊的清醒从自身开始。幽默由此产生，它能使人嘲笑一切，条件是首先要嘲笑自己。

伍迪·艾伦[2]说：“我感到遗憾的唯一一件事，是我没成为另外一个人。”不过也正因为如此，他接受了这个事实。幽默是一种哀伤的举止（即接受甚至让我们感到痛苦的东西），这使幽默又一次有别于讥讽，讥讽是可以要别人命的。讥讽伤人，幽默治疗。讥讽能杀人，幽默帮助人活下去。讥讽想统治，幽默搞解放。讥讽冷酷无情，幽默

---

① 格劳乔·马克斯（Groucho Marx，1890–1977），美国喜剧演员。
② 伍迪·艾伦（Woody Allen，1935– ），美国作家、导演、喜剧演员。

慈悲为怀。讥讽羞辱别人，幽默谦恭。

但幽默不是只有助于谦恭。它自身也有价值：把悲伤化为欢乐（所以后来斯宾诺莎有把怨恨化为爱或仁慈的说法），把幻灭化为喜剧，把绝望化为高兴……幽默使紧张变得和缓，也同样使怨恨、愤怒、悔恨、疯狂、刻板的思想、羞辱直至讥讽，都变得和缓。首先嘲笑自己，但不带怨恨。或者什么都嘲笑，但只在自己也是被嘲笑的一部分而且接受这种嘲笑时，才可以什么都嘲笑。讥讽说不（常常假装说是），幽默说是，无论如何要说是，好歹要说是，包括对所有那些不能为幽默大师作为个人所接受的东西，都说是。口是心非吗？在讥讽里几乎总是口是心非（没有假装和一点点恶意就没有讥讽）；在幽默里几乎从来不是口是心非（不真诚的幽默还能算幽默吗？）。有点双重性，有点矛盾，有点裂痕，但都被承担、被接受、被克服了。皮埃尔·德普罗热[①]宣布自己得了癌症时是这样说的："要是你癌症比我更重，你就要死了！"伍迪·艾伦把他的焦虑、失败和症状……搬上了舞台。

面对人类生存条件的皮埃尔·达克[②]是这样说的："对这三个一直没有答案的永恒问题：'我们是谁？我们从哪里来？我们到哪里去？'我的回答是：'就与我个人有关者而言，我是我，我从自己家里来，我还要回到家里去。'"我在别的章节里指出过，没有喜剧式的哲学：对嘲笑来说这无疑是个极限（嘲笑不能代替思想）；可是，对哲学来说这也是个极限：哲学不能代替嘲笑，不能代替快乐，甚至不能代替智慧。这是各种体系的悲哀，当概念自以为是的时候，概念的严厉也是压倒性的！少许的幽默就能防止这些东西，就如我们在蒙田和休谟的著作里看到的，也正如我们在康德和黑格尔的著作里看不到的。我前面引用过斯宾诺莎这句著名格言："不要嘲笑，不要悲伤，不要诅咒，而要理解。"这话说得对。可是，要是没有任何东西

---

① 皮埃尔·德普罗热（Pierre Desproges，1939–1988），法国幽默大师，擅长黑色幽默。

② 皮埃尔·达克（Pierre Dac，1893–1975），法国幽默大师，喜剧演员。

可理解呢？剩下的就只有笑了——不是*对着*什么笑（讥讽），而是由于什么而嘲笑，是和别人一起嘲笑，是置身其中地嘲笑（幽默）。我们要启程了，可是没有船：因为没船而笑比因为没船而哭好。这是莎士比亚的智慧，是蒙田的智慧，而这是一样的智慧，是真智慧。

“自恋的胜利”，弗洛伊德很奇怪地写下了这样的话。但这是为了立即指出，胜利是靠损害自我本身取得的，可以说，自我被超我制得循规蹈矩了。自恋的胜利（因为自我“胜利地显现了”，而且终将拥有冒犯过它而被它制服了的那种东西），然而是对自恋取得的胜利！“享乐原则的胜利”，弗洛伊德又写道。但享乐原则的胜利只在接受现实——哪怕是为了嘲笑它——的条件下才是可能的，现实就是那个样子，就是那个样子不变。“幽默好像在说：‘瞧！这就是那个你觉得十分危险的世界！孩子气一点吧！所以最好是游戏人间！’”像弗洛伊德说的那样，“对现实失望”只有在对自身失望的条件下才是幽默的（否则就可能不再是幽默而是疯狂了，就不再是失望而是神经错乱了），因此也只有在承认这个被他嘲笑、轻视或戏弄的现实的条件下才是幽默的。一个于某个星期一被带到绞刑架下的死囚高喊“美好的一周开始了！”时就是这样。幽默中有勇气，有高尚，有慷慨。幽默中的自我好像是从自我中解放出来的一样。“幽默中不仅有某种解放者的东西”，弗洛伊德指出，“而且还有某种非同凡响和高雅的东西。”幽默因此和其他形式的诙谐有别，从而在事实上触及了美德。

这一点又再一次使幽默和讥讽有了截然不同的区别。讥讽宁可贬低什么，从来不高尚，从来不宽宏大量。博班写道：“讥讽是悭吝的表现，是心智的烦恼，宁肯牙关紧咬也不肯吐露一个赞扬的字眼。幽默则相反，是一种慷慨的表现：朝所爱的微笑，是加倍的爱。”加倍的？我不知道。不如说更爱吧！更轻松、更风趣、更自由地爱，会爱得更好。相反，讥讽只知道恨、批评和轻蔑。多米尼克·诺盖[1]在总结幽默与讥讽两者的对立时有点儿夸张，但却指出了正确方向。他写了

---

① 多米尼克·诺盖（Dominique Noguez，1942－　），法国作家。

一段话，以这句格言作结："幽默和讥讽都同样地基于语言和实际的不吻合，但给人的感觉不同，一个是对所指的人或物的兄弟般的问候，另一个则相反，表现出来的是愤慨、轻蔑或仇恨的对抗。幽默是爱怜，讥讽是轻蔑。"无论如何，没有起码的同情就没有幽默。克尔凯郭尔当年所见者就是如此："因为幽默包含着一种隐藏着的痛苦，也就带有讥讽所缺少的同情……"对痛苦的同情，对孤独的同情，对脆弱、焦虑和空虚的同情，对世间万般微不足道的东西的同情……幽默和荒唐有关系，用英语圈的人的话说是和*nonsense*有关系，和绝望有关系。当然，不是说荒唐话都滑稽可笑，甚至不能（如果把荒唐理解为某种毫无意义的东西）是滑稽可笑的。相反，我们能够嘲笑的只是意义。可是，反过来说，并非所有的意义都可笑，很明显，大部分都不可笑。嘲笑既不产生于意义，也不产生于无意义：嘲笑产生于从有意义到无意义的过渡之中。意义摇摆不定的时候，显示出它正在时隐时现的动作中逐渐消失的时候（但就像悬在空中，就像在飞行中被嘲笑抓住了），就有了幽默。例如，正在给病人听诊的格劳乔·马克斯宣布："不是我的表停了，就是这个人死了。"这话当然意味着什么，甚至只是因为这话有意义才可笑。但这句话的意义是，这既是不可能的（有可能也是抽象的），也是不合情理的：这句话的意义在它给出的同一刹那就消失了，或者更确切地说，这句话的意义只是在它*正在消失的时候*才给出的（因为，如果它完全消失了，我们就没得可嘲笑了）。幽默是意义的颤动，是意义的摇摆，有时是意义的爆发，简而言之，总是一种运动，一个过程，但是集中，收拢，而且能够停留在离它的本源（意义的严肃性）不太远的地方，或者相反，更接近它的天然出口（无意义的荒唐），并以此强调其无穷无尽的差别和色调变化中的某一点，就像我们每个人都能观察到的那样。不过，我总觉得幽默一定是在中间部分，在有意义与无意义之间那个突然发生的运动里（在途中被抓住，如同登时凝固了一样）。意义太多，还不是幽默（常常是讥讽）；意义太少，就不再是幽默了（就只是荒唐了）。在这里，我们发现了几乎是亚里士多德式的中庸：幽默既不是严肃（对严肃来说什么都有意义），也不是无聊（对无聊而言，什么都没有意义）。但这是一种不稳定的中庸，或者是模棱两可的中庸，或者是矛盾的中庸，揭露出一切严肃中的无聊和一切无聊中的严肃。亚里士多德说，有幽默感的人在嘲笑必须嘲笑的东西时，会嘲笑得恰到好处（无过无不及）……不过，只有幽默能决定嘲笑还是不嘲笑，幽默可以嘲笑一切，包括亚里士多德，包括中庸，包括幽默……

意义触及我们的生活领域越重要，或牵动、动摇我们认为有意义的东西、信仰、价值观、幻想即我们认为一切严肃的东西的面越广，嘲笑就越有力量，或者说幽默也就越深刻。有的时候，内爆裂的似乎是思想，例如，当利希滕贝格[1]提到他那句“无刃之刀缺的是刀柄”的名言的时候。有的时候是当代这种或那种雄心的自夸，比如在某个特殊领域里的速度自夸，例如所谓的快速阅读法领域：“我用二十分钟就把整本《战争与和平》都读完了”，伍迪·艾伦说，“书里说的是俄国的事。”还有的时候是我们的行为或反应的意义本身参与进来了，意义好像被弱化了，或者成问题了，弄乱了我们的价值观、标准和意图……伍迪·艾伦还说过：“为了自卫，我身上总带着一把剑。遇到攻击时，我就用手按着剑柄的球饰，剑就变成了盲人用的手杖。这时就会有人来帮我。”我们会发现，在最后这个例子里，从有意义到无意义之间的过渡小于从一种意义（剑的男子汉的自信：这是个准备战斗的男人）到另一种意义（盲人手杖的多少带点怯懦的狡黠）的过渡。但是，这种从一种意义到另一种意义的过渡，从最受敬重到最可笑的过渡，把两种意义都弱化了，并至少有可能因此而认为无意义有理。还有的时候（下面的例子都是从伍迪·艾伦的书里引用的），是焦虑在表达，但是很荒诞，像是被驱逐或被置于很远的距离似的：“尽管我不怕死，我还是希望死亡来临的时候我在别的地方。”或者是我们的各种感情被相对化了，或者是我们的各种感情彼此相对化了：“爱与被爱哪个更好？如果我们血液里的胆固醇含量超过了5.35，爱

---

① 利希滕贝格（Lichtenberg，1742–1799），德国科学家、讽刺作家。

与被爱都不好。”最后还有这种时候（说*最后*是因为我想打住了，当然还可以不停地继续下去：总有可以提出来讨论的意义，总有可以远离的严肃性），所以作为结束，我们要说的是还有这种时候，就是我们那些期望，它们揭露出自身带有的可疑的东西（“永恒是长久的，特别是接近末尾的时候”），龌龊的东西（“如果上帝肯向我显示一下他的存在该有多好……比如要是上帝为我在瑞士银行里存了一大笔钱该有多好！），或不大可能的东西（“不仅上帝不存在，周末你试试能不能找到个铅管工！”）……人有什么样的地位便受到什么样的尊敬，我在这里是跟着伍迪·艾伦的思路走的。弗洛伊德没机会结识伍迪·艾伦，我相信可能会欣赏他，因为弗洛伊德总喜欢重提美国一家殡仪馆登的广告：“花十块钱就能让人把自己埋了，还活着干什么？”他在这条广告上加了个批注：“一旦对生命的意义和价值产生疑问，这个人就已经病了，因为不管是生活的意义还是价值，都不能客观地存在……”这就是幽默表现出来的东西，幽默以这样的东西为乐，而不是去哭。

这又和克尔凯郭尔一致了：“幽默的人被时间及其没有尽头的持续搞得筋疲力尽了，一跃而起，摆脱了时间，并找到了证实荒唐的幽默的轻松。”不过，对克尔凯郭尔来说，与其说这是幽默的真实，不如说是幽默的“造假”、“收回前言”或“撤销”。这样一来，幽默就背弃了它的真正使命，即把人从伦理引向宗教，从而成为“信仰之前的内心存在的最后阶段”，甚至如克尔凯郭尔所说，成为在道德伦理中*隐姓埋名*的宗教感情，完全像讥讽在美学中是*隐姓埋名*的伦理一样！对此我当然是一点也不相信的。如果幽默责难伦理学的严肃性，将伦理学相对化，怀疑伦理学，拿自己的自命不凡和抱负等等寻开心是真的，当（在冒充高雅的人身上，在女人气的男人身上……）有严肃的时候，幽默也同样在责难唯美主义者的严肃性，或者信教者身上那种更常见也更本质的严肃性。凭借高一等的意义（比如信仰）嘲笑伦理，那就可能不是幽默而是讥讽了。幽默嘲笑伦理学（或美学，或宗教……）凭借的主要是低一等的意义，所以就（有倾向性地）凭借无意义，或者就直截了当凭借真实。例如皮埃尔·德普罗热说的：“上帝说：‘你要爱人如己’。就我个人而言，我更看重我自己。不过我不会把我个人的意见带到这场争论中去。”或者如伍迪·艾伦说的：“死亡的念头挥之不去，我在不停地思考。我不断地问自己，究竟有没有来生，如果有，谁能把它给我换成二十美元的零花钱?”只有真实是可笑的，无论如何只有真实是幽默的，是可以成为幽默的。所以，无意义常常令我们高兴：因为无意义的事物只有通过我们放在意义中的严肃性才能是真实的，是幽默不能消除的（因为我们不能老开玩笑，因为我们不应该老开玩笑，因为幽默是以意义要在某种保持原状的事物之中为前提的，那样才能够对意义进行嘲笑），但幽默把这种严肃性相对化了，把它变轻了，把它置于一定的距离之外了，幸运地把它弱化了，对严肃性而言，幽默终于把我们解放了（因为我们能够拿一切东西开玩笑），而又没有取消它（因为幽默使现实保持不变，因为我们的欲望、信仰和幻想是现实的组成部分）。幽默是令人快乐的幻灭。因此幽默是双重高尚的，或可以成为双重高尚的：作为幻灭，它涉及清醒（因此也就涉及真诚）；作为快乐，它涉及爱，也就涉及一切。

让我们和阿兰一起重说一遍，机智嘲笑一切。当机智嘲笑它所讨厌或蔑视的东西时，这是讥讽。当它嘲笑它所爱和敬重的东西时，就是幽默。我最爱的东西、我最容易尊重的东西是什么？是“自我”，正如德普罗热说的。这就把幽默的重要和稀少都说得很清楚了。那它还怎么可能不是一项美德呢?

十八 爱 心

性器官和大脑都不是肌肉组织，也不可能是肌肉组织。由此就产生了几种重要结果，其中的这一点并非最不重要：人不爱他想要的，而是爱他欲求的，而是爱他所爱的，而且不加选择。既然人不能选择，又怎么能根据欲望和爱去选择自己的欲望和爱呢？即使是在几种不同的欲望之间、几种不同的爱之间选择也是不可能的。爱不受意志支配，因此不可能成为一种义务[①]。这样说来，爱的章节出现在浅论美德的著作里不就成问题了吗？有此可能。但是也必须说，美德和义务是两码事（义务是一种强制，美德是一种自由）。两者当然都是必须的，也是明显地彼此关联的，但更主要的是互补的，甚至是对称的，而不是相似的或相混的。我觉得对所有的美德来说这都是真的：例如，越慷慨，就越不觉得行善像一种义务，就是说不像是一种强制。对爱来说就更是真的了。尼采说过："出于爱所做的事，完成的时候总是超越善与恶的。"我的想法还没到这一步，因为爱就是至善；但说超越义务与禁止，则是对的，几乎总是这样，而且没有比这更好的了！义务是一种强制（康德说是"枷锁"），义务是一种悲哀，而爱是一种自发的快乐。康德写道："被强制做的事，出于爱不会做。"反过来也如此：出于爱做的，出于强制不会做，所以出于义务也不会做。这一点人所共知，因此我们某些最显而易见的伦理经验和道德没有任何关系，当然不是因为它们与道德背道而驰，而是因为

---

① "爱是感情而非意志方面的事，所以我不能因为我想爱就爱，更不能因为我应该（被置于爱的必需之中了）爱就爱；由此而来的爱的义务是荒谬的。"（康德语）——作者注

它们无需受道德约束。哪个母亲奶孩子是*出于*义务？还有什么比*夫妻义务*这样的说法更残酷的吗？有爱在的时候，有欲望在的时候，要义务有什么用？相反，在享乐中，在爱里，一定有夫妻美德，一定有母爱美德！喂奶、彼此以身相许，爱的时候，可以大大方方、多少带点温柔体贴、多少带点纯洁、多少带点忠诚、多少带点审慎，需要的时候再多少带点幽默、多少带点率直、多少带点真诚、多少带点爱怜……奶孩子或做爱，除了以贞洁即完美的方式进行之外，还有什么别的方式吗？有的时候，做爱的方式是很勉强的，自私的，充满仇恨的。但做爱也有其他方式，有多种方式，或者说有多少人、有多少对夫妻就有多少种方式，可以做得很好，做得好的就是道德的。肌肤之亲只是一个例子，把做爱评价过高，像今天很多人所做的那样，同过去几个世纪里把做爱妖魔化一样，都是荒谬的。如果像弗洛伊德所想和我乐意相信的那样，爱来源于性，却不能归结为性，而在任何情况下都肯定要超越我们那些或多或少的肉体快乐。我们的全部生活，不管是私人的还是公众的，家庭的还是职场的，其价值完全取决于我们在生活里投入或得到的爱有多少。如果我们不爱自己，我们为什么成了利己主义者呢？不爱钱、舒适的生活或工作，我们为什么要劳动呢？如果不爱智慧，要哲学干什么？要是我不爱哲学，为什么会写下这么多书？如果我不爱美德，为什么要写这本美德浅论？作为读者，如果你不能分享书中的这种或那种爱，你为什么要读这本书？爱不受意志支配，因为支配一切的是爱。

当然，在我们的道德或伦理生活中，爱同样有价值。再重复一遍，我们只在没有爱的时候才需要道德，所以我们才这么需要道德！起支配作用的是爱，但爱太缺乏：爱是在爱缺位中并通过这种缺位起支配作用的。这是义务所表达或揭示的，义务只强制我们做有爱的时候无需强制、爱就足以激励我们去做的事。不受意志支配的爱，怎么能支配自身以外的东西呢？或者说爱怎么能支配除了与它相似的以外的其他东西呢？我们只能支配行动，而这就说出了问题的实质：道德所规定的不是爱，它规定的是由义务来完成的行动，是如果爱在现场可能早已由爱轻轻松松就完成了的行动。义务的格言是：像爱那样行动。

说到底，这就是康德所说的*实用的爱*："说实话，爱众人是可能的，但这爱是不能受支配的，因为任何人都不能根据指令去爱一个人。因此这只是被包含在所有法规内核里的 实用的爱……爱他人意味着*自愿地* 履行对他的一切义务。但是，把这一点变成了我们一条规则的命令，也不能命令我们在合乎义务的行动中*有* 这样的意图，而只能让我们向这种意图*靠拢*。因为，命令人自觉自愿地去做某件事，这本身就是矛盾的。"爱不是命令：爱是理想（"神圣的理想"，康德说）。不过，这理想引导我们，给我们启示。

人非生而道德高尚者，是变得高尚的。怎么变？靠教育：礼貌、道德和爱的教育。我们已经知道，礼貌是和道德相似的东西：有礼貌地行事，是*仿佛* 道德高尚。原始道德就这样出现了，因为它模仿着自己所缺的这种美德，又通过教育而与这种美德接近，也接近了我们。在品行良好的生活中，礼貌的重要性越来越小，道德的重要性越来越大。这是青少年人发现并提醒我们的。但这只是一个过程的起步，不会停留在那里。与此相仿，道德和爱相似：合乎道德地行事，就是*仿佛* 因爱行事。道德就这样发生了，并模仿着它所缺的和我们所缺的爱继续前行，又通过习惯成自然，通过内心化，通过升华而接近了爱，也接近了我们，它有时也能达到在吸引它、证明它正确并将其溶化的爱里消失了的程度。举止得体，首先是做应该这样做的（礼貌），然后做*必须* 这样做的（道德），最后有时就是随心所欲了，只要稍微有点爱就行（伦理）。正如道德在使礼貌变得圆满（只有道德高尚的人才用不着装模作样地行事）的同时从礼貌中摆脱出来一样，爱使道德圆满了之后也把我们从道德中解放了出来：只有那种正在爱着的人才用不着好像是出于爱那样行事。这就是福音书精神（"爱吧，那你就可以做你想做的事了"），基督用这样的办法把我们从法规中解放出来，斯宾诺莎解释说，不是像愚蠢的尼采所想的那样把法规废除，而是执行法规（"我不是来废除而是来执行的……"）

（《马太福音》）。斯宾诺莎评论说，这意味着通过对法规的肯定，通过将法规永远铭记“在心底”来执行法规。道德与爱相似，爱因此成为可能，并摆脱了道德。道德产生于礼貌而趋向于爱，使我们从前者向后者过渡。因此，就算道德严厉，就算道德讨嫌，我们还是爱它。

那么也得爱爱吗？可能，不过我们确实喜欢爱（因为我们至少喜欢被爱），道德对不喜欢爱的人是无能为力的。没有这种对于爱的爱，我们就完蛋了，地狱的真实定义可能就是这个。此刻在这里我想说的是下地狱的定义，沉沦的定义。必须喜欢爱或什么都不喜欢，必须喜欢爱，要么就下地狱。不这样，还有什么约束？什么道德？什么伦理？没有了爱，我们的美德里还能剩下什么？如果我们不爱这些美德，它们还有什么用？在这个问题上，帕斯卡、休谟和柏格森对我们的启发胜过康德：道德来自逻辑，更来自感情，来自理性，更来自心灵，而理性本身只能在我们所希望的范围内（通过普遍性）在其中起支配作用，或（通过明智）服务于道德。康德主张用不矛盾律去反对利己主义或残忍，显得十分可笑！好像一个能毫不犹豫地撒谎、杀人、施酷刑的人，会对自己的行为准则能否不矛盾地成为普遍法则很当回事似的！矛盾能把他怎么样？普遍性对他又如何？我们只在没有爱的时候才需要道德。但我们也只是靠一点点爱才能有此需要，才能感觉到这种需要，哪怕靠的是一点点对自己的爱，这是一种天赋的爱，我们知道如何保留、梦想或寻回……

所以爱是第一位的，当然不是绝对第一位的（因为，那它就是上帝了），而是就爱与道德、义务和法律的关系而言，爱是第一位的。爱是一切美德的始与终。首先是母亲和她的孩子。首先是身心的热情。首先是饥饿和乳汁。首先是欲望，首先是快感。首先是使人平和或得到慰藉的爱抚，首先是保护或哺育的动作，首先是让人安心的声音。首先是这个明显的事实：一位母亲在喂奶；然后才是这件出人意料的事：一个不粗暴的男人在照看着一个熟睡的孩子。如果爱不先于道德而存在，关于道德我们能知道些什么呢？道德又能有什么比爱——生于道德、道德所缺、驱动道德、吸引道德的爱——更好的东西提供给我们呢？使道德成为可能的东西，也是道德所趋向并使道德从中解脱的东西，是同一种东西。循环？这样说也可以，但不是恶性的，因为很明显，开头和结尾的爱，不是同一种爱。一个是法律的条件，法律的起源；另一个不如说是法律的效果，对法律的超越，法律的最大成功。我说过，这是美德的始与终，换句话说，是两种不同的爱（至少两种!），是两个不同的字母，一个是阿尔发，另一个是奥米伽，但从阿尔发到奥米伽，有整个生活的字母表连接着……所以，是循环，但是合乎道德的循环，美德因此而成为可能。人不能出离爱，因为人不能摆脱欲望。可是，欲望即使不改变性质也会改变对象，而爱是变化的，同时也改变着我们。这样说来，在从本义上谈论美德之前，退回来一点从头说起还是对的。

爱是什么？这个问题太大了。我想提出三种答案，三种答案之间对立（虽说是对立，我们将会看到意味着什么）少于互补。这三种答案没有一个是我第一个提出来的。爱还没到如此不受赏识的地步，传统也并非如此盲目，竟至到现在还需要为爱下个定义！该说的可能都已经说过了，剩下的问题是如何理解。

厄洛斯

第一个定义是柏拉图在《会饮篇》里下提出的，我想从这里开始。《会饮篇》无疑是柏拉图最著名的作品（至少在职业哲学家的圈子以外是这样，职业哲学家更喜欢《理想国》），这在很大程度上是因其内容所致。爱令所有的人感兴趣，比对所有的东西兴趣都大。可是，如果不是靠投入或追求爱，又如何令人感兴趣呢？

我们先来回忆一下梗概，就像谈论一出戏时所说的那样，而实际上这就是一出戏。几个朋友齐聚到阿伽通家里，庆祝几天前他在悲剧比赛中所获得的成功。所以，严格说来这是个宴会，又吃又喝。不过更主要的是谈话。谈什么呢？谈爱情（厄洛斯）。不是说知心话什么的。这是男人的饭局，在这种场合，爱情是靠尽在不言中或者只靠意念独擅胜场的。毋宁说他们主要是在寻找一种定义，每个人都想通过颂扬爱情来抓住爱情的实质，或者通过述说爱情是什么来颂扬爱情。这本身就颇具特点，使人想到爱的实质就是善良，无论如何就是被爱，被褒扬，被赞美。因此要明智。因为，荣誉证明的是什么呢？太多的热情会把思想搞乱，而这正是我们在《会饮篇》里看到的，也是苏格拉底谴责他的朋友的：在明显地应该反其道而行之的时候，他们为了颂扬而牺牲了真实。这种显而易见是哲学性质的，它本身就是哲学。首先是不屈从于任何东西的真实，而其余所有的东西，不管是颂扬还是责备，都应该服从真实。这不是摆脱爱情，苏格拉底不断地说爱是哲学家最好的主题，实际上爱是唯一令他感兴趣的主题，他苏格拉底想成为爱情问题专家。不过，涉及演说或思想的时候，对真实的热爱应该胜于一切，包括对爱情之爱。否则，演说就只能是雄辩、诡辩或观念游戏了。这个我们略而不论。我只提提前几篇讲话，都不是十分重要的：斐多的讲话想说明的是，厄洛斯对人和城邦来说是最古老的神（因为它无父无母），也是最有用的神（通过激发好胜心）；帕萨尼亚斯的讲话则把世俗的爱和天国的爱作了区别。世俗的爱，爱肉体胜于心灵；天国的爱，爱心灵胜于肉体，并因此而“忠诚一世，因为爱和一种能够持久的东西结合到一起了”，而对肉体的爱，如同大家都知道的那样，会和美貌的凋谢同时消失；厄利什马克医生的讲话褒扬了“厄洛斯无远弗届的力量”，并从这种力量里得出某种类似泛性爱论的东西，既是医学的，也是美学和宇宙论的，可能是受到了赫西奥德①、巴门尼德②或恩培多克勒③的启发；最后的演讲是阿伽通的，他通过厄洛斯赞美了青春、俊俏、美丽、温柔、节制、勇敢、灵巧，一句话，赞美了所有的美德，因为厄洛斯是一切美德的源泉。所有这些演讲都很精彩，但让人感兴趣的程度却不一样，因此也就没有

---

① 赫西奥德（Hesiode），生活在公元前八世纪的古希腊诗人。
② 巴门尼德（Parmenide，公元前504–公元前450），古希腊哲学家。
③ 恩培多克勒（Empedocle，约公元前490–公元前430），古希腊哲学家。

都流传下来。当人们谈论《会饮篇》的时候，几乎总是为了重提我到现在为止尚未提及的两篇演说中的一篇，即阿里斯托芬的演说，他在演说里提出了那个著名的所谓“两性畸形人”的神话，当然还有苏格拉底的演说。按照柏拉图的说法，这样说的也不仅是柏拉图，说出爱的真谛的，不用说，就是苏格拉底这最后一篇演说。奇怪的是，人们经常引用的是阿里斯托芬的演说，我经常看到，大众记得且经常赞扬其深刻、富有诗意和合乎真理的，只有阿里斯托芬的演说……苏格拉底被遗忘了！柏拉图被遗忘了！这并非出于偶然。关于爱情，阿里斯托芬说的爱情恰恰是我们大家愿意相信的爱情（是大家梦寐以求的爱情，令人得到满足也满足别人的爱情：幸福的激情）；而苏格拉底所说的爱情是爱情本来的样子，注定了有缺失，注定了不完满，注定了要受苦，因而也注定了，为了爱我们必定遭逢不幸，必定要过修道生活。但这里需要说得详细一点。

那就先从阿里斯托芬的演说说起。这是个说话如作诗的人，他解释说：“从前，我们的本性不是今天这个样子的，是完全不同的。”我们的祖先确实是双重的，至少如果和我们现在这个样子相比是双重的，但又是一个完美的统一体，这是我们所缺少的：“每个人都自成一个整体，是球形的，脊背和两肋滚圆，有四只手，四条腿，溜圆溜圆的脖子上长着两张完全一样的脸，但两张相反的脸上只有一个头顶；他们有四个耳朵，两个生殖器官，其他器官也都是相称的。”这个双料的生殖器官特别说明了，那时的人类不是两种而是三种：雄性的，有两套阳具；雌性的，有两套女人的生殖器官；还有一种是两性畸形人，正像他们的名字所表明的，带有两性的性器官。阿里斯托芬解释说，雄性的是太阳生的，雌性的是大地生的，两性的是月亮生的，具有两种属性。他们都特别孔武有力，英勇无比，到了使他们跃跃欲试要登上天去和诸神开战的程度。为了惩罚他们，宙斯决定将他们切开，一分为二，从上到下，像切鸡蛋那样把他们切成两半。一切都完了，不能互补了，不再是一个整体了，幸福结束了。从那个时候起，每个人就都不得不去寻找通常所说的他的另一半了。在这里，另一半的说法必须严格照字面来理解：过去，“我们是一个十分完美的整体……过去，我们是一体的”；可是，现在我们“被人把我们和自己分开了”，所以就要不停地寻找我们曾经是的那种*整体*。这种寻找，这种欲望，就是人们所说的爱情，欲望得到满足的时候，就是人们所说的幸福的条件。确实，只有爱情能够“用竭力将两个人融合成一个人并纠正人性的方法重塑古老的人性。”我们明白了，一个人是同性恋还是异性恋，根据的是所丧失的整体完全是男人还是女人（男同性恋或女同性恋），或者相反，是两性畸形人（异性恋）。对阿里斯托芬来说，这后一种情况不享有任何特权，绝对不享有（可以假定，说生于月亮的比生于大地的好，但肯定什么都不能和生于太阳的比肩……），而从这个角度来谈论两性畸形人的神话是错误的，两性畸形人只是原始人类的一部分，当然不是最好的部分。但这一点并不重要。观众合乎情理地记住的，主要是阿里斯托芬神话对爱情神话的肯定，我指的是对人们所谈论、幻想和相信的爱情的肯定，对像宗教或寓言的爱情的肯定，对伟大、完整、排他、绝对和最终的……爱情的肯定。“因此，当一个男人，不管他爱小伙子还是爱女人，只要碰上的人正是他的另一半，把两个人攫住了的极度温情、信任和爱，就成了一件不可思议的事，他们就再也不想分开，分开一会儿都不行。”他们想要什么呢？是“和所爱的对象结合到一起，融合为一体，成为一个人而不是两个人。”这正是疯狂的爱的定义，正如阿里斯托芬所说的，这种爱使我们回到了“我们初始本性”的一体状态，能使我们摆脱孤独（因为情人们会像“焊在一起了”似的，不再分离），在今生和来世，这种爱都是“人们所能达到的最大的幸福”。这是完全的爱，绝对的爱，因为人在这种爱里所爱的是自我，是在完整、一体和完善中终于重新建立起来的自我。这是排他性的爱，因为从定义上来讲每个人都只有一个另一半，只能享受一种唯一的爱情。最后，这是最终的爱情（除非搞错了，但搞错了就不是伟大的爱情……），因为原始的一体先于我们，一旦重新建立起来，就会使我们至死都感到满足，阿里斯托芬甚至允诺，来世都是满足的……是的，很显然，我们最疯狂的爱的梦想里的东西，没有什么是不能在这个神话里重新找回来的，而且没有不被说成是正确的。可是，我们的梦想有什么价值呢？神话又证明了什么？同样的价值观，同样的信仰，同样的幻想，在许多矫揉造作的小说里也存在；在疯狂的爱的梦想里证明不了什么的东西，在小说里同样也证明不了什么。阿里斯托芬所描述的爱，是人们梦想的那种爱，是我们也许在母亲身边体验过的那种爱，在任何情况下都是弗洛伊德让人联想到的那种爱，或者就在母亲身上，我说不准，不过那是任何人也不可能重新体验到的爱，是除了病态或说瞎话的人以外任何人都没体验过的爱，是除了奇迹和谵妄任何人都不可能体验到的爱。有人会说我在这里先占住理，认定应该论证的东西是对的。就算是吧！我承认，阿里斯托芬和矫揉造作的小说是反对我的。但讨厌阿里斯托芬的柏拉图赞成我，卢克莱修赞成我（还有帕斯卡、斯宾诺莎、尼采，以及全部的哲学……都是赞成我的），弗洛伊德、里尔克和普鲁斯特①也都是赞成我的……有人会说，关键的东西不在这些书里，这一点我非常同意。可是，在现实生活里，相反的实例在哪儿？

这些实例又能证明什么？难得有人在我面前提起某某夫妇经历过这个，经历过这种融合，经历过这种绝对性，这种完满……也有人对我说起过，有几个人曾经清清楚楚地看到过圣母玛利亚，但我没拿这话太当回事。休谟说过关于奇迹的实质，反对把爱情当奇迹的时候，那些话有用。证据永远都只是大致可信的，并应该经得起对质：如果事情是根本不可能的，证据是虚假的，那么，让我们相信这种可能性（无论这种可能性有多大）的理由本身就应该让我们怀疑证据的真实性（因为这种可能性不足以抵消所说的事情的更大的不可能性）。这是所有的奇迹里都有的情况。因此，结论就是：相信奇迹是非理性的。我没有跑题：还有什么东西比两个人变成一

---

① 普鲁斯特（Proust，1872–1922），法国作家，著有《追忆逝水年华》等作品。

个人更不可能、更天方夜谭、更和我们的日常经验相反的吗？其次，我相信肉体胜于相信书本或证据。做爱必须有两个人（至少两个!），正是在这一点上，交媾非但没有破除孤独，反而肯定了孤独的存在。这一点情人们知道得很清楚。灵魂也许可以融合到一起，如果有灵魂的话，但相互触及的是肉体，是肉体在相爱，是肉体在享受，存在着的是肉体……卢克莱修对爱在相拥中的融合描写得很精彩：融合有时或经常处于寻寻觅觅的状态，但永远融合不起来，有时融合或自以为融合了（因为自我好像突然消失了），也只是为了立即就消失：

> “器官交合了，他们享受着花样的青春，他们的肉体已经感到快感临近；维纳斯女神就要在女人的田里撒种了；他们贪婪地紧拥着彼此的肉体，亲吻中唾液交融，呼吸着对方的气息，牙齿紧贴着爱人的嘴唇：白费力气，因为他们从彼此紧抱着的身体里什么都得不到，也不能更深地进入或在里面完全融合。因为，这就是在这种情况下他们有时似乎想做的……”

由此产生的总是失败，常常感到懊恼。他们想合成一体，结果却比任何时候都更像两个人……卢克莱修用他的生花妙笔写道：“一股莫名的苦涩却从快感的源泉升起，涌向快感，憋得情人喘不过气来……”这丝毫不能证明纯洁的快感有什么不好，也丝毫不能证明真诚的爱情有什么不好。不过这却证明于融合不利的事：快感在自以为达到了融合的时候把融合摒弃了。动物在交配之后都会觉得悲伤……（原文为拉丁文）这是因为他又被变回了自己，重归孤独，重归平淡，重归消失了的欲望在它身上造成的无比空虚。或者，假如他避开了悲伤——有时会有这种情况——，那也是通过快感、爱情和感恩之心产生的惊奇做到的，简言之，是通过以二元性为前提的两个人的会合做到的，而从来不是通过两个人的融合或差别的消失做到的。爱情的真谛是，做爱比幻想爱情好。同时到达高潮的两个情人

（这不常见，可以略而不提），造成的是两种不同的、彼此神秘的快感，是两种痉挛，是两种孤独。肉体对爱情的了解比诗人多，至少比那些在关乎肉体的问题上向我们撒谎的诗人——几乎是所有的——知道得多。他们怕的是什么？想靠什么来彼此安慰？可能靠他们自己，靠欲望的疯狂（或事后的卑劣行径?），靠他们身上的兽性，靠那个一下子就被填满了的欲壑（那条备受赞美的不怎么深的小溪：快感），靠突然而至的死一般的平静……孤独是我们的归宿，这个归宿就是肉体。

在这种场合不会同意我的意见的苏格拉底，柏拉图的苏格拉底，无论如何也没有更多地同意阿里斯托芬的意见。是因为他不追随任何人吗？正好相反。如果他要对我们说“关于厄洛斯的真理”，“爱情的真谛”，如果他好像先是用他个人的名义在说话，他很快就会向我们宣布，这个真理不是他发现的：他是从一个叫狄奥蒂玛的女人那里得到的（对于不太习惯于此的苏格拉底来说，就这样在爱情问题上成了一个女人的弟子，这件事可能并非无足轻重），苏格拉底把她说的话转述给了我们。那么，那个女人说了些什么呢？或者说，苏格拉底对她所说的话又说了些什么呢？首先，爱不是上帝，也不是一尊神。其实，所有的爱都是对某种东西的爱，对某种他想要但又是他所缺的东西的爱。那么，还有什么比缺乏使我们存在或生活下去的东西更非神授的吗？阿里斯托芬一窍不通。爱不是完美，而是不完美，不是融合，而是寻觅，不是尽善尽美，而是极端贫乏。这是个有决定意义的起点，必须从这里出发。这个点集中表现为一个双重定义：爱是欲望，而欲望是阙如。爱、欲望和阙如是同义词吗？可能不完全是。欲望只在阙如被感觉到、被体验到的时候才会有（人不会想要不缺的东西）。爱只在自身尚处于不明确状态的欲望（就像饥饿，人饿了是不择食的）集中到某某事物（就像喜欢吃肉，或是鱼，或是糕点……）上的时候才会有。因为饿了才吃东西是一回事，爱吃所吃的东西或吃自己爱吃的东西，是另一回事。想要一个女人，什么样的女人都行，这是一回事（这是欲望）；想要这个女人，是另一回事（这是爱情，哪怕只是出于一时的性欲）。成为情人和处于性欲不满足或性欲高涨的状态，同样是另一回事。如果不想以这样或那样的方式占有对方，人能够相爱吗？肯定不能。并非所有的欲望都是爱，但所有的爱（至少这种爱：*厄洛斯*）都是欲望：是对某个对象的确定不移的欲望，那对象是欲望*特别*缺少的东西。这就是我宣布过的第一个定义。柏拉图写道，爱“爱它所缺少和不拥有的东西”。如果说所有缺少的东西不都是爱（不知道真理不足以爱真理：还要知道自己无知并且不想再无知下去），在柏拉图看来，所有的爱都确确实实是缺少的东西：爱非他，就是对象（确定不移的）的缺少（但是意识到的或体验到的）。苏格拉底反复强调：“我们没有的东西，我们不是的东西，我们所缺的东西，就是欲望和爱的对象。”如果爱喜欢的是美貌和善良，像我们能够体验到的那样，那是因为这些东西缺。怎么样才能成为一尊神呢？苏格拉底明确地说过，不能因为成了神就凶恶或丑陋，而是介于两极之间，如同处于必死的和不朽的、人与神之间一样：爱情是个精灵，狄奥蒂玛解释说，就是说（恰恰相反，没有一点恶魔的东西）是神与人之间的调停者。爱情这个精灵，尽管是所有精灵中最伟大的，却命中注定是要缺少的。它不是贫困神佩尼亚和方便女神波洛斯的儿子吗？它一向受穷，狄奥蒂玛评论说，没鞋袜，无片瓦，终日跟踪美与善的东西，总在追逐，惶惶不可终日，总是那么热情而又足智多谋，总是饥肠辘辘，总是贪得无厌……我们离阿里斯托芬所说的在复原的一体中舒适休息的圆圆满满的满足感还远着呢！相反，厄洛斯从来不休息。不满足是它的宿命，因为缺失是它的定义。“它在大门旁边的路上幕天而睡，因为它随母亲，贫穷是它的终身伴侣……它时而朝气勃勃，充满活力，时而死去，接着又靠它从父亲那里继承来的禀赋复生；它得到的东西在不断地离它而去……”然而它富于所缺失的一切，又永远穷于它所追求的一切，所以它是既不富也不穷，或者既富且穷，总是处于两者之间，总是处于富有和贫穷之间，处于有学识和无知之间，处于幸福与不幸之间……可以说是个流浪儿，一直在路上，一直在奔波，一直处于缺失中。正如日后普罗提诺[①]在评论柏拉图时所说的："永不满足"，永不如愿，永不满意，原因是："爱情就像一种欲望，出于本性，这种欲望将缺少它所想要的一切"，甚至"当它达到目的时"仍然缺少。这不再是人们所梦想的爱情，不再是得到满足也满足他人的爱情，不再是温情脉脉的爱情：这是本色的爱情，如斐多所说，是无穷痛苦中的爱情，是"莫名其妙地混合着痛苦与欢乐"中的爱情。是不能满足的爱情，孤独的爱情，终日为所爱忧心忡忡，总是处于缺乏对象的状态之中，这是激情，是真正的激情，是让人疯狂和撕心裂肺的激情，是使人茶饭不思的折磨人的激情，是撩拨人能使人进监狱的激情。不这样又能是怎么样呢？人只想要他所缺的，只想要他所没有的：怎样才能有想要的东西呢？没有幸福的爱情，缺少幸福是爱情的最高境界。一个男人说："如果她爱我，如果她跟了我，我将会多么幸福啊！"可是，如果他幸福了，他就不会再爱她了，或者那就不再是同一个爱了……

在这里，我离柏拉图远了，至少是我有点把柏拉图现代化了，就当我从他身上吸取了教训吧！如果说爱情是缺失，在它所缺失的范围之内，满足感对它来说从定义上是被禁止的。这一点情人们知道得很清楚，也说明阿里斯托芬说是错误的。缺失得到了满足，作为缺失它就立即消失了：激情存在的时间不可能比幸福长，幸福存在的时间肯定也不能比激情长。只要缺失占据着主导地位，爱情的巨大痛苦就从这里产生了。当缺失不占主导地位了的时候，夫妻之间就会有大烦恼……欲望融化在自己的满足之中：因此，欲望必须是不满足的或是逝去的，是缺失的或缺失了的，是不幸的或无望的……出路？柏拉图提出了两条出路，但恐怕没有一条能够解决我们爱情生活中的困难。爱是什么？是缺失所爱的东西，是想把所爱的东西永远据为己有。因此爱是自私的，至少这样的爱是自私的，然而又是永远被逐出自身的，照拉康的说法，是精神恍惚的，而这种精神恍惚（在别人身上对自身精神恍惚）相当清楚地为激情下了个定义：这是偏离中心的

---

① 普罗提诺（Plotin，205–270），又名普罗汀。古罗马哲学家。

利己主义，被撕碎了的利己主义，犹如用空虚装满的利己主义，充满了对象和自身的空虚，好像它就是这种空虚本身。既然它就要消失，怎么能永远占有呢？既然它是缺失，又能占有什么呢？柏拉图的回答是："依赖于肉体和精神，通过在美中的创造占有。"换言之，通过创作或生育，通过艺术或家庭。这是第一条出路，最容易也是最自然的出路。狄奥蒂玛解释说，这一点我们已经在动物的行为中看到了：在动物被下崽的欲望攫住的时候，在动物被发情折磨的时候，在动物为后代作出牺牲的时候……在这里，理性毫无作用，这足以证明爱是先于理性或超越理性的。那么，爱又是从哪里来的呢？关于这一点，狄奥蒂玛的回答是："必死的本性在能力所及的情况下一直都在寻求永恒与不灭；但它只能通过繁殖做到这一点，办法是在比较老的个体的位置上留下一个比较年轻的个体。"这就是爱的原因或法则：爱是这样一种东西，通过它，不能永远保持自己的本来面目也不能永生的东西，想保存自己并尽可能地成为永生的。替代的永恒，替代的神圣。对后代的爱就这样产生了，对荣誉的爱就这样产生了：他们爱的是生命，他们追求的是永生——烦扰他们的是死亡。爱即生命，不过是作为永远缺失自我的生命，作为想自我保存的生命，作为做不到自我保存的生命，好像被死亡掏空了，好像命中注定要归于虚无。因此，爱只有在*生育*的条件下才能逃脱绝对的缺失、绝对的贫困和绝对的不幸，像柏拉图说的：一些人靠身体生育，这就是所谓的家庭；另一些人靠精神生育，这就是所谓的创作，既可以是艺术或政治方面的创作，也可以是科学或哲学方面的创作。这是一条出路？可能是，但不是拯救，因为不管怎么说死亡还在，会把我们带走，会把我们的孩子和作品带走，因为缺失还在折磨我们或让我们感到缺失……家庭是爱情的未来，是爱情的天然出路，这是谁都看到了的。但是，家庭从来没有成功地挽救过爱情，也没有成功地挽救过夫妻和家庭。至于创作，如果创作取决于爱情，它怎么挽救爱情？如果创作不取决于爱情，它又怎么挽救爱情？可能是因为这个，柏拉图提出了另一条出路，比较艰难，要求也比较高，这就是著名的上升性辩证法，狄奥蒂玛的演说就是以此结束的。说的是什么呢？说的确实是一种上升，不过是精神上的，可以说是启蒙过程，本意上是救赎的。这是爱情的过程，是以美进行的救赎。跟着爱情走而不在爱情中迷失，服从爱情而不被爱情禁锢，这就把爱的几个阶段一个个地过了：首先爱的只是一个人的肉体，因为美才爱的；接下来爱的是所有的美的肉体，因为对这些肉体来说美是共同的；接下来爱的是灵魂的美，灵魂的美高于肉体的美；接下来爱的是行为和信仰中的美；接下来爱的是科学中的美，最后爱的是绝对的、永恒的和超自然的美，美中之美，即自为自在的美，所有美的东西都和这种美有关，都来源于这种美，从这种美里获取自己的美……爱情引导我们去的就是这样的地方，这样的地方能拯救爱情，也能拯救我们。换一种说法，爱情不过是被信仰拯救的，这就是狄奥蒂玛的秘密，这就是柏拉图的秘密：如果爱情是缺失，其逻辑就是总要更向缺失的东西倾斜，向着越来越缺失的东西倾斜，向着绝对缺失的东西倾斜，这个绝对缺失的东西就是善（善只不过是美的一种令人着迷的表现），就是自我超越，就是上帝；爱最终得到了满足，终于平和下来，终于幸福地死去，在那里消失了。如果什么都不缺了，那还是爱吗？我不知道。柏拉图也许会说，到了那一刻就只有美了，犹如普罗提诺后来说的，就只有一个大写的一了，犹如神秘主义者后来说的，就只有上帝了……可是，如果上帝不是爱，要上帝又有什么用？而上帝能够缺的又是什么？

必须把柏拉图留在他把我们留在的那个点上。他引导我们——这一点并非毫无意义——，从融合的梦想（阿里斯托芬）到缺失的体验（苏格拉底），然后又把我们从缺失引导到自我超越或信仰（狄奥蒂玛）。对一本小书来说，这是个了不起的过程，足以说明这本书的重要性。可是，我们还能够从他建议的这条出路走出去吗？我们能相信这条出路吗？我们能接受这条出路吗？基督徒的回答可能是肯定的，其中的一些人将心安理得地经过温和的水走向圣水……但并非所有的基督徒都能这样。那是因为，情人们无论信教与否都知道，如果不先由他们自己来拯救自身的爱和他们之间的爱，上帝也拯救不了他们。

如果我们自己不会爱，信仰能有什么价值？而若是我们会爱，信仰又有什么必要？

但实情是我们当然不会爱，而这正是一对对男男女女在不停地痛苦而艰难地体验着的东西，也许是可能使他们命中注定要失败的东西，也是为他们的行为做辩护的东西。不学怎么爱？不爱怎么学？

我知道有别样的爱，我会谈到的。但我们说的这种爱是最强烈的，无论如何是最激烈的（在某些人身上，对父母亲的爱更强烈，但更平静），充满了痛苦、失败、幻想和幻灭……这种爱的名字叫厄洛斯，缺失是其本质，激情是它的顶峰。说缺失就是说痛苦和占有。我爱你：我想要你（我们知道，在西班牙文里这两种表达方式是相同的：*te quiero*）。按照经院派的说法，这是*色欲之爱*；按照行吟诗人的说法，这是*爱情病*；这是我们所看到的柏拉图在《会饮篇》里描述的爱，但也是《斐多篇》里那种描写得更为残酷的爱：嫉妒的爱，贪婪的爱，占有的爱，非但不总是为所爱的人幸福而高兴（像仁慈的爱所做的那样），一旦那幸福离开他了，或者威胁到他自己的幸福了，就会因为爱而产生撕心裂肺的痛苦……爱的时候缠人、嫉妒，不爱了就不忠、撒谎。“爱一个人，远非为这个人好，爱孩子（或女人，或男人）像爱盘子里的食物一样，想独吞。”情人爱自己的所爱“就像狼爱羔羊”。所以，准确地说，色欲之爱是：爱，是为自己的利益爱别人。这样的爱不是利己主义的对立面，是利己主义在人际关系上外在的激情表现形式。这种爱犹如利己主义的转移，或者说是一种可以转移的利己主义……这跟美德毫无关系，但有时却和仇恨大有关系。厄洛斯是嫉妒之神。爱就是想独自占有，爱就是想独自把持。若是您所爱的女人跟别的男人好了，您就宁可她死掉！您爱的男人和另一个女人在一起感到幸福了，您就宁可让他跟您在一起感到不幸……真是绝妙的爱，爱的只是自己。

可是您又感到她对您是多么大的缺失啊！您又是多么想要她啊！您又是多么爱她啊！您又是多么痛苦啊！厄洛斯把您抓住了，厄洛斯把您撕裂了：您爱上了您所没有的，让您感到缺失的，这就是所谓的失恋的痛苦。

可是，现在这个女人又回过头来爱您了，一直爱下去，她为了您而在那里，跟您在一起，属于您……重逢的激情何等强烈，枕席之间又是何等贪婪狂放！可是，事后又是那么平静，情绪又是那么低落，突然感到极度空虚……她觉得您不那么一心一意了，不那么迫切了。她会问您："你还爱我吗？"您的回答是肯定的，当然。其实呢，她不再让您感到那么缺失了。这一切还会重来，因为人的身体是这样构造的。然而，由于她日日夜夜早早晚晚都在那里，所以她最终会让您越来越觉得不那么缺失，这是无法避免的，缺失感会越来越不强烈，越来越不经常，接着您会感到她比别的女人或孤独更不让您觉得缺失。厄洛斯平静了，厄洛斯厌倦了：您有了您不再觉得缺失的东西，这就是所谓的夫妻关系。

有位女友对我说过："受爱情折磨的男人极为罕见，他们是先睡着的。"女人有时却会因为男人睡着了而饱受折磨。

我把事情说成一团漆黑了吗？应该说我只是把事情图解化了，必须如此。某些夫妻生活得很好，非常好，激情没变得麻木，也没到那种不敢直截了当地说出来的绝情的地步。但有些夫妻日子就过得差多了，直至相互仇恨，直至暴力相向，直至疯狂。世上有幸福夫妻，这一点柏拉图没这么说，而这一点又是必须试着弄明白的。如果爱是缺失，怎么才能把它填满而又不会把它毁掉呢？怎么才能满足它而又不把它取消呢？怎么才能做爱而又不会把它消耗掉或弄垮呢？快感不是欲望的终结（是目的，但也是结束）吗？幸福不是激情的终结吗？如果只爱"既非眼前亦非现在"的东西，爱怎么能是幸福的呢？如果爱是幸福的，它又如何才能持续呢？德尼·德·鲁热蒙[①]写道："想象一下这一切吧：特利斯当夫人！"谁都明白这句话意味着什么：激情结束了，伊瑟[②]只能靠那把把她和特利斯当[②]以及幸福分开的宝剑才能保持

---

① 德尼·德·鲁热蒙（Denis de Rougemont，1906–1985），瑞士法语作家。

② 伊瑟与特利斯当是中世纪法国骑士文学作品《特利斯当和伊瑟》的主人翁。

爱心，简言之，爱只在缺失中才有激情，爱就是缺失本身，它完全被集中到所爱的对象上了，因所爱对象的缺失而变得炽烈，而由此开始，爱就只能在痛苦中煎熬，只因痛苦而持续，只为痛苦而持续……缺失是一种痛苦，激情是一种痛苦，而这是同一种痛苦，或者说激情的痛苦只是缺失痛苦的加剧，是缺失痛苦的幻觉的或强迫性的加剧（阿伦迪[①]大夫说过，爱情是标准的强迫综合征），这是由集中在一个从此以后其身价就被无限提高（因为缺失本身是无限的）的特定对象身上造成的。各种各样的狂热现象，比如司汤达[②]所说的*产生于恋爱中的结晶作用*，布勒东[③]所说的*疯狂的爱*，就都从这里产生了。浪漫主义无疑是从这里产生的，宗教也许是从这里产生的（上帝是绝对缺失的），无论如何，那种只在失落和痛苦的条件下才变得强烈的爱情，就是从这里产生的。德尼·德·鲁热蒙写道："'激情'战胜了欲望，死亡战胜了生命。"回想一下特吕福[④]的电影《阿戴尔·雨果》吧……人们是多么希望她别再痴情、别再等他、别再痛苦了啊！是多么希望她康复啊！可她呢，宁肯去死，宁肯发疯。仍然是特利斯当唱的那首歌："为何来世上？古调频频唱：为了欲望，为了死亡！为了死于欲望！"如果生命是缺失，它缺失的是什么呢？缺失的是另一个生命：缺失死亡。这是虚无的逻辑（"真实的生命是不存在的"：存在在别处，存在是缺失的东西！）这是柏拉图的逻辑（"真正的哲学家已经死了……"），这是厄洛斯的逻辑：如果爱情是欲望，如果欲望是缺失，人就只能爱他之所无者，就只能因缺失而痛苦，人就只能拥有不再缺失的东西，而从这时起人不能（因为爱情是缺失）继续爱下去……所以就只有激情，或是烦恼。阿尔贝蒂娜[⑤]出现了，阿尔贝蒂

① 阿伦迪（Allendy，1889-1942），法国精神分析医生。
② 司汤达（Stendhal，1783-1842），法国作家，著有《红与黑》等作品。
③ 布勒东（Breton，1896-1966），法国超现实主义作家。
④ 特吕福（Truffaut，1932- ），法国电影艺术家，《阿戴尔·雨果》是他导演的电影。
⑤ 阿尔贝蒂娜是普鲁斯特《追忆逝水年华》里的人物。

娜消失了……阿尔贝蒂娜在那里的时候，他梦想着他所缺失的其他东西（普鲁斯特写道：“拿阿尔贝蒂娜给我的那一点点欢乐跟她使我无法实现的种种欲望进行比较”），于是就厌烦和她呆在一起了。可是，现在她走了：激情立刻在缺失和痛苦中重新燃起！普鲁斯特评论说，这太真实了，所以“常常出现这样的情况：为了发现我们是情人，甚至可能是为了使我们真正成为情人，一定得等分别的那一天到来。”激情的逻辑：缺失的逻辑，夫妻是缺失的可望不可及的地平线（在梦里）和死亡（在现实中）。人怎么会缺失他有的东西呢？人怎么会充满激情地去爱不缺的东西呢？根据德尼·德·鲁热蒙的观察，特利斯当和伊瑟“都需要对方来点燃激情，但所需要的不是当时那个样子的对方，不是对方的存在，而是对方的不存在！”那把救命的宝剑就是这样出现在他们之间的，那种犹如象征性的自杀的守身如玉的愿望就是这样来的：“人想要的东西，尚未拥有的东西——是死神，却把曾经有过的东西——生之欢乐失去了。”厄洛斯的逻辑，死神塔纳托斯的逻辑：“情人们不知道，他们身不由己，想要的从来都只是死亡！”

这是因为他们所钟的是情，不再爱生命；爱的是缺失，不再是存在；爱的是激情，不再是幸福或欢乐。“列位看官，你们可愿听一个生相爱、死相随的动人故事？……”这是《特利斯当与伊瑟的传奇故事》的开场白，拿来做《罗密欧与朱丽叶》、《玛侬·雷斯戈》[①]或《安娜·卡列尼娜》的开场白也同样合适。虽然只在最好的情况下这才是真的，我的意思是说，在真有激情的时候，而不是在模仿、希望或怀念激情的时候；这些东西也能毒死人，也能杀人，但不高尚。一个伊瑟，能顶多少个包法利夫人[②]啊？

别夸大激情，别美化激情，别把激情和用激情写出来的小说混为一谈（小说中的上乘之作恰恰是上激情的当最少的，比如普鲁斯特、

---

① 《玛侬·雷斯戈》是十八世纪法国作家普莱沃的小说。
② 包法利夫人是法国作家福楼拜的小说《包法利夫人》的主人公。

福楼拜、司汤达……的小说）。我想起了一位女作家。我跟这位作家说过，我对言情小说，对那些贪婪的、绝对的、高尚的伟大爱情没什么兴趣；我还说，那类东西只在书里，比如在她写的书里才能找到……她用我们俩都认识的一个朋友的情况反驳我，说那个人恰恰真正经历了一场伟大的爱情悲剧……我对此事一无所知：这就激起了我的好奇心。几天之后，我问了那个朋友。他微笑着说："你知道，到头来我可能只是经历了一场不大不小的灾难……"别把爱情和幻想混为一谈，那些幻想都是身在其中时自己制造、置身事外时遐想出来的。记忆比梦幻真实，经验比想象真实。其实，恋爱不就是为自己制造一定数量的关于爱情、自身和所爱的人的幻想吗？这三股幻想常常叠加在一起，混合在一起，形成一条河，把我们冲走……冲到哪儿？冲到所有江河流去的地方，江河到头和消失的地方：时间的海洋里，或日常生活的沙漠中……克雷芒·罗塞指出："爱情的本质是声称爱一世，但事实上只爱一时。"所以爱情的本质（无论如何是这类爱情的本质：激情的爱）是虚幻，是转瞬即逝。真实本身谴责爱情。鼓吹爱情的人就为此而谴责真实：有些人公开声称更喜欢梦想或虚幻。不过这通常不足以使他们得救，也拯救不了爱情。他们想说现实错了，接着现实纠正了他们，说他们错了。他们想挽救激情，让激情持续下去，把激情维持住……他们怎么做得到呢？因为激情不取决于他们，因为当激情幸福的时候持续会把它杀死，因为维持激情的想法本身是和激情对立的。如果不是致命的，任何缺失都能归于平静：因为人能够满足它，因为人已经习惯了缺失，因为人已经把缺失忘怀了……如果爱情是缺失，它就注定要失败（在生活中），或者只能在死亡里成功。

有人会说爱情事实上是失败了，这证明柏拉图说的有道理。就算是这样吧！可是，难道这是我们能够有的唯一的爱情吗？我们只会缺失吗？梦想些什么呢？只把人引向痛苦或信仰的又是怎么样的美德呢？

菲利亚

我在前面讲到了三种定义。现在是谈第二种定义的时候了。斯宾诺莎说过大意是这样的话：如果不想有所作为和生活，没人想要美德。既然一个人只在有生活的条件下才能想要生活，生活怎么可能对他是缺失的呢？是因为他总是想要和他享有的生活不同的另一种生活吗？柏拉图就是这么说的，把我们困在不幸或不满足之中的也是这个。如果爱缺失，那么，生活必然也相应地是失败的：如果一个人只想要自己所缺的，他就永远不会有自己想要的，就会因此而永远不幸福、不满足。幸福的欲望本身把我们和幸福分开了。“如果我本来就幸福，我还能怎么幸福呢？”这是伍迪·艾伦的名言，这话又让人觉得柏拉图有理，而我们是错误的：正如苏格拉底所说的，我们只会想要“既非现实又不显现的”东西。换言之，我们只会想要不存在的东西。我们要的不是现实的女人，而是对她的非现实的占有；要的不是自己创作的作品，而是希望着得到的荣誉；要的不是自己享有的生活，而是另一种自己所无的生活。我们只会想要虚无缥缈：我们只会想要死亡。不存在的东西怎么爱？如果爱情是缺失，就只有想象的爱情——而人所爱的从来都只是幻影。

可是，爱情总是一种缺失吗？它只是缺失吗？苏格拉底在《会饮篇》里为自己设了个反诘：身体健康的人就不能希望健康吗？如果能，他希望得到的不就是自己有、正在享受着而并不缺失的东西吗？并非如此，苏格拉底答道，因为他所现有的和他所想要的不是同一个健康：他有的，是现在的健康；他想要的，是健康的继续，换句话说是他现在所无的未来的健康。这个回答很能说明问题，不过可能超过了柏拉图所想要的：它把欲望和希望混为一谈了，而一切就都在这种混淆中发生作用了。因为，我当然真不能——太真了，真到了可悲的地步——希望得到我有的、我是的或我在做的东西：既然我活着，我怎么能还希望自己是活着的呢？既然我正在这里坐着，我怎么能还希望自己坐在这里呢？既然我正在写，我怎么能还希望写呢？人只能希望得到自己所没有的东西：希望永远都是许给不现实和缺失的东西的，而我们就是许给这些东西的。这一点可以记录在案。但是，所有的欲望都是一种希望吗？我们真的只会想得到眼下没有的东西吗？那我们又怎么能爱眼下有的呢？

这远远超出了柏拉图学说。萨特后来写下过这样的话：“从根本上说，人是*存在的欲望*”，而“欲望就是缺失”。这就把我们献给了虚无或超越，而存在主义，不管是无神论的还是基督徒的，都不是什么别的东西。重新开始的总是柏拉图。特别是禁止自己去爱，除非是在失望里（当另一方不在的时候），或是在失败中（当另一方在的时候：“欢乐是欲望的死亡和失败”）。虚无，当你抓住我们的时候……这是又一次把欲念和希望混为一谈了，把爱——一切的爱——与缺失混为一谈了。跟柏拉图一样，和柏拉图一起。这是把部分当成了整体，把偶然当成了必然。我说过，人确实只能希望得到他所缺失的东西：希望就是无知与时间里的缺失。人只希望得到自己所没有的、不知道的、做不了的。斯宾诺莎说过，希望因此而成了不安、无知和无能。但欲望不是这样，爱也不是这样。或者更确切地说，不是所有的欲望和所有的爱都是这样。一个正在散步的人，除了散步，除了瞬间迈出去的步子，他还想要什么呢？脚步怎么会让他感到缺失呢？如果他不想走，他怎么迈得开脚步呢？至于那个只想着未来的脚步，只想着未来的景色等等的人，就不能算是个散步的人，或者他完全不知道散步的乐趣为何物。这一点对任何个人都一样，一个人一旦不抱什么希望了，他就在任何时候都是这样。如果坐不是我的欲望，我为什么要坐下？如果我不想写，我怎么能写呢？谁会相信我只想要我还没写出来的字，未来的字，而不是我此刻写出来的字？我把别的字提到前面来了，它们会随之而来吗？当然会，但我没希望它们来！那些字，我想象着，预感着，寻找着，我让它们来，我选择着……能由我决定的东西，我怎么还会去希望呢？为什么去希望不由我决定的东西呢？写字的这个现在，如同所有的活生生的现在一样，是向着未来的。但又不总是这样，尤其不是通过缺失或希望成为这样。在*写*和*希望写*之间有一条鸿沟：就是那条把作为缺失的欲望（希望或激情）和作为能力或享乐的欲望（快乐或行动）分开的鸿沟。就那些取决于我们的东西而言，意志就是这种行动的欲望：既然意志已经使对象得到了满足，它怎么还会缺失对象呢？就那些不取决于我们的东西而言，快乐就是这种得到了满足的欲望：既然快乐已经享有对象，它怎么还会缺失对象呢？想要自己正在做的东西、自己有的东西或自己是的东西，这叫做意愿，这叫做行动，这叫做享受或再享受；因此，我们的一点点动作，我们的一点点乐趣，我们的一点点快乐，都是对柏拉图学说的驳斥。因为，什么时候有行动？什么时候有乐趣？什么时候有快乐？回答是很简单的。每当我们想要我们所做的、所有的、所是的或存在的东西时，就有行动、乐趣和快乐。简言之，每当我们想要*我们不缺的东西*时：每当柏拉图错了时，就有行动、乐趣或快乐，对于柏拉图学说，这一点是意味深长的！渴了就喝，饿了或东西好吃就吃；想散步的时候就散步，和朋友聊天，欣赏美景，听喜欢的音乐，写选择好了的字，做想做的事……哪里还有缺失啊？饥渴里有吗？首先要指出的是，就音乐、友谊或行动而言这不是真的，人享受这些东西的时候事先没感到过缺失。其次，有好吃好喝的东西时，人可以高高兴兴地吃喝，感觉不到任何缺失。最后，对被我们假设为有吃有喝的人谈论缺失，没有多大意义。折磨饥肠辘辘者的饥饿是一回事，令大快朵颐的人享用美餐的好胃口，是另一回事；让美食家大饱口福的美味，又是一回事。缺失可以混在乐趣里。乐趣里只有缺失是不够的，缺失也不能对乐趣作出完全的解释。即使在性事里，能肯定厄洛斯就是主宰、唯我独尊吗？在激情中，在痛苦中，在失落中，这样说可以。可是在爱情中呢？在乐趣中呢？在行动中呢？如果我们只想要自己没有的、不是的、缺失的，我觉得我们的性生活要比实际的复杂得多，也不会有什么乐趣。

天哪，两情相悦彼此需要的一男一女要做爱的时候，还缺什么呢？缺搭档？当然不缺，因为搭档就在眼前，因为搭档正以身相许，因为搭档把自己整个地奉献出来了，完全顺从！缺性欲高潮？当然不是，因为他们想要的不是性高潮，因为性高潮很快就会来到，因为欲望就完全让他们感到满足了，因为做爱的时候爱情本身就是乐趣！说性欲里蕴含着紧张，需要放松，这么说可以。不过，那是力量的紧张而不是缺失的紧张；那紧张是快乐的、有信心的、有生命力的，和失落没有任何关系：这更像是一种能力和完美的体验。他们是多么充满活力啊！他们是多么专注啊！对彼此来说，他们是多么令人满意啊！此时此地，极其满意！实际情况是他们什么都不缺，因为什么都不缺所以才这么好，这么幸福；当他们怀着爱情和乐趣去做爱的时候，他们做的爱里就有这种极强的东西：他们享受着自我，彼此享受着，被彼此享受着；他们享受着自己的欲望，享受着自己的爱情，不过这是另一种欲望，因为这种欲望什么都不缺；这是另一种爱情，因为这种爱情是幸福的。或者，如果这两种爱情能够混为一体，像每个人都经验过的那样，就更证明这两种爱情是不同的了。有承受的爱，那是激情；有做的爱或给予的爱，那是行动。您在什么地方看到过勃起是一种缺失了？您在什么地方看到过一切爱情都是在痛苦之中了？

可以多举几个例子。苏格拉底指出过，父亲只在有了儿子的时候才成其为父亲。这话说得好。但从那个时候起：父亲爱儿子，儿子于父亲并不缺失！他在有孩子之前就爱孩子了，肯定是这样，无论如何这是可能的，他想要这个孩子，盼望着，他甚至可能像人们常说的盼孩子盼出病来了，他爱着那个他缺失的孩子，他现在有了要孩子的激情，他有父亲的厄洛斯……想象中的爱：想象中的对象。他爱那个梦想的孩子，而这只是个爱的梦想。只要他在想象中感到满足，那就是个幸福的梦，但如果梦想持续下去，它接着就是痛苦的了。如果孩子没生出来，那会多么痛苦，多么失望啊！可是，要是孩子生出来了呢？要是孩子已经来到眼前了呢？因为不再缺失，他就会不再爱这个孩子了吗？这种情况可能有，但是很明显，这种情况并不常见。大多数父亲会学着以另一种方式爱孩子，切切实实地去爱，就是说爱他那个样子，爱他的成长，爱他的变化，爱他的不缺失……这是从爱梦想中的孩子转而爱真实的孩子，人不能结束这种转变。所有的父母都知道，这既是必要的，也是困难的，都知道没有不带点哀伤（想象的中的哀伤）的爱（真实的），也都知道，事实上甚至不能从一种爱转向另一种爱，不能从想象中的孩子转向真实的孩子，但这两种爱是混在一起的，彼此相加而又没有完全混为一体。因为，想象依然存在。缺失依然存在。人不能这样就摆脱掉柏拉图或厄洛斯。父亲像所有的人一样，也像柏拉图后来所说的一样，都想“将来也有”他现在有的东西：所以他想要他没有的（因为从定义上说未来就是现在还没有）和他缺失的东西。他想让孩子符合他所抱有的种种希望，而这是孩子不当一回事的；他特别想让孩子活下来，天哪，想让孩子活下来，这可是生活最不关心的！处于爱的恐惧和战栗之中的父亲就是这样：厄洛斯攫住了他，从此不再松手。哪个父亲不抱有希望？哪个父亲不心怀焦虑？但是谁会看不到这并非父爱的全部，也不是父爱最好、最生动、最真实、最自由、最幸福的部分？那将是可怜的父亲，可怜的爱（和可怜的孩子！），如果只爱尚未出生的孩子，像柏拉图说过的那样，只爱孩子的*存活*，换句话说，只爱死神时时刻刻都能夺走的那种东西，怎么说呢，那是死神必然要夺走的（做父亲的会想：“上帝啊，让我替他死吧！”）的东西，是死神已经夺走了的东西，因为缺失的是儿子，因为不存在的是儿子，因为像梦幻和虚无的是儿子，因为这是焦虑的儿子，就像存在里或幸福中的一个大洞，让人感到胸闷，突然想哭……让我们再说一遍，这种爱确实存在：这是父亲对儿子的激情的爱，掺杂着希望和担心。像所有的激情一样，这种爱把他困住了，也有把他儿子困住的危险。这种爱把父子两个都推向了焦虑、幻想和虚无……这种爱存在，但终究不是唯一的：父亲也爱就是那样的孩子，不缺失的孩子，现实和存在的孩子，活泼泼的孩子，对这样孩子死神无计可施，焦虑、虚无也一筹莫展，孩子的脆弱都有着某种不可摧毁和永恒的东西，死神奈何不了，时间奈何不了，还有某种绝对单纯绝对有活力的东西，父亲有时只会和这种东西相伴，而这种东西能让父亲安心，让他放心，很奇怪，是的，这种东西很奇怪地让他放心，并让他感到高兴……

用什么东西抵御焦虑？用现实。用什么东西抵御缺失？用快乐。这还是爱，但不再是厄洛斯了。那是什么呢？

是和朋友在一起吗？如果只能在朋友不在眼前或者缺席的时候才能爱他们，那多悲哀！完全相反才是真的，友谊与激情截然不同之处就在这里：这里没有缺失，没有焦虑，没有嫉妒，没有痛苦。我们爱我们的朋友，因为他们存在着，因为他们不缺失。关于友谊，柏拉图没写过任何有价值的东西，这不是偶然的。相反，苏格拉底在煌煌两卷巨著《尼科马克的伦理学》里却道出了友谊的实质。实质是什么？实质是，没有友谊，生活将是个错误。实质是，友谊是幸福的条件，是不幸的避难所；友谊既是有益的，令人愉快的，也是好的。实质是，友谊自身就是“令人向往的”，还“主要在于爱而不是被爱”。实质是，没有平等，友谊不能行之久远，而这种平等是先于友谊存在的，或是由友谊建立起来的。实质是，友谊比正义更有价值，包含着正义，既是正义的最高表达形式，也是对正义的超越。实质是，友谊既非缺失，亦非融合，而是共同体，是分享，是忠诚。实质是，朋友彼此愉悦，以友谊为乐事。实质是，一个人不能成为所有人的朋友，也不能成为大多数人的朋友。实质是，最高尚的友谊不是一种激情，而是一种美德。一言以蔽之，实质是，“爱是朋友的美德”。事实上这仍然是爱（没人爱的朋友不可能是朋友），但这不是缺失，但不是厄洛斯。那是什么呢？

我们需要另一种定义，现在就来看看斯宾诺莎是怎么说的。爱是一种欲望，这是肯定的，因为欲望就是人的本质。但欲望不是缺失：欲望是力量，爱是快乐。我们必须从这里出发，或者说从这里再出发。

人们在谈论性能力，这说明有些东西是重要的。是什么呢？即不管是否缺失对象，欲望都不能被归结为可能的缺失；欲望也是而且首先是一种力量，一种能量，就像斯宾诺莎确实说过的那样是一种*能力*：这是享乐的能力和潜在的享乐。性欲确实是这样，但并非只有性欲是这样。在斯宾诺莎看来，所有的欲望都是行动的能力或存在的力量，因而是生存的能力和作为力量的生命本身。否则还有什么快乐？还有什么爱？还有什么生命？死亡是比较容易的，因此必须用什么东西把我们和死亡分开。如果饥饿是食物的缺失，因而痛苦，胃口好就是吃的能力（包括不缺食物的时候），就是享受所吃东西的能力。有人会说，胃口好只是有点饿，而在这个问题上缺失才是实质。并非如此，因为死人不会感到饥饿：饥饿要以生命为前提，缺失要以力量为前提。把欲望归结为缺失，是倒因为果，是把结果当成了条件。欲望是第一位的，能力是第一位的。缺失某种东西的是厌食患者，不是吃饭香甜的人！缺失某种东西的是性格忧郁的人，不是热爱生活并纵情享受生活的人！缺失什么东西的是性无能者，不是幸福而精神抖擞的情人！另外，在漫长的人生中，谁没有过百无聊赖情绪低落无能为力的时候？这种时候我们缺失的是什么？并非总是对象，也不是这个对象的缺失（因为对象存在与否、是否为我们的欢乐作出贡献都可以是无所谓的），缺失的是欲望，是情趣，是享受或爱的力量！不是欲望缺失了：有时是没有对象（失望），或者对象使他厌倦（厌倦）。缺失不是欲望的实质；缺失是欲望的梦想或遇到的意外，是对缺失产生刺激的丧失，或欲望为自己制造的幻景。

由于对不同的对象有不同的欲望，如果爱是一种欲望，对不同的对象也应该有不同的爱。情况确实如此：人可以爱美酒或音乐，爱一个女人或一个地方，爱自己的孩子或工作，爱上帝或权力……通常因条理清楚而备受赞扬的法文，在这里表现出高度的概括性，这种概括性在很多语言里当然也都能找到。爱钱，爱美味，爱男人，爱女人，爱父母或朋友，爱一幅画，爱一本书，爱自身，爱一个地区或一个国家，做爱，给予爱，爱乡村或旅游，爱正义，爱真理，爱体育、电影、权力和荣誉……这些不同的爱里所含有的共同的东西，说明爱这个字的统一性的东西，是快乐，如司汤达所说，或高兴，如斯宾诺莎所说，即这些对象给我们提供或激发出来的东西。司汤达写道："爱是快乐，是通过各种感官尽可能近地看、触摸和感觉可爱而又爱我们的对象时感到的快乐。"把只在涉及人际关系时才有意义的"爱我们”三个字删去，加上：人可以仅仅因为想到那个对象就高兴就快乐（因为人可以爱不在眼前的事物或抽象的东西），于是就有了一个可以说得过去的关于爱的定义：爱，是在观看、触摸、感觉、认识或想象中获得的快乐。这个定义概括性强，有些人觉得过分了些，却与法文的爱字的多义性相符，或者更确切地说，与这个字的参照对象数量多相符。一个定义只对该定义容许或阐明的事物有用，而每个人都要对自己使用的词汇负责，虽然不能过分曲解语言。就我而言，我建议用下面这个定义，与司汤达的相比，我觉得这个定义既简单（好理解），又宽泛（在外延上），它印证并延伸了司汤达的定义：爱，是能享受某种东西或能以某种东西自娱。因此，喜欢吃牡蛎的人和不喜欢吃牡蛎的人相反，喜欢音乐或喜欢某种音乐的人和对音乐无动于衷或感到厌倦的人相反，喜欢女人或喜欢某个女人的男人和更愿意从男人身上得到性快乐（肌肤之爱）或感到高兴（精神上的爱，两种爱当然可以并行，而且可以混在一起）的男人相反，后者像《会饮篇》里那些对娈童感兴趣的客人……爱的对象无穷无尽，就像乐趣和快乐的原因无穷无尽一样，就像爱的方式无穷无尽一样，对象所激发或允许的爱的方式是各式各样的。我爱吃牡蛎，我爱听莫扎特，我爱布列塔尼省，我爱这个女人。我爱我的孩子们，我爱我那些朋友……设想一下，所有这一切我什么都不缺：我在布列塔尼，和我的孩子们在一起，和我爱的那个女人在一起，和我那些最要好的朋友在一起，我们吃着牡蛎，看着大海，听着莫扎特的乐曲……在这些不同的爱里，有什么共同的东西呢？当然不是缺失，甚至不是缺失得到的满足。可以说，莫扎特、牡蛎或布列塔尼我都从来不缺，而我那些朋友，除了长时间的分别以外，也没有更多的缺失：他们活在世上，即使在远方，也足以使我高兴了。这些不同的爱里共有的，就是这一点：一种在我身上的快乐，一种享受某种东西或因某种东西（享受某种东西*和*因某种东西）而感到快乐的能力，出于某种原因，这种东西可能使我感到缺失（如果我饥肠辘辘，如果我身边没有女人、孩子和朋友……），但是，这些东西的缺失既非实质，亦非内容，甚至不是条件（因为在上述的例子中，我爱的恰恰是我不缺的东西）。有人会说，所有这些几乎都不是色情的……如果考虑到柏拉图的厄洛斯和我所举的例子里的一些无关宏旨的东西，这么说也可以。不过，情人们都知道，在喜悦中而不是在缺失中做爱，在行动中而不是情欲中做爱，在快乐中而不是痛苦中做爱，在精力饱满时而不是灰心丧气时做爱，是会多么性感、多么肉感和多么强烈；所以，渴望*做爱*的爱而不是只梦想而不做爱的那种折磨人的爱，是强烈的……

我上面提出的定义，在很大程度上得益于另一个定义，斯宾诺莎的定义。即："爱是一种由外因引起的想法伴随的快乐"。爱是高兴，或者更确切地说（因为爱是以一种原因引起的想法为前提的），是*因……感到高兴*。我说过，是高兴或享受；但快乐只在使灵魂高兴的时候才是爱（从爱这个词最严格的意义上讲），这是人际关系中特有的情况。没有爱的时候，或只爱肉体的时候，肉体是死气沉沉的。这就使斯宾诺莎的话变得有道理了：爱是一种叠加到快乐上的喜悦，使快乐大放光芒，像灵魂的镜子一样把快乐反射出来，宣告快乐，陪伴快乐，或就像幸福的许诺或回声。这就是爱这个词通常的意义吗？我觉得是，它至少印证了爱的本质部分，即爱的最佳部分。如果有个人对您说："想到你在我就高兴"，或者说："每当我想到你在的时候，我就会变得高兴起来"，又或者说："我感到高兴，而我高兴是因为我想到了你在……"，您会把这话当成爱的宣示，而您这样想当然是对的。不过，您是太走运了：不仅因为这种斯宾诺莎式爱的宣示不是给所有人的，还特别因为这是一项对您没有任何要求的爱的宣示，多么出人意料啊！我非常清楚，在人家说"我爱你"的时候，表面上看，人家没对您提更多的要求。但这完全取决于是什么样的爱。如果爱是缺失，说"我爱你"就是有要求的，不仅要求对方回答您说"我也爱你"，而且*要求对方这个*人，因为您爱对方，因为对方于您是个缺失，因为按照定义缺失就想占有！对于您所爱的他或她来说，这是多么沉重的负担啊！是什么样的焦虑啊！是什么样的牢笼啊！相反，因什么而高兴是一无所求：这是对展现、存在和恩惠的赞美！对您和另外那个人来说，这是何等的轻松啊！多么自由啊！多么幸福啊！这不是要求，是感谢。这不是占有，是享受和高兴。这不是缺失，是感激。爱的时候，谁不喜欢感谢？快乐的时候，谁不喜欢宣示自己的爱情？于是这又成了礼物、奉献和回报的恩惠。谁不喜欢被人爱啊？谁会不因为给别人带来快乐而高兴啊？因此斯宾诺莎才会说爱哺育爱，使爱倍增，因为它不缺失，所以就更强烈，更轻松，更*活跃*。这种轻松有个名字：快乐。还有个证据：恋人们的幸福。我爱你：你在我就快乐。

这类宣示，以斯宾诺莎式形式出现的好像很少。可是形式算得了什么？斯宾诺莎学说算得了什么？同样的话，还有其他表达方式，更简单，更常用。比如这种方式："感谢你在，感谢你坦诚相待，不失现实！"这是得到了满足的爱的宣示。或者只用一个眼神，一个微笑，一下抚摸，一点快乐……我说过，感激是爱的幸福。不如说：这就是作为幸福的爱。既然它以现存的一切为满足，既然它就是快乐本身，它还缺少什么？为什么会缺？至于"情人所抱有的和被爱的事物合为一体的愿望"，斯宾诺莎在批评笛卡尔的定义的时候写道，"所表达的不是爱的实质，而是爱的属性"，而且是以一种非常晦涩和模棱两可的方式表达的：

> "必须注意"，斯宾诺莎明确指出，"说这种属性存在于情人所抱有的和所爱的事物合为一体的愿望之中时，我并没有把这种愿望理解为同意或磋商，就是说没有把它理解为一项自由决定（因为没有自由意志：因为谁也不能决定爱或欲求），在所爱的事物不在场时甚至不是想和所爱事物合为一体的欲望，也不是所爱的事物在场时坚持让它在场的欲望；爱实际上没有这样或那样的欲望（就是说无缺失）也能萌生；但我把这种愿望理解为满足，因为被爱的事物在场而使爱这个事物的人感到的满足，通过这种满足，爱者的快乐可以增强，或者至少可以维持。"

这样一来，爱就什么都不缺了。如果爱缺少对象，这显然是可能发生的事，原因也是外在的或偶然的：被爱的人走了，不在，也许死了……但爱并不是因为这些才爱这个对象的！爱有时会受挫，痛苦，悲伤。如果我快乐的原因消失了，我怎么可能不感到不幸呢？可是，爱在快乐之中，即使快乐受了伤，肢体不全，甚至在人家将它连根拔除时感到痛苦无比，而不在使快乐感到撕心裂肺痛苦的缺失中。我爱的不是我缺失的东西，是我爱的东西有时会缺失。爱是第一的：快乐是第一的。或者更确切地说，欲望是第一的，能力是第一的，爱是对会合中的欲望与能力的令人愉快的肯定。永别了，柏拉图和他的精灵！永别了，特利斯当和他的忧郁！从爱的本质上考察爱，即就爱本身而言，没有不幸的爱。

但没有爱也不会有更多的幸福。人们确实会注意到，如果爱是一种由快乐的原因引起的想法伴随着的快乐，如果所有的爱在本质上都因此而是快乐的，那么逆命题也应该成立：所有的快乐都有个原因（一如所有存在的事物），因此所有的快乐也都是可爱的，至少有可能是快乐的（没有爱的快乐是一种人们无法理解的快乐：是无知无识的快乐，是隐隐约约、残缺不全的快乐），当快乐完全有了自我意识，即完全意识到快乐的原因时，那快乐就成了实实在在的快乐。因此，爱就像快乐的外在表现，像快乐的光芒，像被反复认可的快乐的真实性。这是斯宾诺莎的秘密，是智慧的秘密，也是幸福的秘密：只有快乐的爱，只有爱的快乐。

有人会指责我，说我把这幅图景美化了……但我没有美化什么。我必须进行一番概括，就像对柏拉图所做的那样，既不背离，也不美化。如果我们在其中认不出我们生活中更细腻、更模糊、更驳杂的色彩，那是因为快乐和悲伤当然是混杂在一起的，那是因为我们一直在这两种感情之间，在这两种真实（柏拉图的真实和斯宾诺莎的真实）之间，在缺失与能力之间，在希望与感激之间，在激情与行动之间，在信仰与智慧之间，在只想要自己没有的东西并只想占有的爱（厄洛斯）和自己拥有所想要的一切的爱之间，犹豫不决、动摇不定、左右摇摆。这后一种爱只想要眼前有的，享受眼前有的或以眼前有的为满足。真的，我们把这种爱叫做什么呢？

在法文里，这叫*爱*。爱一个人，就是当这个人在那里的时候希望他就在那里（人能做的只是希望）；就是享受他的生命，他的存在。他提供的快乐和高兴的东西。但是，我们已经看到，这同一个字也适用于缺失或激情（对厄洛斯来说），这样就会造成混乱。希腊文比较清楚，毫不犹豫地使用了动词 philein（爱，不管问爱的对象是什么），和名词 philia（菲利亚），主要用在人际关系方面。是亲吗？对，不过是从这个字最广泛的意义上说的，也是从这个字最强烈也最崇高的意义上说的。对亚里士多德来说，亲的典范首先是“母亲爱孩子时体验到的快乐”，也是“夫妻之间的爱（菲利亚）”，尤其是在“两个人都把自己的快乐寄托在对方的善良上的时候”；这依然是父爱、兄弟之爱和孩子对父母的爱；不过这也是情人之爱，是厄洛斯不能完全涵盖也不能完全耗尽的爱；最后，这是完美的友情，是道德高尚即“因为爱朋友所以希望朋友好的人”的人的友情，是那种能把朋友变成挚友的东西。说到这个字了：菲利亚，就是爱。当爱的花朵在人与人之间开放的时候，不管是以什么样的形式出现，它就不会再归结为缺失或激情（归结为厄洛斯）了。因此，菲利亚这个字的外延比法文的“爱”（可用于物件、动物或神祇）更受限制，但又比法文的“友谊”（例如，在孩子和父母之间不能用）更广泛。可以说这是“爱-快乐”，只要它是相互的或可以是相互的，这是爱和被爱的快乐，是相互的或可能成为相互的善意，是被分享的生活，是自愿接受的选择，是相通的快乐和彼此信任，简言之，这是“爱-行动”，是用以反对*厄洛斯*（“*爱-激情*”）的东西，即使没有任何东西禁止它们汇合或并行。如果情人在一起感到幸福，哪有不成为朋友的？不成为朋友他们又怎么能够幸福？亚里士多德看得很清楚，“夫妻之间的爱（菲利亚）”是另一种形式的友谊，无疑是最重要的（因为“人是天然倾向于成双成对的，这种倾向甚于组成政治团体”），而这种形式的友谊必然包括性方面的东西。这使我有理由重新拾起菲利亚这个字，用以区分我们爱情生活的“爱-快乐”（斯宾诺莎所说的爱）和“爱-缺失”（柏拉图所说的爱），一如亚里士多德的名言“爱即快乐”允许我那样做一样。这不是真缺失，但足以将两者加以区分。

至少在理论上如此。实际上这两种感情确实是可以混在一起的，我们已经看到，它们几乎总是混在一起的，特别是在男女之间。人能够以缺失的东西（厄洛斯）为乐（菲利亚），想占有（厄洛斯）其存在就已经是一种幸福（菲利亚）的东西，换言之就是在狂热地爱的同时也高兴地爱。这样的事不少，甚至就是夫妻生活中的常态……特别是在他们刚开始的时候。恋爱了，就感到缺失，几乎总是这样，就想占有，如果不见爱于人，就会感到痛苦，就会惶惶然，怕自己不可能被爱，就只期待着从对方的爱、对方的出现和占有对方中得到幸福。事实上，如果一个人被爱，如果他占有了，如果他享受到了我们正好缺失的东西，那该是幸何如之啊！除了恐惧，这无疑会成为他最强烈的生活体验，也许还是智慧之外的最美好的体验。幸福的激情是恋人的春天，是他们的青春，如布拉森[①]所说的那种恋人在街边长椅上相互拥吻那种贪婪的快乐。也像布拉森说过的那样，恋人们确实非常可亲，或以其热情和天真让人感动……可是，这一切怎么继续下去呢？人怎么可能长时间地缺失自己所有的（换言之，缺失自己并不缺失的！）东西呢？人怎么能一直狂热地去爱一个几年来总和他朝夕相处的人呢？人怎么能对一个已经十分了解的人一直狂热地酷爱下去呢？人怎么能去梦想现实的东西呢？一句话，人怎么能一成不变地爱自己的伴侣呢？用司汤达的话说，爱的结晶是一种不稳定状态，很难超越夫妻关系的稳定性。开始的时候，对方身上的一切都显得十分美好，但接下来看到的就是对方的本来面目了。大家都记得克洛德·努加罗[②]的那首歌是怎么唱的：“当丑陋的丈夫杀死风度翩翩的王子时……”可这原是同一个人，一个是梦寐以求的，日思夜想的，望眼欲穿盼望

---

① 布拉森（Brassens，1921-1981），法国诗人、歌手。
② 克洛德·努加罗（Claude Nougaro，1929-2004），法国诗人。

的，不在眼前的……而另一个是她嫁以为夫的，朝夕相处的，已经被她占有的——近在眼前的。迷人的王子，只不过是那个缺失时的丈夫；而丈夫则是那个她嫁了也就不再觉得缺失的迷人王子。一个因为远在天边而光彩夺目，另一个则因为近在眼前而暗淡无光。强烈的激情转瞬即逝，夫妻间的死气沉沉无比漫长……尼采看得很清楚，婚姻即使可以成为一桩很讲究的韵事，更常见的却不过是一种平庸和粗俗：

> “唉，这种两人的灵魂多么悲惨！唉，这种两人的灵魂多么龌龊！唉，这种两人的满足多么可怜！……”
>
> “某人像个探寻真理的英雄似地出发了，得到的只不过是一个小小的经过包装的谎言。他把这叫做婚姻。”
>
> “一连串的短暂疯狂——这就是你们所谓的爱情，而婚姻以一种长期的愚蠢为这些短暂的疯狂画上了句号。”

这就是特利斯当夫人，或罗密欧夫人，或包法利夫人。年复一年，她们常常是越来越相像了。至于丈夫，他想的更多的总是性和工作，想爱情或妻子越来越少，想的时候也是因为妻子给他带来了麻烦，因为妻子的精神状态不佳，因为她抱怨，因为她脾气不好……丈夫想要的是平静和快乐，妻子想要的是幸福和激情。每一方都抱怨对方不是或不再是自己所希望、所想要、所爱的了，每一方都为对方只不过是现在这个样子而感到遗憾，唉！……对方怎么可能是别的样子呢？如果激情只是一场梦，如果必须从梦中醒来，这能怪谁呢？“我是因为她神秘才爱上她的”，他想。这就等于承认，他爱她是因为不了解她，现在不再爱了，因为了解她了。甘斯堡[1]说过：“爱一个女人，爱的不是她本来的样子，离弃她是因为她就是她。”这常常是真的，而且对男人也一样适用。绝情中的真实几乎总是比爱情中的真实

---

① 甘斯堡（Gainsbourg，1928–1991），法国艺术家、诗人。

多，至少比这样的爱情里的真实多：男人是被他所喜爱但不明所以而又是他感到缺失的神秘迷住的。爱很古怪，它只爱自己不了解的东西。

不过我们还是来试着把发生在另一些夫妻身上的情况搞明白吧！这些夫妻有的差不多已经成功了，有的令人羡慕，有的样子好像很幸福，似乎依然相爱，而且那样子好像要永远相爱下去……激情依旧？今天比昨天强烈而明天比今天强烈？我根本就不相信。即使这种情况有时也许会有，或者能够有，那也是极其罕见的，奇迹般的，而且完全不受我们的意志支配，所以人不能把对生活的选择建立在这样一种基础上，甚至不能把理性的希望建立在这样一种基础上。另外，这也和我们所说的那些成问题的夫妻的经验不符，这类夫妻身上没有一点年轻恋人的东西，如果把他们和特利斯当与伊瑟进行比较，常常会使他们哈哈大笑……这类夫妻只不过仍然彼此有欲求。当然，如果他们已经共同生活几年了，那他们感到的就与其说是缺失不如说是能力，与其说是激情不如说是快乐了，此外他们也善于把当年那种爱的疯狂变成快乐、温柔、感激、清醒、信任和厮守在一起的幸福，即变成菲利亚。似水柔情？这是他们爱情的一个方面，但绝不是唯一的。他们的爱情里也有默契、忠诚、幽默、灵与肉的亲近、一次又一次的快乐（像夏尔[①]所说的，“实现了欲望的爱依然是欲望”），有被接受和驯服即在胜利的同时被征服了的兽性，有两种离得非常近、非常专注、非常恭敬、好像彼此缠绕互相支撑的孤独，有一种轻松而单纯的快乐、随便、坦诚、平和，有对方眼神带来的心照不宣，有沉默和倾听，有这种作为两个人的力量、作为两个人的宽容和作为两个人的脆弱……合成一个人吗？就算他们相信过可以这样，也早就把这种想法放弃了。他们太爱自己这种二重奏了，爱它的泛音、对位法、间或出现的不协调的和弦，不想把这种二重奏变成难以容忍的独奏！可以说，他们已经从疯狂的爱过渡到了理智的爱。当爱情深化了，有了更多的

---

① 夏尔（Char，1907–1988），法国诗人。

爱、更多的真实，并且成了感情生活中真正的例外时，谁若反而认为爱情消失了、减少了、平庸了，那他就太愚蠢了。有什么比爱梦想更容易？有什么比爱真实更困难？有什么比想占有更容易？有什么比善于接受更困难？有什么比激情更容易？有什么比斯守更困难？恋爱谁都会，爱就不是谁都会的了。

在一次关于爱情的讨论会上，我听到过这样一句令人吃惊的自白："我更喜欢体验的是不登大雅之堂的激情，而不是伟大的友谊。"可悲的激情！自私的激情！狭隘的激情！这是只爱自我，只爱他的爱（不是爱别人，而是别人从他那里得到的爱），只爱他那点自我陶醉的感觉。于是朋友就成了被用来在两次激情之间打发时间的人。于是世界就被缩小为一个人、一个眼神和一颗心的世界了。激情中有偏执，就像爱的陶醉。只要激情延续，这就使激情有力量，使激情美，使激情崇高。当然，碰到激情的时候就必须体验！任何爱都是好的，这后一种爱最容易，也许能教会我们爱得更多些，爱得更好些。还有什么比谴责激情更可笑的吗？有激情的时候，这样的谴责没有效果，没有激情的时候，这种谴责是无的放矢。所以要体验激情，但可能的话不要完全被激情所骗，也不要成为激情的俘虏。为什么不能这样呢？事实是不能在激情和友谊之间进行选择，因为这两者人都能体验，经验证实了这一点，因为激情并不强迫人忘记朋友，因为激情本身的未来只在死亡里，只在痛苦里，只在遗忘里，只在怨恨……或友情里。激情不持续，不能持续：爱必须死亡，或者改变。不惜一切代价地想忠于激情，是对爱和变化的不忠：这是对生活的不忠，生活不可能归结为我们度过的几个月的幸福激情（或几年的不幸的激情……）。另外，把爱寄托在激情的不可控上，是事先就对所爱的人，包括正被热切地爱着的人不忠，德尼·德·鲁热蒙的名言是："恋爱是一种状态，爱是一种行为。"既然行为至少部分地取决于我们，我们就可以想去做，可以带着承诺投身进去，可以延长，可以保持，可以承担……可是，对一种状态怎么处理？许诺一直爱下去，这在文字上就自相矛盾。这就如同许诺永远发烧，或永远发疯。一切许诺的爱，无论如何都应该用激情以外的东西担保。

另外我发现，像经常见到的情形一样，现代语言在这里表明亚里士多德是有道理的。非婚生活在一起的人，如何指称（在和别人说起的时候）对方呢？称为“我的伴侣”？这是扮嫩，要不就太老土了。称“和我同居的人”？这是只在查户口和交税的时候才说的话。“我的性伙伴”？这未免太不顾廉耻了！“我的情人”？这通常以存在着被伤害的另一对儿为前提。那么，怎么称呼才好呢？他们彼此之间直呼名字即可，或者像大家一样，也叫“我的甜心”。可是，一旦到了外面，面对某个不知道他们名字的陌生人该怎么称呼呢？这时最常用的是“我朋友”（年轻人或者会说“我伙伴”），谁都会明白这话是什么意思。朋友，是人之所爱者；如果提到朋友的时候用单数，像提到一个独立存在的人一样，那你指的就是和你共同生活的人了，或者至少是和你做爱的人，而且不是只做过一次或很长时间才做一次，像跟一个偶然碰到的“性伙伴”那样，而是以一种有规律的方式，像夫妻过日子那样长久（或多或少是长期的）……经年累月，友谊怎么可能不和欲望混到一起呢？友谊怎么可能不逐渐地取贪婪的激情（或只是取爱的状态）而代之呢？贪婪的激情先于友谊出现，是为友谊做准备的。婚姻里的情况也是如此，在婚姻幸福的时候，只有话语上的习惯使幸福婚姻不显得张扬。说到对方的时候用的是“我老婆”、“我老公”，而不用“我朋友”。结了婚的夫妻是幸福的，对他们来说，怎么称呼只是个习惯问题，不同的字指称的是同一种事物！什么事物呢？爱情，不过是实现了的而不再是梦寐以求的爱情。有个四十岁上下的女人，我现在想到她都激动。她和一个男人一起生活了十或十二年，生了两个孩子，共同抚养。她对我说：“当然，我已经不再爱他了，但我对他还一直有欲望，而且他现在依然是我最好的朋友。”从她的话里我看出了终于说出来的、平心静气地说出来的幸福夫妻的真相，顺便说说，也看到了性方面的一种很强烈很温柔很令人意乱情迷的体验……我觉得，从来没和自己最好的朋友做过爱的男女，对某些关于爱情和爱情的肉体享乐的实质性的东西，关于夫妻和夫妻性生活的东西，一无所知。最好的男友，最好的女友，是我们最爱的男人或女人，但因他们而觉得缺失，不因他们而觉得痛苦，不因他们而遭罪（激情就是从这里产生的），他或她是我们自己选择的，他或她是我们最了解的，也是最了解我们的，是我们可以指望的，可以与之分享回忆和设想、希望和恐惧、幸福和不幸的……谁会看不出来这确实是生活在一起的男女之间的状况呢？一对男女，不管结婚与否，一旦两个人共同生活了一段时间，只要不是仅仅由利害关系或追求舒适而结合到一起的，只要是相爱的，只要是真相爱、强烈相爱的，他们的生活情况其实就是如此。这就是蒙田所说的“自由结合的友谊”，一个美称，而我也不曾见过哪对幸福的夫妻，除了开始时火一样的热情以外，不是像这里描写的那样；这类描写，比缺失、激情和疯狂的爱一类的描写更恰如其分。

如果有少女读我这本书，大部分会从中看到灰心、泄气和退缩……但作为过来人的妇女却知道，完全不是那么回事；或者说，退缩只是对梦想而言的，若真想*前进*，放弃梦想是好事。点滴真爱胜过许许多多梦想的爱。真正的夫妻胜过梦想的激情。点滴现实的幸福胜过幸福的幻想。凭什么这么说呢？以真诚（作为对真实的爱）的名义，以生活和幸福的名义——因为激情不持续，因为激情不能持续，或者说因为激情只在它是不幸的时候才持续……“激情意味着痛苦，变故，命运对自由和负责任的人的优势。对爱的爱胜过了对爱的对象的爱，为激情而爱激情，从奥古斯丁的amabam amare①到现代浪漫主义，都在爱和寻找痛苦”，都在明白宣示“内心更喜欢不幸”，更喜欢另一种生活，像诗人说的，一种可能是“真正的生活”，一种在别处、永远在别处的生活，因为那种生活是不可能的，因为那种生活只存在于死亡之中。好像为了喜欢激情胜于生活就必须惧怕生活！好像为了喜欢幻想胜于真实就必须惧怕真实！相反，当夫妻是幸福（差不多是就是幸福的了）的时候，夫妻关系就是这种真实、分享生

① 我还不曾爱过，但我非常想爱。

活、信任、平静而温馨的亲密、彼此快乐、感激、忠诚、宽容、幽默和爱……的空间。要结为夫妻，得有多少美德啊！不过这些都是幸福的美德，或者可以是幸福的美德。肉体也能从中得到满足还没计算在内；肉体享乐的满足，大胆尝试的满足，发现的满足，在很大程度上都只有夫妻才能得到。接着就有了孩子。孩子出生了，夫妻就是为了生孩子而结成的，至少从生理学上看是这样，而孩子又说明结成夫妻这件事是应该的。

对这件事还得说一句，因为家庭几乎总是夫妻的未来，是爱情的未来，因此也是爱情之始。如果我们不先被人家爱上，我们知道什么是爱情吗？没有家庭，我们知道什么是夫妻吗？如果所有的爱情都是转移的爱情，像弗洛伊德认为的那样，那也是因为所有的爱情都是先接受后给予的，或者更确切地说（因为这既不是同一个爱，爱的也不是同一个对象），被爱先于爱人，被爱是为爱人做准备。这种*准备*就是家庭——尽管有失败——和家庭的巨大成功。“我恨家庭”（法国二十世纪作家纪德语）。如果这话是以爱的名义——以更广泛、更公开、更宽容和更自由的爱的名义说的，这表示的是对家庭依旧忠诚。当然，爱必须超越家庭，超越自身，超越一切。但家庭允许这种爱，强行这种爱（通过乱伦禁忌），并从这种爱中产生（通过新结成的夫妇和新出生的孩子）。弗洛伊德没说别的什么。首先是母亲和孩子，首先是被接受的爱，长期的爱，高尚的爱，同时既是被禁止的爱（作为厄洛斯）也是被拯救的爱（作为菲利亚），首先是肉欲和肉欲的果实，首先是被保护、被保佑和被教育的孩子。阿兰说过：“归根结底，拯救灵魂的将是夫妻。”是的，不过是通过对他们已经生的和也许还要生的孩子的忠诚来拯救的。通过孩子，因此又几乎总是为了孩子；孩子不拯救夫妻，但夫妻能拯救孩子，或想拯救孩子，也确实以失去孩子的方式拯救了孩子。这是家庭铁则，也是爱情的金科玉律：“你将离开你的父母……”（《圣经》语）生孩子不是为了占有他们，不是为了留住他们不放：生他们是为了让他们走，是为了让他们离开我们，是为了让他们到别处以另一种方式去爱，是为了让他们去生将来再离开他们的孩子，是为了一切归于死，是为了一切归于生，是为了一切生生不息……人类是从那里开始的，也要在那里一代一代地繁衍。做母亲的清楚这一点，对我来说，母亲比少女重要。

经院哲学家把色欲或贪欲的爱与博爱或圣托马斯所说的友爱区分开了。这虽然不像我想的那样把厄洛斯/菲利亚的对立恢复原样，但可以说，贪欲的爱仍然是忠实于柏拉图的说法（“当一个人缺失什么而又碰上了他所缺失的东西时，他就会对这种东西垂涎三尺”），一如博爱仍然是忠实于亚里士多德的说法（圣托马斯重新提到，对亚里士多德来说，“爱，是想让某人好”）一样。圣托马斯解释说，爱因此分为“友爱和贪欲之爱：因为，本来意义上的朋友是那种我们想让他好的人，针对为我们自己好的东西，那说的就是贪欲了”。简言之，贪欲的爱或色欲的爱（记住“色欲”这个词，因为法文里有两个词表示性欲），虽然不一定就是罪恶的，却是一种自私的爱：这是为了自己的好处而爱别人。博爱或友爱则相反，是慷慨的爱：是为了所爱的人的好处而爱这个人。圣托马斯并非不知道这两种爱能够混在一起；事实上，在我们的大部分爱里，这两种爱已经混在一起了。不过，两种爱的不同之处依然存在，而这种不同乃是混合的前提，并为混合所证实。我爱牡蛎，我爱自己的孩子。但是，这两种情况里的爱是不同的：我爱牡蛎不是为了牡蛎好，我爱孩子也不仅仅是为了我自己好。人类的任何一种爱可能都没有完全摆脱贪欲。不过，有的时候这种贪欲独占支配地位（当我爱牡蛎、金钱和女人的时候……），爱即使强烈，此刻也只能处于下风。或者有时贪欲里混入了善良（当我爱我的孩子、朋友和我钟爱的女人时），这时爱会随着善良的扩展而上升。亚里士多德显然是被这样的母亲感动了：为了孩子的利益，为了孩子的利益，她们不得不在孩子出生后就把他们扔掉，但依然在不被承认的情况下继续爱他们，终其一生，她们都在没有回报的前景和绝望中爱着孩子，希望孩子好甚于希望自己好，甚至随时准备为孩子的利益而牺牲自己的利益，只要能够分得清哪是自己的利益，哪是孩子的利益。这是纯粹的善良，十分动人（“做好事而不望回报是高尚感人的”）。但这不是准则。善良和贪欲经常是混在一起的，对所有那些并非圣贤的人来说，亦即对我们大家来说，这是再好不过的，因为这使我们可以在追求自身利益的时候动动脑筋就把利己主义和利他主义混到一起，简言之，使我们在成为朋友们（我们希望他们好）的朋友的同时，也成为我们自己的朋友（也希望我们自己好）。在夫妻关系里也是这样：没有什么比爱（菲利亚）我们贪婪地想要得到的（厄洛斯）女人或男人更自然的了，没有什么比希望和我们结成夫妇的人幸福更正常的了，没有什么比怀着善意快乐地爱和我们共赴爱河的男人或女人更正常的了，因此也就没有什么比成为我们所垂涎和占有的男人或女人的朋友更正常的了……厄洛斯和菲利亚混在了一起，几乎总是混在一起的，而这就是人们所说的夫妻关系或爱情故事。只是，厄洛斯在得到满足的同时受到了消耗，或者更确切地说（因为肉体有要求也有限度），厄洛斯重生只是为了再死，然后再生，接着再死，但每一次的激烈程度都在递减，激情也越来越少，缺失感也越来越少（厄洛斯越来越少并不意味着性能力越来越低，也不意味着性乐趣越来越少）；而菲利亚则相反，在幸福的夫妻身上，菲利亚在不断地加强着，深化着，洋溢着，而这样很好。这是生活的逻辑，这是爱的逻辑。人首先爱自己：情人扑向所爱，就像婴儿扑向乳房，就像狼扑向羔羊。缺失：色欲。饥饿是一种欲望，欲望是一种饥饿。是爱在攫取，是爱在吞噬。厄洛斯：利己主义。然后人才会去学着（在家庭里，在夫妻关系中）爱一点点对方，但也还是为了自己：为了得到快乐、友谊和善意。这是圣伯纳德所说的从肉体之爱向精神之爱过渡，是从爱自己向爱别人过渡，是从攫取爱向给予爱过渡，是从色欲向亲热过渡，是从激烈向温柔过渡——从厄洛斯向菲利亚过渡。

这里有一种升华，像《会饮篇》里的升华一样，这是爱的升华，是通过爱实现的升华。因为性爱当然在先，这是圣伯纳德的观察所得：“因为自然性太娇嫩太软弱，必要性就向它提出要求，让它首先为自我服务。这就是性爱：人从只为了自身的爱而爱自己开始，就像圣保罗说的那样：兽性的部分是先来的，接着来的才是精神的部分。这不是谁下的命令，而是一种自然性所固有的现象。”按照圣伯纳德的说法，爱必须从这里上升到第二阶段（为了爱自己而爱上帝），然后再上升到第三阶段（为了爱上帝而爱自己），最后到达第四阶段（只为上帝才爱自己）……这条路不再是我们的路了。但他说出了某种重要的东西：肉体是必不可少的出发点，思想是从这里提升或生发出来的。这条路是爱的路，而爱本身就像路。人首先爱的是自身，或者为了自身才爱（当人爱自己所缺失的东西时）。我们每个人身上都残存着新生婴儿的习性，寻找乳房，渴望乳房，想把乳房永远留住……但人不能这样。但人不应该这样。乱伦禁忌用强制的禁止迫使人以另一种方式去爱，去爱不能占有、攫取和消耗的东西，不能享受的东西。于是，在欲望对法律的服从中（开始时是强制性的），另一种爱产生了，这就是爱情。让我们重说一遍，因为欲望是先出现的，冲动是先出现的，是我们在缺失中首先体验到的：厄洛斯是先出现的。在初期，如弗洛伊德所说，甚至只有这个：活泼而贪婪的肉体。可是，在人类世界里，这个小小的哺乳动物却发现，有某种东西是在他之前就有了的，在迎接他，保护他；为了满足他的欲望，为了让他快乐，有个乳房在那里；而且还不仅是一个乳房，不仅是快乐。那是什么呢？是爱，是贪欲的爱（哪个母亲不是为了自己的利益而想要孩子的?），但也是给予的爱（哪个母亲不是把孩子的利益置于自己的利益之上的?），所以既有厄洛斯，也有菲利亚，两者错综复杂地纠缠混合在一起了，但是又不相同：因为后者产生于前者，因为亲情是从色情里产生的，因为爱是从欲望里产生的，爱只是欲望令人愉悦和满足的升华。圣托马斯在亚里士多德之后也指出，这种爱不是激情，而是一种美德：想让他人好，这是好的最高境界。

请看母亲和她的新生儿。小家伙多贪婪！母亲又是多慷慨！小家伙身上只有欲望，只有冲动，只有动物性。在母亲身上，这些东西就是有也不易被人发现，因为这些东西已经被爱怜、温柔和关爱改变得大不一样了……我觉得，这是从动物身上开始的，无论如何也是从哺乳动物身上开始的，但人类朝着这个方向走去，走得比任何已知的别的物种都远得多。这样，人类就通过创造或曰再创造爱，把自己创造出来了。孩子攫取，母亲给予。对孩子来说是快乐，对母亲来说是喜悦。我说过，色欲是先出现的，事实上也是如此，因为所有的母亲原来都是孩子。但是，爱却是先于我们的，几乎总是这样（因为任何孩子都是母亲生的），它教我们去爱。

人类就这样被创造出来了，思想就这样被创造出来了，而这是唯一的上帝，爱的上帝。作为一个优秀的无神论者——因为他曾经是个无神论者——，阿兰知道如何准确地将这一点表达出来：

> “孩子眼里没有疑问。必须热爱思想，而又不对思想抱有任何希望。肯定有一种属于思想本身的爱德，这就是思考。不过，还是看看圣母像吧！看看母亲吧！”

> “再看看孩子吧！这种弱小就是上帝。这种什么都需要的弱小就是上帝。这个没有我们的关心就不能继续存在的小生命就是上帝。思想就是这样，在它眼里，真理依然是个偶像。那是因为真理已被权力玷污；凯撒把真理收编了，给了它一大笔钱。孩子不支付什么，他要，要完了还要。思想不支付什么，任何思想都不能侍奉两个主人，这是思想的严格戒律。但是，怎么样才能充分说明，有一种经验永远不可能否认的真中之真呢？一个母亲，握有能证明其身份的证据越少，就越是一心一意地去爱，去帮助，去服务。她怀里抱着的人的这个真实，可能只是这个世界里存在着的微不足道的东西。但她是对的，当所有孩子都说她错了的时候，她还是对的。”（阿兰语）

是这样。但这一点孩子不知道，他只能在学习爱的时候才能学到。

阿加贝

一切都在这里了吗？如果是这样就好了，如果能够是这样就好了——如果欲望和喜悦能够满足爱情，如果爱情能够使自己满足，那该有多好！但情况并非如此：因为我们几乎只会爱自己或亲人，因为我们的欲望几乎总是自私的，还因为我们不仅要面对我们所爱的亲人，而且还要面对我们不怎么爱的他人。

友谊不是义务，因为爱不受意志支配；但这是一种美德，因为爱是一种优点。对那种任何人都不爱的人，我们又怎么想呢？反过来，亚里士多德指出，“我们赞扬那些爱朋友的人”，这就肯定了友谊不仅是“一种需要的、而且也是高尚的东西”。伊壁鸠鲁说过同样的话：“一切友谊都靠自身成了一种优点”，换句话说，是一种美德。如果我们善于把这种美德体验到底，面对朋友，这种美德会带动、或将会带动起所有的美德。对朋友（对自己的孩子，等等）不慷慨的人，是因为他既缺乏爱，也缺乏慷慨。同样，需要保护他们的时候表现怯懦的人，在评论他们的时候或者又会显得毫不宽容。这是缺乏爱，也缺乏或更缺乏勇气和仁慈。因为，勇气和仁慈或宽容适用于任何人，不管有没有爱，但作为美德，在没有爱的时候尤其不可或缺。我称之为道德箴言的那句话就是因此而说的：请像心中有爱一样行事吧！有爱心的时候则相反，其他美德会自然地接踵而至，源源不断，有时会达到不再成其为特有的或道德上特有的美德的程度。母亲罄其所有把一切都给了孩子不是慷慨，或者说她无需慷慨就能这样做：她爱孩子甚于爱自己。为孩子而死的母亲不是勇敢，或者说她只是外加了一点勇敢：她爱孩子甚于生命。母亲原谅孩子的一切，孩子什么样她都接受，不管孩子做过什么，也不管孩子在做什么，这不是仁慈：她爱孩子胜于爱正义和善行。我们也可以举些别的例子，特别是圣徒传或耶稣-基督传里的例子。可是，那些例子在历史上几乎都有争议，要不就是很难理解。基督果真有过吗？他经历过什么？圣徒们圣到何种程度？对于他们的意图、动机和情感，我们能知道些什么？这里面传说太多了，距离也太远了。父母的爱，特别是母爱，比较贴近我们，比较明显，也更有模范作用。如果这样的爱里有传说，像各处的传说里都有爱一样，至少我们能够将传说和可以观察到的现实进行比较。那么，我们看到了什么呢？我们看到的是，面对孩子时，母亲有着我们平常所缺少的（也是母亲们平常所缺少的）大部分美德，或者说，母亲身上的爱几乎总是代替和摆脱了这些美德——因为这些美德几乎都是只在缺少爱的时候才在*道德上*成为必须的。还有什么比这种爱更忠诚、更明智、更勇敢、更仁慈、更温柔、更诚挚、更单纯、更纯洁、更具有同情心、更公正（对，胜过公正本身！）的吗？情况不总是这样的吗？我当然知道：也有母亲的疯狂、母亲的歇斯底里、母亲的独占欲，她们也心绪矛盾、傲慢、粗暴、嫉妒、焦虑、悲伤、自我陶醉……确实如此。但是，这些东西里几乎总是混合着爱，爱不能把其他的东西排除掉，其他东西也不能把爱排除。这只是因人而异：我见过一些值得赞美的母亲，也见过一些让人无法忍受的母亲，还见过一些有时值得赞美有时有让人无法忍受、甚至既值得赞美又让人无法忍受的母亲……然而，在人类的全部历史上，没有任何其他领域像这个领域一样，现状和应该呈现的情况居然常常近似，有时竟达到甚至超过人们敢于合情合理地期盼、请求和要求的一切的程度，这一点谁看不到呢？无条件的爱只在这里才会产生，而它有时确实存在：这就是母爱，这就是父爱，是对他们生出而非创造的尘世上帝的爱，是对女人怀的那个男人的儿子（那个男人的女儿）的爱……

这是一种美德？当然是：因为这是一种秉性，一种能力，一个优点！“人类的能力”，谈到美德的时候我这样说过，没有任何东西比这种爱的秉性、这种爱的能力和这种爱的优点更具有决定意义的了。因此，我们身上的兽性能够接受自身以外的别的东西，接受可以称之为神灵或上帝的东西，但这个神灵或上帝的真实名字是爱，是这种爱把人类变成了有别于生物物种的东西，这种改变不是一劳永逸的，而是在每一代、每一次出生、每一个童年里进行的。

然而，这种爱仍然受它自身的束缚，受我们的束缚。

我们为什么那么爱自己的孩子而不怎么爱别人的孩子呢？

那是因为孩子是我们自己的，因为我们是通过他们来爱自己。

如果不是因为朋友爱我们，如果不是因为我们爱自己，我们为什么要去爱朋友呢？爱自己是第一位的，亚里士多德在圣伯纳德之前就已经指出了，而且总是处在第一的位置不变：友谊像是爱自己这种感情在亲近的人身上的转移、扩展和折射。这就是那种使友谊成为可能的东西，也是把友谊限定在一定范围之内的东西。让我们爱自己朋友（我们对自己的爱）的同一个理由禁止我们去爱敌人，甚至依照定义禁止我们去爱那些与我们毫无瓜葛的人。人只能通过对自身的爱跳出自私和自恋，人跳不出对自身的爱。

可这样一来，从效果上说，爱成了美德中最高的，但从范围上说，爱又是美德中最可怜、最狭窄、最贫乏的。所谓范围，我想说的是友谊所能够有的对象。有多少人是我们快乐的源泉竟至使我们战胜（哪怕是通过被转移或升华的自爱）自身的利己主义呢？几个孩子，几位亲属，几个真正的朋友，一两个情人……我们每个人顶多也就有十几二十个人可以爱：剩下的五十多亿人都在我们的爱所能及的范围之外！对那些人我们是否就以道德、义务和法律为满足呢？这一点我思索过很久，也是我现在有时依然相信的，当然，我看得很清楚，正是这一点使道德成为必需。可是，这样就够了吗？在友谊和义务之间，就什么都没有了吗？在快乐和恐惧之间呢？在权力和服从之间呢？像斯宾诺莎所说的，这样一来基督精神还有什么用？换言之，这种既独特又普遍、既苛刻又自由、既率直又可敬的爱还有什么用？这种爱不可能是色情的，因为它爱的不是它缺失的东西（他人只被定义为在那里，他人在不断地妨碍我们，是多余的，怎么能使我们感到缺失呢?），也不仅仅是友谊的，因为这非但不仅仅是对朋友的爱，像我们之中每个人所做的那样，它还有个独特的不同之处，有个特有的不讲分寸的地方：即它也是而且可能还特别是*对敌人的爱*。

“你们听见有人说：‘要爱你的邻舍，要恨你的敌人。’可我还要对你们说：要爱你们的敌人，为恨你们的人做好事，替虐待你们的人祈祷……”（《马太福音》）不管有没有过基督，也不管他确实经历了什么，说了什么，那是我们永远都不可能知道的，只领会流传下来的福音书的人，远远超越了厄洛斯的能力，这是无需说的，但是否也远远超出了菲利亚的能力呢？爱缺失的东西，谁都能做到。爱朋友（那些我们不缺失的人，那些为我们做好事或者爱我们的人），尽管比较困难，也还是可以企及的。可是爱敌人呢？爱那些不相干的人呢？爱那些我们既不缺失也不让我们觉得快乐的人呢？爱那些让我们厌烦、令我们伤心或伤害过我们的人呢？我们做得到吗？甚至，我们能同意吗？圣保罗说，对犹太人来说那是耻辱；对希腊人来说那是发疯。确实如此：这既超出了法律，也超出了常理。然而，就算这样的的爱只存在于理想或想象之中，这种超出了爱的爱（超出了厄洛斯和菲利亚的爱），这种高尚的、也许是不可能有的爱，至少也还应该有个名字。在法文里，这个名字通常是*仁慈*。不过，这个字被严重地玷污、糟蹋和败坏了（是两千年来神职人员、贵族和有产者的恩赐态度造成的），所以最好还是溯本求源，在厄洛斯和菲利亚之后，继续说希腊语：这种既缺失亦非能力的爱，既非激情亦非友谊的爱，这种连敌人都爱的爱，这种普遍而无私的爱，就是《圣经》的希腊文agapan（重新采用一个在世俗文学里几乎见不到的字，至少是以名词形式出现时在世俗文学里见不到的字，无疑是因为这个字是个备用词汇，但它是从动词agapan派生出来的，agapan的意思是：友好地接待，爱，亲爱，这是在古典希腊文里已被证实了的，例如在荷马和柏拉图的作品里就能找到），因此也就是《圣经》希腊文从七十士译的《圣经 旧约》到使徒书简一直称的agapè（阿加贝）（就像《约翰福音》里的“上帝是爱”，o Théos agapè estin），即拉丁文《圣经》常常用caritas（爱，情感，使变得亲爱）来翻译的阿加贝，这个字后来尽管有了不少变化，却实际上衍生为法文的*仁慈*。这是我宣布过的第三种定义，或者说这是第三种爱，或曰爱的第三种名称，它还不能取代定义，但呼唤定义。如果说上帝是爱，这种爱就不可能是缺失，因为上帝什么都不缺。也不是友谊，因为上帝不会因为一个人而感到高兴，人可能是它快乐的原因，可能使上帝存在的理由显得更充足，但上帝产生人，创造人，虽然上帝的快乐、能力和完美不因此而增加，反而会因此可能被肢解，弄得遍体鳞伤，被钉上十字架。必须从这里出发，从创造出发，从十字架出发。是为了寻找上帝吗？绝对不是，是为了寻找爱。如果上帝存在，阿加贝就是神圣的爱；如果上帝不存在，那阿加贝可能就更是神圣的爱。

为什么会有这个世界？上帝的存在，非但没有像人们有时以为的那样回答了这个问题，而是把这个问题变得更难回答了。事实上，上帝被设想为绝对的完美无缺，笛卡尔或莱布尼茨[①]指出，这个假设成了上帝的——或者更确切地说，成了我们的——定义：上帝是存在的极限，是可能有的价值的极限。因此，上帝不可能缺少任何东西。设想一下，上帝为了自己的利益创造了世界和人，因为它缺少某种东西，比如缺少作品、荣誉或民众，简而言之，设想一下以创造为借口把淫荡说成对的，这显然是对西方关于上帝的概念即上帝是绝对完美的概念没有丝毫的了解。如果上帝是完美的，世上的一切缺的可能就是上帝，世上的一切都倾向于上帝（就像在亚里士多德的作品里，上帝作为目的即作为爱的对象 eromenon 推动一切，而不为任何东西推动或感动），但它自身什么都不缺，也不倾向于任何东西，因此亚里士多德解释说，它一动不动：上帝自己在想——上帝的思想是思想的思想——这种现实态的冥想是永恒的，足以使它高兴，所以不需要什么创造或爱。这当然也适用于柏拉图的自在的“善”，自在的善是一切欲望、缺失和厄洛斯的最后对象，但又体验不到其中的任何一个。如果爱是善的欲望，像普罗提诺后来所说的，又如果欲望是缺失，那么，既然善为了成为爱就得自我缺失，善又怎么能成为爱呢?

但是，这个世界不能总是用神圣的*菲利亚*来解释自己。这不仅因为把自己当成上帝的朋友显得有点可笑，像亚里士多德看到的那

---

① 莱布尼茨（Leibniz，1646-1716），德国哲学家。

样，还因为友谊仍然受制于存在、自爱和*能力*的法则。这一点，我们在亚里士多德的作品里能够读到，而斯宾诺莎的著作里阐释得更清楚。爱是什么？是由快乐的原因形成的想法伴随着的快乐。快乐是什么？是向更高一级的完美或真实（对斯宾诺莎来说，完美和真实是同义词）的过渡。感到快乐，是更切实的存在，是感到能力增加，是在存在中胜利的坚持。悲伤则相反，是生存的萎缩，是眼看着能力丧失，是在某种程度上接近死亡和虚无。人因此才都希望快乐（因为任何生物都努力在生存中坚持，力求尽可能地存在下去），因此才都希望爱（因为爱是一种快乐，所以是*更多*的生存或完美）。简言之，爱只是努力（conatus）的若干情况中的一种偶然情况，或者像斯宾诺莎也说过的，是*能力*的一种偶然情况，只要这种能力是有盛衰的，是可变的。斯宾诺莎毅然决然地从中得出了结论。他解释说，上帝“体验不到任何快乐或悲伤的感情，因此也就对谁都无爱无恨”——不是像人们怀疑的那样由于缺失能力，而是相反，因为它的能力绝对用之不竭，所以总是稳定的：因此在任何情况下这能力都既不可能被任何东西增加（快乐，爱），也不会被任何东西减少（悲伤，恨）。斯宾诺莎的上帝太充实了，能力太强大了，自我太满了，不可能去爱了，甚至不能允许其自身以外的其他事物存在。反正它不是造物主，因为它就是一切，而且永远是一切。

涉及不同的一神教的人格神时，造物的事思索起来就不那么简单了，至少在人们停留在快乐无边、完美和能力的逻辑里时是这样。既然上帝本身就是可能有的一切存在和一切善，它为什么还要去创造什么东西呢？怎么能把存在添加到上帝这个无限的存在身上呢？怎么能把善添加到绝对的善上面去呢？在这种能力的逻辑里，创造只在能改善、至少是稍加改善初始状况的条件下才有意义。而这正是连万能的上帝都做不到的：因为初始状况既然是上帝自身，它就已经是绝对的无限和完美了！有些人设想，由于在造物之前上帝对自己感到不满意，于是就像个严格要求自己的学生似的，在它自己的复制品或崇拜物的空白处写上：“可以做得更好”……根本不是这么回事：上帝不可能做得比他本身的样子更好，甚至不可能做得和它本身的样子一样好（因为那样就必须创造自身，也就是什么都没有创造：三位一体的意思大概就是这样）。如果上帝想创造它自身以外的东西，就是说要创造，它也只能造比它差的东西。确切地说，是坏东西：既然上帝已经是一切可能的善，不能再增加善了，结果就只能创造恶！我们这个世界就是这么来的。那么就要问了：到底因为什么鬼事情创造了这样一个世界呢？

这是个老问题了。但可能没有一个人比西蒙娜·魏尔理解得更深、解决得更好。她问：这个世界若非上帝的缺位、退隐、距离（我们称之为空间）、等待（我们称之为时间）和它留下的印记（我们称之为美），它又是什么呢？上帝只有在以从这个世界里退隐（否则世界上就会只有上帝）的方式，或以一种特殊形式留在这个世界上（否则就什么都不会有，甚至不会有世界）的情况下，才能创造世界。这种特殊形式就是缺位、秘密、退隐，就像一个已经消失了的在海边散步的人留在退潮后沙滩上的足迹，那是唯一的明证，既证实了他的存在，也证实了他的消失，不过是用空空的足迹证明的……这里有一种像空洞的泛神论一样的东西，拒绝任何真正的、实在的泛神论，拒绝现世或现实的任何偶像崇拜。“这个完全没有上帝的世界就是上帝自身”，因此“上帝缺席”，永远缺席，其实就像人人会念的祈祷词指出的那样：“我们在天上的主啊……”西蒙娜·魏尔对待这句祈祷词很认真，并从中得出如下结论：“天主在天上。不在别处。如果我们相信尘世也个有天主，那也不是天上那个，是个冒牌上帝。”就像阿兰说的，沙漠里修行只能碰上或祈求“无处不在的吓人的不在”。他的学生对此以这样的惊人妙语作答：“必须呆在沙漠里。因为必须爱的那个人不在。”可是，为什么会有这种不在？为什么会有这样的创造即消失？既然所有可能的善都已经存在（在上帝身上），而恶只有通过善的散落、通过上帝的不在——通过这个世界才能存在，为什么还会有这种“被撕成了片并穿过恶散落的善”呢？西蒙娜·魏尔还写道：“人只能在把不幸看成一种距离时才能接受不幸的存在。”不错。可是，为什么会有这种距离？因为只要这种距离不是上帝（很明显，上帝只能在不是上帝的条件下才是世界），这个距离就是世界本身，那为什么还要有这个世界？为什么还要有创造？

西蒙娜·魏尔答道：上帝造物是出于爱，为了爱。上帝除了爱的本身和爱的方法，没创造别的东西。可是，这种爱不是更多的存在，更多的快乐或能力。恰恰相反：这是一种减少，弱化，放弃。最明白无误、最具有决定性的文字可能是这一段：

> “创造是上帝的一种不是自身扩展，而是收缩、放弃的行动。上帝和所有的造物加在一起，比单独的上帝还小。上帝接受了这种减少。它从自己身上去掉了一部分存在。在这一行动中它的神性被抽掉了。所以圣约翰才会说，世界一出现，天主的羔羊就被宰割了。上帝允许它以外的、价值比它无限小的其他东西存在。上帝通过造物的行动否认了自己，就像基督要求我们否认自己一样。上帝为了我们的利益否认自己是为了让我们有可能为了上帝而自我否认。是否作出这样的回答和响应，完全取决于我们，但这样的回答能证明造物行动的疯狂的爱正确，而且是唯一可能有的证明。
>
> 凡理解这种放弃上帝、故意和上帝拉开距离、故意将上帝抹去和上帝在尘世表面上消失而秘密显现的宗教，都是真正的宗教，它们都把伟大的启示翻译成了不同的语言。凡在神性掌握了主导权的一切地方都像指挥官似地以神性代表自居的宗教，都是伪宗教。即使这些宗教是一神论的，也是偶像崇拜的。”

这是些我们在那里又发现了激情的地方，不过意思完全不同了：这不再是厄洛斯或恋人的激情，而是基督的和殉教者的激情。这是些我们在那里又发现了疯狂的爱的地方，不过意思完全不同了：这不再是情人的疯狂，而是十字架的疯狂。

西蒙娜·魏尔解释说，这种爱和暴力相反，换句话说，和作为统治能力行使的力量相反。还引用了修昔底德的话："出于天性的必然，一切存在物都总是要行使自己拥有的全部权力。"这是自然倾向的法则，这是能力的法则，而且不仅仅表现在战争中或政治上，这是这个世界的法则，这是生活的法则。有个朋友曾向我指出，说"孩子就像水：他们总要占据一切可以占据的空间。"但是上帝不：否则就可能只有上帝而没有世界了。但是父母不：父母有时候但不总是这样（他们也得保护自己的生存空间！），但更多的时候，比人们认为的要多得多，他们是退隐，后退，不把所有可占据的空间都占了，他们做得恰到好处，不行使他们所拥有的全部权力。为什么这样？是出于爱：为了给孩子留出更多的空间、更多的权力、更多的自由，因为孩子更弱小、更无助、更脆弱，为的是不妨碍孩子的存在，为的是不以自己的存在、能力和爱把孩子压垮……其实，这样做的也不仅是父母。谁不对新生儿着意呵护啊？在新生儿面前，谁不是轻手轻脚的啊？谁会不压制自己的粗暴啊？谁会不限制自己的权力啊？弱者至上，这是仁慈的本意。西蒙娜·魏尔写道："尽管极为罕见，有时一个人会纯粹出于慷慨而克制自己，不在他掌控权力的地方颐指气使。对人是可能的事，对上帝也是可能的。"出于纯粹的慷慨？不如说出于纯粹的爱，慷慨来自爱。可是，是哪种爱呢？厄洛斯？不是：因为上帝什么都不缺，父母也不缺孩子，成年人也不缺他们要照顾的弱小。菲利亚？也不是，至少在其最初的形式下不是：因为上帝的快乐是不能增加的，父母的快乐也是不能把爱耗尽的，成年人的快乐也不能单独解释——面对一个陌生的孩子时——他身上的这种温和，这种带来像宁静、也许不仅仅是宁静的温和。然而善意就在那里，快乐就在那里——不过是空洞的，不过证实其存在的主要是没有发挥作用的力量，是退隐，是温和，是娇弱，是这种似乎自己把自己掏空了的能力，是自我限制，是宁愿否认自己而不愿肯定自己，是宁愿退隐而不愿扩张，是宁愿给予而不愿保有或攫取，甚至是宁愿失去而不愿占有。可以说这是和水相反的，是和孩子相反的，是和*自然倾向*相反的，是和遮盖着或显现出来的生命相反的：和沉重相反，这就是西蒙娜·魏尔所谓的恩惠，是力量的对立面，而这也就是她所谓的爱。

夫妻之爱有时与此类似。其中有厄洛斯，它充满欲望，想攫取，想占有。其中有菲利亚，它快乐，分享，就像力量的叠加，就像一种因对方的能力、快乐和存在而倍增的能力。谁不希望被人渴求或爱？可是，由于看到对方的存在越来越经常，由于看到对方是那样强壮、高兴和满足，由于看到对方在夫妻生活中是那样成功，在爱情上是那样成功，由于看到对方是那样牢牢地占据着所有可以自由使用的空间和所有可以自由支配的生活，由于看到对方的力量、存在和快乐是那么不容置疑，由于看到对方生活得是那么得意扬扬，有时在面对对方的时候就会觉得像面对无尽的疲惫，像面对无聊，像面对软弱，有时就会突然觉得自己遭到了侵犯、被压垮、被弄得筋疲力尽了，有时就会感到自己的存在越来越没有意义，就会觉得压抑，就会想逃走或大哭一场……您退一步？对方会立即前进一步，就像水，就像孩子，就像军队：对方把这个叫做“他的爱”，把这个叫做“您的夫妇”。于是，突然之间您就觉得还是独自一个人的好。

还得最后再引用一次帕韦斯的私人日记里那句振聋发聩的名言：“到了你可以暴露自己的软弱而对方不会用以证明其力量的那一天，你就是被爱的了。”这种爱是最稀有的，最珍贵的，最神奇的。您退一步？好，他退两步。仅仅是为了给您留出更多的地方，为了不会碰撞到您，为了不会侵犯您，为了不挤压您，为了给您留下更大的空间、自由、空气，特别是在他觉得您比他软弱的时候，为的是不把他的能力甚至快乐和爱强加给您，为的是不占有全部可以自由使用的空间、全部可以自由支配的存在和全部可以自由支配的权力……这和萨特称之为“满脑子坏主意的家伙”——他觉得用这个词来给混蛋下定义比较妥当——是相反的。如果我们接受萨特这个比原来的定义毫不逊色的定义，就必须说，就我们所能做到的而言，仁慈可能就成了为人*下流*的对立面。这就像把整个的自我放弃了，把能力和权利放弃了。在西蒙娜·魏尔所说的“褪去了神性”的上帝身上就是这样，而这正是使世界能够存在的东西，使信仰变得可以承受的东西。“真正的上帝是被设想为不在其权力所及之处颐指气使的上帝。”这是真正的爱，或者更确切地说（因为其余的爱也是真正的）是爱中有时会有的神圣的东西。“爱赞成一切，而且只左右赞成爱的人。爱是放弃权力。上帝是放弃权力。”爱是软弱的：“上帝是软弱的”，因为上帝是爱，尽管它无所不能。这是西蒙娜·魏尔可以在其恩师阿兰的著作里找到的一个命题：“应该说上帝是软弱和渺小的，而且由于差劲的警察的意志，一直在两个强盗之间奄奄一息。终日受着虐待、挨耳光、遭侮辱；一直是个失败者；总是在第三天复活。”阿兰称之为冉森派的教义就是这么来的。他解释说，冉森派的教义“如笛卡尔所说，躲在一个被纯粹的爱、纯粹的慷慨掩盖着的上帝身上；躲在一个除了精神之外都没得可给予的上帝身上；躲在一个绝对软弱、绝对被摈弃的上帝身上，而这个上帝毫无用处，相反还必须为它服务，它君临一切的时代尚未来临……”这就是西蒙娜·魏尔后来说的起净化作用的无神论，也确实是净化了信仰的无神论。爱是力量的对立面，就像基督精神，就像耶稣受难处的髑髅地精神。阿兰强调说：“谁要是还对我说神是万能的，我就告诉他，你说的是异教神，是已经过时的神。新神是软弱的、被钉在十字架上的、遭受凌辱的……不要说什么精神终将获胜，不要说精神将会获得权力和胜利，会有看守和监狱，终将会有金冠。不会……它将有的是荆冠。”这种上帝的软弱，或者说这种软弱的神性，可能是斯宾诺莎永远不会有的想法，根据种种可能来看，也可能是亚里士多德永远不会有的想法，但这种想法却诉诸我们的脆弱、我们的疲惫、甚至我们身上的力量，我觉得那力量是那么轻，那么少，是一点点真正无私的爱，这种爱我们有时能有，或者以为能有，或者至少我们能够感觉到对这种爱的向往或要求。不再是缺失、激情或贪欲（厄洛斯），不再是喜悦和扩张的能力，不再是对彼此增加的存在的共同肯定，不再是由对方的爱（菲利亚）倍增的自爱，而是退隐，而是温和，而是减少存在、减少自我肯定、减少扩张的体贴，而是自动限制自己的权力、力量和存在，而是忘我，牺牲自己的快乐，自己的舒适或利益，这是一种什么都不缺但又不因此而充满自我或自己的力量的爱（什么都不缺的爱，因为它把一切都放弃了），是一种不增加能力且限制能力或否认能力的爱（正如西蒙娜·魏尔所说的，爱是放弃，是利己主义和暴力的对立面），是一种不增加自爱反而将自爱抵消或化解的爱，是一种不鼓励自我反而摆脱自我的爱，是无私的爱，无偿的爱，如费奈隆所说，是纯粹的爱，给予的爱（菲利亚已经是这样的爱了），不过是纯损失的给予的爱，不是给朋友的（给朋友不算损失：那是另一种占有，是另一种享有），而是给外人的，给陌生人的，给敌人的……

安德斯·尼格伦[①]把基督教的*阿加贝*的突出特点揭示得明明白白：这是一种自发而无偿的爱，没有因由，没有利害，甚至用不着证明。这当然就把它和厄洛斯区别开了，厄洛斯总是贪婪的，总是自私的，总是由它所缺少的东西引起的，总是到对方身上去找自己的价值，到对方身上去找自己的理由，到对方身上去找自己的希望。但这也使它和菲利亚有了区别，菲利亚从来不是完全无私的（因为我朋友的利益就是我的利益），从来不是完全无偿的（因为我在使他们快乐的同时使自己快乐，因为他们会因此而更加爱我，因为我会因此而更加爱自己），从来不是完全自发或自由的（因为总是由两个自我幸运相遇决定的，由两个利己主义的和谐组合决定的："因为是他，因为是我……"）。根据基督教教义，上帝对我们的爱则相反，是完全无私的，是完全无偿和自由的：上帝不会从中获得任何东西，因为他什么都不缺，也不会因此而更显存在，因为他是无限而完美的，而相反，基督为我们做出了牺牲，为我们而约束自己，为我们而被钉上了十字架，而他做这一切，除了没有理由的爱没有别的理由，除了爱没有别的理由，除了他本身放弃成为一切没有别的理由。事实上，上帝并不是因为我们是现在的样子才爱我们的，我们现在这种样子能证明它爱我们是对的，因为我们可爱、善良、公正（上帝也爱有罪的人，甚至正是为他们献出了自己的儿子），而是因为上帝就是爱，只是

① 安德斯·尼格伦（Anders Nygren，1890—1978），瑞典神学家。

爱，而且这种爱在任何情况下都是无需证明的。尼格伦写道："上帝的爱是绝对自发的。它没在人身上找原因。说上帝爱人，是对上帝的评价，而不是对人的评价。"不是因为人可爱，是因为上帝就是爱。这种爱绝对是第一位的，绝对是主动的（而不是反应性的），绝对是自由的：爱不是由所爱对象的价值来确定的，不是由爱所感到的缺失（厄洛斯）或使爱感到的愉悦（菲利亚）的价值来确定的，相反，价值是由爱在爱的过程中确定的。爱是一切价值、一切缺失、一切快乐的源泉。尼格伦笔下的阿加贝是"独立于所爱对象的价值"的，因为价值是阿加贝创造的：

> 阿加贝是一种*创造的* 爱。神的爱不投向自身已经值得爱的物事；相反，它以自身毫无价值的物事为对象，赋予对象以价值。阿加贝和建立在对所爱对象价值确认基础之上的爱（像*厄洛斯* 所做的，像*菲利亚* 几乎也总在做的），毫无共同之处。阿加贝不确认价值，它创造价值。阿加贝爱，并通过爱赋予价值。被上帝爱的人自身没有任何价值；赋予人以价值的，是上帝爱他这一事实。*阿加贝* 是创造价值的元素。

有人会问，如果上帝不存在，与我们、我们的生活和爱有什么关系？至少是一种差别的关系，因而是一种说明的关系。当德尼·德·鲁热蒙想用可能成为*阿加贝* 形象的基督徒婚姻反对可能成为*厄洛斯* 囚徒的情人的激情时（但他依据的是尼格伦的说法），他只是忘记了，人不是和随便什么人就结婚的，对丈夫或妻子的爱既不是无偿的也不是无私的，例如（而这不再只是个例子，是试金石），谁也不曾劝人和敌人结婚……*厄洛斯* 和*阿加贝* 的二元性对立过于简单，过于概括，不可能真正起作用或解释清楚我们实际的爱情：因为人类的爱情（特别是夫妻之间的爱情，不管是不是基督徒夫妻）至少既得益于*厄洛斯*，也得益于*菲利亚*，而且无疑是得益于*菲利亚* 多于*厄洛斯* 的。我的爱情三分法就是这么提出来的，它仍然很粗略，现在只能如此，不过我觉得这种三分法更能解释我们的真实情感，更能解释我们的情感的演变过程，以及从一种类型的爱向另一种类型的爱的持续过渡。因为，尼格伦把*厄洛斯*与*菲利亚*两者之间的联系生生切断，使前者再也不能向后者过渡，使人再也不能在两者之间寻找任何接合或转换的东西，他这样做无疑也是错了。圣奥古斯丁、圣贝尔纳或圣托马斯更有分寸，更现实，更人道，清楚地指出了人是怎样从爱己过渡到爱人的，然后又是怎样从有利害关系地爱他人过渡到无私地爱他人的，是怎样从色欲到亲爱再到仁慈的，简言之，是怎样从*厄洛斯*到*菲利亚*的，然后又是怎样从*菲利亚*到*阿加贝*的——往往至少有那么一点点，至少是作为一种前景。仁慈不是绝对和缺失无关（可以说仁慈是我们身上缺失的善，而且是作为吸引我们的那个善本身），也不是和友谊无关（仁慈就像普遍无私的友谊，它摆脱了我们对某某人的那种总是自私的偏爱，或无论如何都总还有点自我中心的偏爱）。不言而喻，仁慈离*菲利亚*比离*厄洛斯*更近。圣弗朗索瓦·德·萨勒[①]好像说过，我们身上的缺失上帝的爱，因为只是一种带有利害关系的爱，还不能算是仁慈（圣保罗说过，因为仁慈"不寻求自己的利益"）：只能是觊觎，只能是希望！仁慈真的只能从我们对上帝的友爱开始：它就是这种友谊本身，因为它照亮了我们的生活，影响到了我们周围的人。决定性的转变被圣托马斯正确地指出来了。仁慈是亲切的爱（友谊），超出了本意上说的友谊，越过了友谊、情感或病理限定（按照康德的意思）和仅仅是反应性或优先自发性的界限。通过什么样的过程呢？通过一种像我们今天所说的爱的转移，或曰爱的传递性或爱的普及："我们对一个人的友谊覆盖面可以非常之广，我们能因为这个朋友爱屋及乌地爱上所有和他有联系的人，哪怕那些人冒犯我们，或者怨恨我们。我们的仁慈的友谊正是以这种方式延伸到我们的敌人身上的：我们用仁慈的心去爱他们，参照的是上帝，我们的仁慈友谊主要是对上帝的。"可是，如果上帝并不存在，这种仁慈的友谊还能剩

---

① 圣弗朗索瓦·德·萨勒（saint Francois de Sales，1567－1622），日内瓦主教。

下什么呢？

剩下的可能是所有的人都受其约束的某种人道思想：这就是古希腊人所说的*仁*，他们把它定义为“一种爱人的天然倾向，一种对人积德行善的处世方式。”这样一来，仁慈就只不过是一种博大的友谊，可能像我们在伊壁鸠鲁的著作里看到的一样，在强烈程度上当然差些，但涉及的范围扩大了，对象多了，好像以共同的人性、共同的生活和共同的脆弱的名义，对全体开放，似乎正在“围着有人住的地球绕行”，好像是撒在所有人——认识的和不认识的，近的和远的——身上的快乐或温和的光辉。怎么可能不爱和我们相像、像我们一样生活、像我们一样受苦、像我们一样也会死去的人呢？至少也要爱那么一点点吧！面对生活，所有的人都是兄弟，哪怕是对头，哪怕是敌人；面对死亡，所有的人都是兄弟：仁慈就像世人的兄弟之情，而这一点肯定不是可有可无的。

可能也剩下某种爱的思想，只要爱没有服从于其所爱之物的价值，因为爱孕育了那价值，因为爱是那价值的源泉。尼格伦说过：“自发的爱，没有缘由的爱，创造的爱……”这是最高的爱。斯宾诺莎做过解释，说我们不是因为一个东西好才想要，而是因为我们想要才认为那个东西好。这就像尼采后来说的，欲望的力量把一切被判断为有价值的东西都变成了财富和珍宝。这话也适用于爱，而且特别适用于爱。不是因为一种物事可爱我们才爱，而是因为我们爱，那种物事才可爱。父母爱孩子就是这样，孩子尚未出生就爱，在被孩子爱之前就爱，不管孩子什么样，也不管孩子变成什么样。这超越了*厄洛斯*，超越了*菲利亚*，至少我们平时经历和想象的爱是这样（就像服从于或取决于所爱对象的预期价值）。爱是第一位的，不是对存在而言（因为那样爱就成了上帝了），而是对价值而言的：有价值的东西，就是我们爱的东西。爱可能就是以这样的名义成为最高价值的：我说过，生活的始与终，就是我们估价的起点和终点。不过，如果我们喜欢爱，爱就有价值，而且我们越是爱，爱就越有价值。不是因为人可爱才必须爱他们，我们爱他们爱到什么程度，他们（对我们来说）就可爱到什么程度。仁慈不是这样的爱，它不等着值得爱才去爱，这种爱确实是第一位的、无偿的、自发的，是爱的本质和愿景。

无论如何，只要爱和利己主义、爱自己及自然倾向对立，这种无私的爱就会显得神秘，人甚至可能怀疑它的存在。爱人如己，这么容易就能做到？可能没这么简单。但这指出了方向，指出了爱的方向。可是，如果这个方向在友谊中是生活、快乐、能力的方向，那么在这里，在仁慈中，这方向好像就反过来了，就好像生者应该放弃自我以便让别人生存似的。在神秘主义者那里，这是个很著名的命题：从死亡到自我，在西蒙娜·魏尔那里，这个命题是*非*创造：就像上帝在创造中放弃成为一切一样，“我们也应该放弃成为有点小名堂的东西”。这又跟斯宾诺莎的*自然倾向*截然相反了：

> “上帝去掉了自己的神性。我们应该把与生俱来的假神性去掉。”
>
> “一旦人明白了自己什么也不是，所有努力的目的也就变得毫无意义了。人是为这个目的自愿受苦的，人是为这个目的才行动的，人是为这个目的才祈祷的。”
>
> “主啊，让我变得微不足道吧！”

能从中看到死亡冲动的胜利，我们会毫不费力地把这一点和西蒙娜·魏尔人格中存在的可能是病态的（这一次取的是“病态的”这个词的通常意义）东西联系到一起。这样说也行。不过，这种看法一旦被接受，需要了解的就是人自身将如何处置这种死的冲动，或者像有人想说的那样，将如何处置这种诱惑力。因为，弗洛伊德指出或暗示、但被人过快地忘记了的是，死的冲动必然胜利，因为生本身顺从了这种冲动，因为人无论如何也不能完完全全地摆脱这种行动。什么样的欲望不也是死的欲望呢？什么样的生命不是暴力？很多人都只会把这种对欲望、暴力和生的诱惑力的否定叫做爱。但西蒙娜·魏尔很少进行这种否定。我们在她的著作里看到的，不如说是死亡、暴力和诱惑力的内倾，或者不用西蒙娜·魏尔的的原话，换一种说法：是死亡冲动对于自我的后倾，这就解除了生的冲动，把生的冲动变成别人可以自由处置的东西。欲望还在（因为“我们就是欲望”），快乐还在（因为“快乐和真实感是一致的”），爱还在（因为“相信其他人就像他们那个样子存在就是爱”），但已经摆脱了利己主义、期望和独占欲—— 一如摆脱了我们自己，摆脱了“自我这个牢笼”，因而非常轻松，因而非常快乐，因而充满光明：因为自我不再为现实或快乐制造障碍，因为自我不再把所有可以自由支配的爱或关心都吸收到自己身上。这种轻松，这种快乐，这种光明，是智慧的轻松、快乐和光明，是圣洁的轻松、快乐和光明，是把它们集于一体的东西。不能肯定西蒙娜·魏尔已经达到了这个境界——何况她也从来没说过自己达到了这个境界。但是她有助于我们去思考这些东西。她写下过这样的话：“我身上的罪孽说‘我’。”还在别的地方写下过：“我应该喜欢做个微不足道的人。如果我成了个人物，那该有多可怕呀！要爱我的微不足道，要喜欢做个微不足道的人。”是不满，禁欲的理想，怨恨？可以这么说。这甚至可能存在，而且无疑是存在的。可是，如果这是这种爱的仅有内容，西蒙娜·魏尔能使我们感动到这种程度吗？能使我们受到这么深刻的启发吗？可能还有别的东西，那种东西就像生的冲动和死的冲动转换，或者更确切地说（因为根据各种可能来看，这两种冲动只是一种），就像它们的有着相同心绪矛盾而分别处于两极的对象的对调。西蒙娜·魏尔解释说，把他的生命寄托在上帝身上，就是“把他的生命寄托在人绝对不可能触及的东西里了”。她还作了补充：“这是不可能的。这是一种死亡。这就是我们所必须的东西。”厄洛斯和死神塔纳托斯……在大多数人身上，或者说在所有的人身上和大部分时间里，当塔纳托斯主要集中在别人身上——因为爱自己比爱他人容易，讨厌他人比讨厌自己容易——的时候，厄洛斯是集中在自我身上的（只在别人能使我们感到缺失或使我们感到愉快即能为我们服务的时候才转移到他们身上）。西蒙娜·魏尔称之为*非创造*的东西，按照她的说法，这种在仁慈中也有所表现的东西，也许可以自认为（不是在她的观念里就是在弗洛伊德的观念里）像两种力量或其对象的转换或交叉，因为自我不再垄断生的冲动，不再吸收积极能量，而是相反，把所有死的冲动或消极能量都集中到了自我身上。我觉得这里有了余地，可以不从宗教的角度来读西蒙娜·魏尔的著作，能把这种*非创造*的东西，或者也如西蒙娜·魏尔所说，“正极和负极的倒转”的东西，归入唯物主义理论（例如受弗洛伊德影响的）：

> “我们被倒转了。我们生来就是这样。重新确立秩序，就是在我们身上毁坏造物。”
>
> “要将客体和主体倒转。”
>
> “同样地，要将正和负倒转。这也是奥义学哲学的含意。”
>
> “我们是反方向出生与生活的，因为我们出生并生活在罪恶之中，这罪恶就是等级的颠倒。第一项行动就是倒转。转变。”
>
> “如果种子不死……为了解放种子身上携带的能量以便让它因此而形成别样的组合，种子应该死去。”
>
> “同样地，为了释放*被束缚*的能量，为了拥有能与事物的真实关系契合的自由能量，我们也应该死掉。”

什么是事物的真实关系呢？是事物的绝对平等：因为没有爱，任何东西都毫无价值，因为所有的东西都因为爱才有价值。由此可见，仁慈不是别的，只是正义（西蒙娜·魏尔指出，《福音书》没有在爱他人和正义之间作出任何区分）；由此可见，不如说仁慈只是在爱这一点上和正义有所区别（人可以公正而不爱，却不能普遍地爱而不公正）；由此可见，仁慈好像是一种摆脱了欲望（厄洛斯）和友谊（菲利亚）的不公正的爱，好像是一种普遍的爱，所以既无偏好亦无选择，好像是一种没有偏爱的爱，好像是一种没有界限甚至无需从利己主义或情感角度来说明的爱。因此，仁慈不可能归结为友谊，当仁慈相反地想让自己普施天下、特别要施于（因为，对一般人来说，友谊能够满足）敌人或无关的人时，友谊总是以选择、偏好和特选的关系为前提的。正像费迪南·普拉[1]指出的那样："拉丁文里，尤其是希腊文里，不说'Amate（phileite） inimicos vestros'[2]，那是强人所难；而总是说：'Diligite（agapate）inimicos vestros'[2]"。人怎么可能成为自己敌人的朋友呢？在敌人伤害我们的时候，在敌人杀害我们的时候，对敌人的存在怎么可能感到高兴呢？因此，对敌人必须是另一种爱法。至于*厄洛斯*这个词，在《新约》的任何章节里都是找不到的，连和这个词属于同一词根的词都找不到。另外，人怎么可能觉得缺少敌人呢？人怎么可能会希望从敌人那里得到好处、快乐和幸福呢？这就表明，阿加贝的爱是很特别的，恰恰在这一点上是很特别的，正因为如此，仁慈想才让自己成为普遍的。爱他人，换句话说，爱所有的人，随便什么人都爱，*连*敌人都爱，可能十分荒谬。亚里士多德指出过，是所有人朋友的人，不是朋友。因此，仁慈是另一种东西，正如扬科列维奇所说的，"仁慈是变成了美德的爱"，或者不如说（如果像我所认为的那样，友谊已经可以成为一种美德的话），仁慈是"已经变成了长期、持久、扩展到普遍的人和整体的人身上"的爱，当然也能及于情人和朋友，不过是对着所有的人的，不管是好人还是坏人，也不管是朋友还是敌人，何况它不妨碍偏爱朋友（就友谊而言），或反对敌人（如果能够不带怨恨地反对：如果怨恨不是反对敌人的唯一理由），但它在人际关系中引进了这种普遍性的前景，当然，同情或正义已经提出了这个前景，不过主要是以否定的方式从形式上提出的，而仁慈则尽可能地用肯定和具体的内容加以充实。这是愉快地接受别人，接受所有的人，不管他什么样，也不管他做了什么。

只要仁慈是普遍的，就会也及于自我（当帕斯卡写下必须恨自己的时候，他对自己显然缺乏仁慈：如果不应该爱自身，说爱人如己还

---

① 费迪南·普拉（Ferdinand Prat，1857-1938），法国神学家。
② 拉丁文，意思都是"爱你们的仇敌"，但前一句里用的"爱"是菲利亚，后一句里用的"爱"是阿加贝。

有什么意义呢?），但没有任何优先权。“爱人如己”，西蒙娜·魏尔恰如其分地写道，“连带着相反的意思：爱己如人。”在这里，我们又遇到了帕斯卡：“总之，自我有两种品质。在把自己当成一切的中心这一点上，自我是不公正的；在想役使别人这一点上，自我是惹人讨厌的，因为每个自我都是其他所有人的敌人，都想成为其他所有人的暴君。”仁慈是这种不公和霸道的解毒剂，它用自我的*中心转移*（或像西蒙娜·魏尔所说的*非创造*）与之斗争。自我所以可恨，只因为它不会恰当地去爱人和爱己。因为它只爱自己，或只为自己才爱（出于贪婪或色欲）。因为它自私。因为它不公正。因为它霸道。因为它就像一个精神上的*黑洞*，把所有的快乐，所有的爱，所有的光明，都吸收到自己身上去了。仁慈如果并非与爱自己水火不容（相反，仁慈通过净化对自己的爱把爱自己包括进来了：“爱人如己”），也是明显地反对这种利己主义和不公正的——反对对自我的这种残暴奴役的。这样来给仁慈下定义可能更好：仁慈是摆脱了利己主义、解除了利己主义的爱。

仁慈即使不能体验，也依然是必须思考的：为的是了解我们缺失什么，或者说短少什么。

因为这种爱至少是欲望的对象，而我们身上的这种缺失足可以使这个对象产生价值，或者足可以使它作为价值产生。这样一来，爱就成了导致“发现泉水的干渴”，成了泉水本身：正如一种将能摆脱一切缺失的缺失，正如一种将能摆脱能力的能力。因为我们缺少爱，因为爱令我们愉快：仁慈也是*厄洛斯*和*菲利亚*的目标和前景；仁慈不许厄洛斯或菲利亚永远做自我的囚徒，以自我为满足，柏拉图早就看出来了，仁慈总在迫使它们超越一切可能的对象，超越所有可能的占有，超越所有可能的偏好，直达那个精神或存在的境界，那里什么都不缺，那里所有的一切都使我们快乐。柏拉图把这样的境界称之为“善”，其他人两千年来把这样的境界称之为上帝。这样的境界也许不是什么别的东西，只是爱，它在精确的范围内——但只在这个范围内——呼唤我们，我们在这个范围内呼唤它，爱它，间或体验到它，即使体验不到它那从未被证实过的存在，至少体验到了它的不在，至少体验到了它的要求，至少体验到了它的控制。我说过，爱是不能被控制的，因为它控制一切。爱真地在控制，正如圣保罗所看到的，爱就是靠这种控制而成了一切的法规，而且甚至比科学、信仰或期望都珍贵，科学、信仰或期望如果有价值，也只通过它才有价值，而且只为了它才有价值。这里该引用一段文字了，这可能是一段论述仁慈的最美的文字，本书这最长的一章想要做的，说到底只不过是对这段文字的阐释，但不乞灵于上帝，对那些认为这一点是不可能的或相互矛盾的人来说，只能表示遗憾了：

“在我说人类和天使的语言时，如果我没有仁慈，我就会像一座能打点的钟或一副能响的铙钹。当我有了预言的能力并知晓所有的秘密和一切科学的时候，当我有了全部的、能够移山倒海的信仰的时候，如果我没有仁慈，我就什么也不是。当我以施舍的方式把全部家财分送给人的时候，当我赴汤蹈火的时候，如果我没有仁慈，对我就没有丝毫意义。

仁慈是坚韧的；仁慈是殷勤的；仁慈不嫉妒；仁慈不张扬，不自我膨胀；它不做任何不当的事，不寻求一己之利，不发火，不念恶；它不以不公正为乐事，但把快乐置于真实之中。它宽恕一切，相信一切，期待一切，承受一切。

仁慈永远不会过时。预言呢？预言会消失得无影无踪。语言呢？语言会沉默。科学呢？科学也会消失。因为，我们的科学是不完全的，我们的预言也是不完全的。当完全的东西来临的时候，不完全的东西就会消失。在我还是孩子的时候，我说孩子话，像孩子那样思考，像孩子那样推理；一旦长大成人，我就让孩子时的东西统统消失。因为我们现在是照镜子，像谜一样，而到了那个时候这就要面对面了。现在，我以一种不完全的方式去认识；但到了那个时候，我将像个知名人士那样去认识。

所以现在存在着三种东西：信仰、期望和仁慈，但三种东西

中，最伟大的是仁慈。”（圣保罗《致科林斯人的第一封信》，即《仁慈颂歌》）

这三种“东西”是我们传统上所说的对神三德[①]（因为这三种东可能以上帝本身为对象）。其中的两种，信与望，本书阙如，因为我觉得这两者除了我不相信的上帝之外确实没有可以说得过去的对象。这两种美德其实是可有可无的：面对未来和危险，有勇气就够了，如同面对真实或未知事物，有真诚就够了一样。可是，怎么能没有（至少作为思想或理想）仁慈呢？当每个人都能感觉到（圣保罗也清楚明白地写到）仁慈只在对他人的爱中才能完全存在的时候，谁敢反过来说仁慈只是对神的爱德呢？另外，圣奥古斯丁和圣托马斯在评论《仁慈颂歌》的时候已经清楚地指出，在对神三德中，仁慈不仅如圣保罗所说是信、望、爱三德中“最伟大的”，而且也是在上帝身上或他们所说的天国里唯一有意义的。信仰会成为过去（当人*在*神身上的时候，怎么能够信神呢?），期望会成为过去（在天国里，将不会再有任何东西可期望），因此才会说只有爱不会过去：在天国里将只有爱，没有望，也没有信！我们现在就在天国里。望和信已经离我们而去：只有缺失了，只有快乐了，只有仁慈了。这不一定就是背叛基督精神，也不是放弃一切去追随他。圣托马斯指出，基督既“没有信也没有望”，但在他身上有过“完美的爱”。这种完美我们不可企及，这是很清楚的。但这就能成为放弃那一点点纯洁、无偿或无私的爱——那一点点我们也许能够做得到的仁慈——的理由么?

我说“也许”，因为没有任何东西保证这样的爱是可能的。不过康德指出过，对所有的美德都是这样，所以这一点对仁慈并不比对义务显得更苛刻。这样的爱是我们可以企及的么？我们能够体验得到吗？我们能接近得了吗？不得而知，也无法证实。这可能是博班所说

---

① 基督教的对神三德是信仰、希望、爱德。此三德中的“爱德”在本书中多被译为“仁慈”。

的那种“缺少一切爱的爱”，其实却又什么都不缺，并因此而让我们感到缺失它，它吸引我们。这种爱即使不在，对我们也仍然是一种启示：不在的爱依然是爱。

阿兰说过：“爱，就是在自身之外发现自己的财富。”所以爱总是贫穷的，也是唯一的财富。不过，在爱上显示贫穷，用爱显示贫穷，或者不如说，显示富有的爱的贫穷，有多种方式：用缺失的方式，这是激情；用得到或分享快乐的方式，这是友谊；最后用给人快乐、纯受损失地给人快乐的方式，以给人快乐自己放弃快乐的方式，这是仁慈。总而言之，简而言之，有三种爱的方式，或者说有三种类型的爱，或者说在爱中有三个等级：缺失（厄洛斯），快乐（菲利亚），仁慈（阿加贝）。很可能，仁慈事实上只不过是温柔、同情和正义的光晕，是来调节缺失或快乐的强烈程度的，是来节制我们的其他爱里可能有的粗暴，或掏空其中可能有的过满的东西的。有一种爱像饥饿，还有一种爱像大笑一样响亮。仁慈在不像想要哭的时候——往往有这种情况——，倒更像微笑。我看不出这有什么可谴责的。我们的笑经常比我们的眼泪更坏。是怜悯？很可能这确实是仁慈的主要内容，是仁慈最真实的情感，甚至是仁慈的真正名称。不管怎么说，仁慈正是佛教的东方给予它的称谓。我在前面提到过，在这一点上，佛教的东方比基督教的西方更清醒，或者说更现实。也有这种可能，友谊——不过指的是纯洁的友谊，是那种越扩展越淡薄的友谊——是我们唯一能够付出的慷慨的爱：伊壁鸠鲁学派的人要驳斥圣保罗或早期基督徒的可能正是这一点。如果仁慈是可能的，却也只能在这一点上才能被辨认出来（仁慈因此而超越怜悯），即仁慈爱人无需所爱者有痛苦，仁慈不像扬科列维奇所说的那样是“尾随痛苦而至的”，仁慈是先出现的怜悯，不是反应性的，一如它区别并超越单纯的友谊之处在于无需被爱才爱，也无需能够被爱才爱，仁慈不需对等，不讲利害，它像主动示好而非对友谊的反馈：这就像摆脱了痛苦的怜悯，像友谊，让我们再重复一遍，像摆脱了自我的友谊。

就算仁慈没有出路，它的不在也是一种使一切美德成为必须的东西：有爱（但不是自私的爱）在的时候，爱能摆脱戒律，缺失爱的地方，爱能把它铭刻在人心底。

爱经常、也许永远缺失，这正说明这部浅论的必要性：如果不缺少爱，有谈论道德的必要吗？圣奥古斯丁说过："美德的最佳和最短的定义是这个：爱的秩序。"但爱在其间却经常只靠自己的不再发光：美德的灿烂和我们人生的晦暗就是由此而来的。灿烂是第二位的，晦暗是实质性的，但绝非全部。几乎所有的美德，其必要性都只靠我们所缺少的爱来证明，证明美德是必要的。爱的缺失使美德大放光彩，但美德却不能把缺失这个空洞填满：让美德成为必要的这一点本身，不许人相信有美德就足够了。

爱把我们推给道德，并从道德中脱身。道德把我们推给爱，并臣服于爱，哪怕爱阙如。

图书在版编目（CIP）数据

小爱大德——美德浅论 /（法）安德烈·孔特－斯蓬维尔著；赵克非译.
-- 北京 ：作家出版社，2013. 1
ISBN 978-7-5063-6751-6

Ⅰ. ①小… Ⅱ. ①安… ②赵… Ⅲ. ①道德修养－通俗读物
Ⅳ. ① B825-49

中国版本图书馆CIP数据核字（2012）第308214号

小爱大德——美德浅论

作　　者：（法）安德烈·孔特－斯蓬维尔
译　　者：赵克非
责任编辑：王宝生
装帧设计：河上·刘　璐
出版发行：作家出版社
社　　址：北京农展馆南里10号　　　　**邮　　编：**100125
电话传真：86-10-65930756（出版发行部）
86-10-65004079（总编室）
86-10-65015116（邮购部）
E-mail:zuojia@zuojia.net.cn
http://www.haozuojia.com（作家在线）
印　　刷：北京谊兴印刷有限公司
成品尺寸：152×230
字　　数：240千
印　　张：17.75
版　　次：2013年1月第1版
印　　次：2013年1月第1次印刷
ISBN 978-7-5063-6751-6
定　　价：29.00元
